博士论丛

消费文化视域下的当代商业建筑设计研究

李翔宇　著

中国建筑工业出版社

图书在版编目（CIP）数据

消费文化视域下的当代商业建筑设计研究/李翔宇著．—北京：中国建筑工业出版社，2017.10

（博士论丛）

ISBN 978-7-112-21274-3

Ⅰ.①消…　Ⅱ.①李…　Ⅲ.①商业建筑—建筑设计—研究　Ⅳ.①TU247

中国版本图书馆CIP数据核字（2017）第239217号

责任编辑：李　鸽
责任校对：李美娜　芦欣甜

博士论丛
消费文化视域下的当代商业建筑设计研究
李翔宇　著
*
中国建筑工业出版社出版、发行（北京海淀三里河路9号）
各地新华书店、建筑书店经销
北京京点图文设计有限公司制版
大厂回族自治县正兴印务有限公司印刷
*
开本：787×1092毫米　1/16　印张：15¼　字数：269千字
2018年1月第一版　2018年1月第一次印刷
定价：58.00元

ISBN 978-7-112-21274-3
（30844）

前　言

当代社会正经历着一场深刻的变革，即从传统的生产型社会转变为消费型社会，消费文化正在从大众消费向充满审美和文化意义的消费过渡。从“消费文化”的角度来研究当代商业建筑，无疑是把它从商业经营的场所扩展到具有多种功能和建构生活价值意义的空间；关注消费社会环境下人的“高情感”需求，从而为当代商业建筑研究找到了让环境的营造体现人对于生活的理解与追求。在这个层面上理解当代商业建筑，从而在设计上找到了新的突破点。然而消费文化的影响是把双刃剑，正确的理解与运用消费文化有助于我国的商业环境向良好的态势发展；有助于建筑师在当代商业建筑的设计中找到根源与依据，反之则走向无序。

在我国的消费社会还处于萌芽阶段的今天，认真思考与分析消费文化与当代商业建筑的制约与促进关系，也将是时代的紧迫课题。本书正是通过对鲍氏消费文化理论的研究，提炼出与当代商业建筑深度关联的问题，探索当代商业建筑发展、更新的本质。书中分析了当代商业建筑的社会价值、物质价值和审美价值转向的基础上，从社会学、心理行为学、美学三个视角，建构以“差异逻辑、情感诉求、审美泛化”为纲要的当代商业建筑设计研究理论平台；并相应地从当代商业建筑差异逻辑下的文化彰显、情感诉求下的空间体验、审美泛化下的形象塑造三个维度，提出设计理念更新，结合国内外优秀实例，系统地总结出消费文化指导下的当代商业建筑设计策略。

当代商业建筑的文化彰显主要从基于多元叙事的大众文化呼应、基于个性凸显的地缘文化契合、基于等级分化的精英文化营造三个方面进行深入剖析当代商业空间如何通过不同主题性打造来迎合人们的情感诉求。当代商业建筑的空间营造主旨是获得一种情感体验，体验活动可以分解为：体验的诱发——体验的展开——体验的升华三个阶段。本书从审美泛化的角度对当代商业建筑的形象塑造进行深入探讨。消费社会是“读图时代”的社会，视觉文化超越了其他文化元素，占据了主导地位。

目　　录

第一章 导论

当代社会正经历着从传统的生产型社会向当代消费型社会的变革，大众的消费观念向充满审美和文化意义要求的消费过渡；消费文化从社会的边缘文化登上了主流文化的舞台；消费主义正逐步确立其在日常生活中的影响力。在这样的背景下，消费活动的影响力日益渗透到城市生活的各个层面。当代商业建筑作为社会活动的载体，已经佩戴上"消费文化"的徽章，拿起了"配套"的魔法杖；从小型走向巨型化，从单一走向复合化，从个体走向城市一体化。

1.1 研究的缘起与背景

1.1.1 社会背景

法国社会学家让•鲍德里亚[1]认为，到18世纪晚期，西方现代消费文化已成雏形，"消费革命"已经发生。在前消费社会，"消费主要是为了生产和生活需求而去耗费物质的一种行为，消费的手段性质跃居于目的性质之上而成为一种纯粹的经济行为，这个时期发展生产是第一位的，并不提倡为所欲为消费行为，消费是生存手段，而非生活方式"。然而现在我们处在一个由"消费"控制整个生活的消费社会中。后工业时代科技超常态"爆炸",物质生产以几何级数增长。人类逐渐摆脱了为生存而挣扎的以"生产"为中心的社会，消费物质入主人类社会。消费社会生产相对过剩，需要鼓励消费以便维持、拉动、刺激生产。这时人们更多关注的是商品的符号价值、文化精神特性与形象价值。"在后现代社会，消费不再是或不再主要是一种物质行为和纯粹的经济行为，而变成了一种生活方式，一种符号消费和象征性消费之类的文化行为。人们的购买行为、消费行为不是为了产品的实用及使用价值而发生的，人们的目光已转移到商品的形式与品牌，品牌因之成了一种经济和人的声望象征"。鲍德里亚将消费视为当代社会赖以沟通的社会语言。

---

1 让•鲍德里亚（Jean Baudrillard, 1929~2007），法国哲学家，现代社会思想大师，知识的"恐怖主义者"。他在"消费文化"和"后现代性的命运"方面卓有建树。

勒内•笛卡尔[1]说“我思故我在”（I think，therefore I am），芭芭拉•克鲁格[2]说“我买故我在”（I shop，therefore I am），虽然所指不同，但后者并不是前者的附会式的改写，而是前者的一种时代性的延伸。当今社会是一个被“物质”所包围的消费社会，消费文化充分强化了物对人的支配性和人对物的依附性。消费社会是对消费品赋予过分价值的社会，趋向于把消费品不仅当作一切经济活动的最终目的，而且作为最大的利益，整个经济、社会和文化制度被一种消费物质商品的动力所支配和渗透。随着生产力的飞速发展和商品的日益丰富，人们闲暇娱乐和家居设备发生了巨大变化，人们就不再满足于商品使用价值的消费，而更注重商品文化价值的消费。因此，消费文化的日益繁荣使社会生活发生了巨大的变化，消费成为人们体现自身社会存在的表达方式。在鲍德里亚看来，消费不仅体现了人与人之间的关系，也体现为人与社会、人与整个世界的关系，是整个文化体系的反映，是目前世界的道德。

据资料统计，美国市民不同程度地将 1/3 的时间和 2/3 的收入投入到休闲娱乐事业，美国市区内约有 1/3 的土地面积也用于休闲娱乐事业。在我国，自从 1995 年起实行五天工作日的改革，1999 年 10 月起又将春节、“五一”、“十一”，三个假期延长，这样就使法定假日的时间占据了一年的 1/3。所以，为了给人们寻找一个消遣娱乐的去处，就促使了综合性、不同程度带有休闲娱乐融入的当代商业建筑的兴建，而且购物也成了人们继旅游之后的第二大假日消费项目（表 1-1）。这种闲暇时间的增多及机动化，也使人们的生活与消费方式从生存型向享受型再向体验型转变（表 1-2）。这也验证了阿里夫•德里克[3]的言论：“在过去的十年中，特别是从 1992 年开始，中国社会的市场化进程引起的变化不止在一处被描述为‘第二次文化革命’。从管理实践的转型到最明显的消费社会的出现，中国与全球资本主义经济的结合或反过来说资本主义经济与中国结合的效果随处可见。”

---

1 勒内•笛卡尔（Rene Descartes，1596~1650），法国著名哲学家、数学家、物理学家，解析几何学奠基人之一。在他的著作《第一哲学沉思集》（1641）中以“我思故我在”为命题出发，推出上帝和外界物体的存在，重新建立起心灵、上帝和物体的观念的可靠性。其在书中阐发的天赋观念论、身心二元论、理智至上论以及他对知识的确定性追寻，直接引发了欧洲大陆的理性主义风潮。

2 芭芭拉•克鲁格（Barbara Kruger，1945~），美国著名艺术家、摄影家，1987 年发表摄影蒙太奇《我买故我在》，作品中显示一消费者手持着信用卡，直言不讳地宣告购物即存有的生活哲学，取代了笛卡尔的名言“我思故我在”，成为当代艺术中针对消费社会最简洁有力的作品。

3 阿里夫•德里克（Alif Dirlik,1940~）是一位反西方中心主义的后殖民学者。他的这段引文中关于“第二次文化革命”的说法充分强调了市场经济改革，以及由此引发的消费革命在当代中国社会文化发展中的重要意义。

消费类型排序 表1-1

排序	1	2	3	4	5
消费类型	旅游	购物	餐饮	文化娱乐	其他
比例	40%	25.5%	20.8%	10.1%	3.6%

消费方式变化 表1-2

年代	20世纪80年代	20世纪90年代	21世纪
消费方式	生存型	生存型和享受型	服务型和体验型

由此可见，消费社会人们的消费已经从功能类的生活必需品的购买扩展到精神需要方面的商品需求，即获得社会归属感和价值实现的消费。因此，规模大、功能全、设施讲究、注重文化内涵、体验互动和审美情趣的当代商业建筑正是适应了这种需要而蓬勃发展起来。随着商业行为的扩展，当代商业建筑外延已变得相当广泛，它囊括了购物中心、专卖店、游乐场、餐厅、展厅、影剧院、书店等不同的公共设施。从当代商业建筑本身的存在形式看，商业空间已不再是单一功能化的空间，而是与其他功能空间不断融合、交叉的复合形态。这种功能的融合、交叉，从一个侧面反映了人们消费心理和观念的改变。

1.1.2 经济背景

20 世纪 90 年代末，美国学者的一篇《欢迎进入体验经济》（Welcome to the Experience Economy）的文章刊登并出版，这标志着体验经济已经来临。文中写道："继产品经济和服务经济之后，体验经济时代已经来临。要想在当今激烈的竞争中突围而出，必须要非常着意地营造一些体验主题和体验过程[1]。体验经济是继服务性经济之后的又一个全新经济类型，它强调一种开放和互动型经济模式，强调与消费者沟通，并触动其内在的情感和情绪，其灵魂和核心是主题式的体验营造（表 1-3）。

不同经济时代的比较 表1-3

经济时代	农业经济时代	工业经济时代	服务经济时代	体验经济时代
经济提供物	产品	商品	服务	体验
经济功能	采掘提炼	制造	传递	舞台展示

1 《欢迎进入体验经济》一文提到了四种体验类型：娱乐（Entertainment）、教育（Education）、逃避现实（Escape）和审美（Estheticism）。

续表

经济时代	农业经济时代	工业经济时代	服务经济时代	体验经济时代
提供物的性质	可替换的	有形的	无形的	值得记忆的
关键属性	自然的	标准化的	定制的	个性化的
供给方法	大批储存	生产后库存	按需求传递	在一段时期后披露
卖方	贸易商	制造商	提供者	展示者
买方	市场	用户	客户	客人
需求要素	特点	特色	利益	突出感受

在国内，自1978年后，中国的经济实现了从原始的生产经济时代到由买方市场决定的订单经济时代再到以吸引眼球为主的体验经济时代；综合国力有了长足的提高，经济蓬勃发展；特别是进入20世纪90年代以来，中国的经济已经跨越了两个经济时代，体验经济时代已经来临。随着我国国民经济的持续发展，人们对商品的要求已经从“量”的方面转向“质”的方面。这意味着商品经营必须为人们提供更多可能的选择性。因此，需要具有一定城市公共活动中心性质的、大容量、多功能当代商业建筑成为人们日常消遣的主流场所。

由于经济时代的变迁，人们的购物模式也随之发生巨大变革，也就是说消费者的购物活动开始从单纯的对实物的需求向对购物空间环境品质需求的提升，这就为商业建筑的发展迎来了新的契机。借此，更加注重环境品质和消费者的情感需求；越来越注重体验氛围营造的当代商业建筑成为发展的主流。所以，当代商业建筑设计也已经突破了传统“规范式”的设计模式，将重点放在了如何重新建立商业空间与商业活动及人的互动关系上，构筑一种让顾客感动、惊喜、难忘与欢愉的购物历程与生活方式；塑造能够引起顾客参与、互动的购物体验和商业氛围。随着信息时代的来临，虚拟网络技术的普及，以及电子商务的冲击，当代商业建筑实体受到了前所未有的威胁，这就需要建筑师营造出更加具有个性和人气的购物环境；创造出更令人难忘的、独特的购物体验；设计出更宜人的、亲切的社交活动场所，才能利用“体验式购物”来迎接“点动鼠标购物”的挑战，使得当代商业建筑立于不败之地。

1.1.3 专业背景

集装箱的出现，作为物流技术的第一次革命，实现了大型零售商业的全球性扩张；商业连锁的革命又实现了零售业态自我更新的商业奇观。随着物流技术的进一步更新完善，世界发达国家的零售业态为了适应消费者需要而不断改变经营方式，从传统的零售业态向更高形式发展。随着我国社会主义市场经济的确立和发展，人们的消费观念和消费心理也正发生着潜移默化的改变，这就要求商业组织形式要日趋多样化，百货商店一统天下的格局已被打破，出现了超级市场（Super Market）、仓储超市（Ware House）、购物中心（Shopping Mall）、生活方式中心[1]（Lifestyle Center）等17种多种零售业态并存的竞争格局。从竞争地位上看，新生业态在零售总额中所占比例不断上升，其取代百货商店在零售业中的主导地位已势在必行。

20世纪80年代，一种被称为“新都市主义”[2]的浪潮出现在以美国为首的西方建筑界。新都市主义主张反对蔓延、重整城市，致力于复苏城区的活力，优化城市中心区的功能和格局，提高土地利用率，给城市带来了高密度、高效率、集约化的发展。这也正符合了当代商业建筑的发展趋势，即“将城市活动中多种不同的功能空间进行有机地组合（商业、展览、餐饮、文娱），通过一组建筑来完成，并与城市交通协调，同时在不同功能之间建立一种空间依存、价值互补的能动关系，从而形成一个功能复合的、高效率的、复杂而统一的商业综合体”。然而，高密度的发展必然会导致城市公共空间的匮乏，商业综合体在迎合城市高密度发展的同时，使其公共空间结合城市空间，为人们多样性活动提供了环境场所。因此，商业购物空间与娱乐、休闲、餐饮、展览等功能的结合与互动成了当代商业建筑发展的新趋势（图1-1）。

自20世纪90年代以来，当代商业建筑在中国市场从小型走向巨型化，从单体走向复合化，从个体走向城市一体化。一个不争的事实是：在中国，曾经被不屑一顾地称之为“不雅之堂”的商业建筑早已摆脱了封建观念的枷锁，成为当代社会的主流公共空间之一，并被寄予突破建筑学现有瓶颈的厚望。在最近的中国建筑界，有些学者因当代商业建筑包容性的强化，甚至将其视之为“学术救星”以推动城市公共生活层次的提高。而在网络生活、电子商务迅速普及；科学技术日新月异；生态和可持续发展将成为建筑发展主题的今天，我国的当代商业建筑怎样与城市设计结合，在城市一体化的趋势下，增添城市活力；怎样有机地组织各类功能空间；又怎样艺术性地创造内部消费空间环境，这都将成为建筑工作者普遍关注的焦点。

---

1 生活方式中心（Lifestyle Center）是指零售商店和相关休闲设施的综合体。由专业商业管理集团开发经营，业态业种复合度较高、行业多、功能多、商品结合的宽度较宽，为特定的目标客户群提供餐饮、娱乐、购物、休闲。走的是精致、品味、享受、雅致、特色型的经营路线，体现的是一种独具“小资”特色的生活品味，而不是传统购物中心所提倡的一站式购物。

2 新都市主义（new urbanism）是自工业革命以来到现在为止人类在城市生活形态上所经历阶段之一，发生于20世纪80年代晚期的美国，由于北美地区城市面对郊区无序蔓延带来日益严重的城市问题，提出的一种新的城市规划和设计思想，其核心思想是：强调从区域整体的高度看待和解决问题；以人为中心；强调规划设计与自然、人文、历史环境的和谐性。

因此，对于当代商业建筑来说，挖掘其文化根源与内在机制就显得尤为重要了，商家在追求商业利益的同时，需要特别关注社会价值和文化品位。在商品极度繁荣、竞争日益激烈的社会中，除了商品本身的质量、价格、服务、管理等因素以外，当代商业建筑越来越超出简单的形式和功能的要求，而成为一种重要的媒介，传达出文化的讯息。

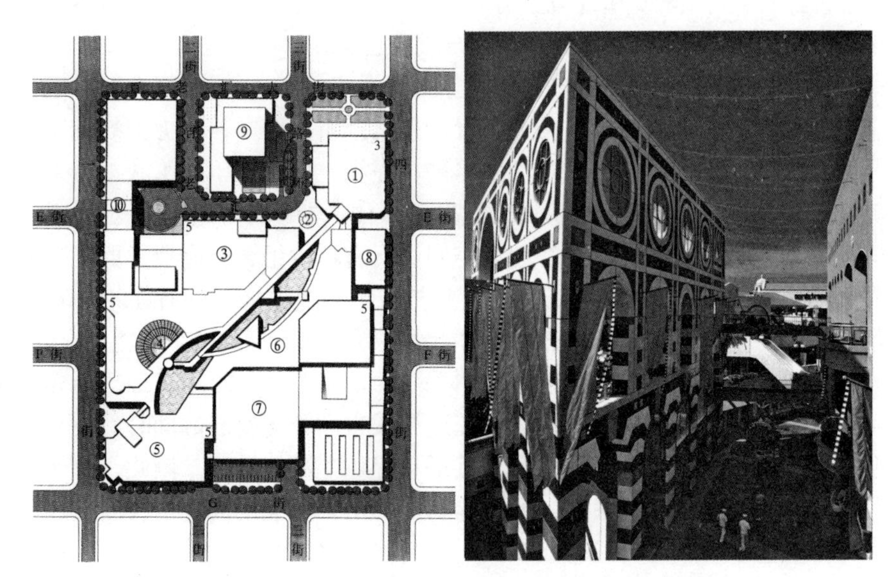

图 1–1　新都市主义色彩的美国圣地亚哥霍顿广场

1.2　研究概况

1.2.1　研究意义

本文论及的“消费社会”、“消费文化”、“消费主义”等概念都是当今世界最热门，但也是最具争议的课题，它们与纷繁庞杂的后现代理论相互缠绕，以作者的知识背景，难以全面系统地驾驭。为了使文章研究的理论支撑不会浮夸和空泛，作者从消费文化理论中提取与当代商业建筑关联性最大的纲要性结论作为研究的理论依据。从当代商业建筑发展的角度看，它作为城市系统的重要组成元素和多种信息、文化交汇与交流的重要场所，是塑造城市环境最具活力、最具感染力的媒介。那么，“消费文化”对当代商业建筑的影响深远且广泛，可研究现状不容乐观，国内学者缺乏系统研究；外国学者又对中国国情缺乏深刻理解，也较难给出有效的设计建议。因此，开展本文的研究相当紧迫，总结起来，本文研究具有理论和现实两方面重要意义。

1）理论意义

随着中国改革开放的不断深入，已经有越来越多的城市和地区步入到了消费社会。

吴良镛先生曾经提到“一法得道，变法万千”的说法，即设计的基本哲理“道”是共同的，而型制的变化“法”则无穷。说明了建筑的“形式”、“流派”、“主义”等万千的东西学不胜学，如坠烟海，智者善于挖掘事物背后最基本的东西——“道”，探索其基本规律。鲍德里亚的消费文化理论对当今世界各个学科领域的影响都是意义深远的。鲍德里亚的理论体系有如神奇的预言一般在我们时下的消费社会发挥着重要意义。那么，对于当代商业建筑而言，“消费文化”就可以看作是其发展之“道”。

建筑离不开纯粹的物质功能，当我们从事建筑活动的时候，往往忽略蕴藏在背后的文化内涵。在消费社会，当代商业建筑作为一个经济承载物，商品销售固然是其重要的功能；但更值得注意的是人们在购物过程中的文化认同、情感体验和审美情趣的获得。因此，消费文化成了当代商业建筑贯穿设计始终的永恒主题。在我国，经济基础尚不稳固，对当代商业建筑的研究还较为薄弱，那么就要更深入地研究消费文化对于当代商业建筑的冲击与影响，探寻“量变”背后的“质变”。本书正是通过对鲍氏消费文化理论的研究，提炼出与当代商业建筑深度关联的问题，探索当代商业建筑发展、更新的本质，从而不舍本逐末，困扰在固有的“建筑理论”迷雾当中；同时从社会学、心理行为学、美学三个视角，建构以“差异逻辑、情感诉求、审美泛化”为纲要的当代商业建筑设计研究理论平台。

2）现实意义

人类文明的发展与商业活动有着不解之缘，而商业活动的良性循环亦是社会进步的表征。对于当代商业建筑而言，依靠打折甩卖，廉价的销售吸引消费者的做法在今天无疑是个败笔。只有提高管理水平、调整经营策略、改善商业环境的质量，才能在激烈的商战中立于不败之地，这就需要经营者与建筑师立足于研究消费者的真正需求与消费活动规律。

在我国，当代商业建筑的综合化是经济社会环境的实际需求，一部分地区由于经济发展较快，巨构型当代商业建筑已发展成一种趋势，然而在商业地产的开发建设大跨步前进的同时，也暴露出许多问题，给社会带来巨大的经济损失。这些问题的出现并不偶然，这与人们对消费文化的认知尚浅，对于消费文化的引导与我国国情的关联缺乏分析，有着直接的关系。在建筑学的研究领域内及时分析当代商业建筑设计中存在的问题，提出设计对策，也正是对大规模兴建的当代商业设施向着积极、稳定的方向发展，有着重要现实意义。

1.2.2 研究目的

当代商业建筑是和我们日常生活密切相关的公共建筑类型之一，它是人类购物行为的物质环境载体。从这个意义来说，它在满足建筑内部功能组织需要的前提下，还要创造一个具有主题个性、情感认同的购物空间环境氛围。这就需要以消费文化作为引导，增加消费者的购物时间和刺激消费行为，实现最大化的经济效益。传统商业空间环境设计缺乏对消费者的生理、心理、社会和文化需求的系统考虑，导致了消费空间环境设计不尽人意的单调、拥挤、“文化趋同”，或缺乏相应的文化品位。当代体验经济下，消费模式由实用功能型消费向文化审美型消费转变，以消费者为中心的人文主义思想是这种转变的内在动力。全面提升消费者购物环境质量，使消费者获得丰富的情感体验，成为当代商业建筑的主旨。本书以消费文化为基石，以当代商业建筑价值的再认识为视角，为当代商业建筑设计探讨新的思路和策略，作为本书的研究目标。

1.2.3 概念界定

1）当代商业建筑

“商业”有狭义与广义之分，广义的商业指所有以盈利为目的的事业；而狭义的商业是指专门从事商品交换活动的营利性事业。本书中的当代商业建筑是沿用狭义的“商业”概念。当代商业建筑是根据消费者的兴趣、态度、嗜好、情绪、知识和教育等背景，打造具有鲜明主题特色的多元化消费场所；把商品作为“道具”，服务作为“舞台”，环境作为“布景”，使顾客在集零售、餐饮、娱乐为一体，统一规划、经营、管理的商业设施中得到美好的体验。特别注意的是，当代商业建筑与传统商业建筑的本质不同在于商业空间作为“体验”的一部分，成为产生价值的营销手段之一。

论文中的当代商业建筑主要是指以购物零售空间为主体功能，以餐饮、休闲、娱乐、展览、表演等空间为辅助功能的复合化商业购物环境（如大型购物中心、商贸中心、商业广场等）。这其中也包括那些以建筑为主要媒介，提供一个独特的概念化空间，进行品牌文化的展示和身份象征的高档品牌旗舰店。在此值得强调的有两个方面：第一是当代的城市商业综合体常常配以写字楼、酒店、交通枢纽站等功能设施，对于这种商业综合体来说，我们的研究范围只限于零售商业部分及其配套功能，而其他自成体系的功能设施不属于本论文研究之列；第二是那些规模较小、以单一商业零售空间为主体的便利店、专业店与超市等单体业态（如百货超市、建材超市、家居中心等），若不作为购物中心的主力店空间，而以单体形式出现时，虽然属于狭义的商业空间范畴，但其在功能构成、城市空间关系、服务对象、业态特性等方面存在滞后，对于消费文化的影响不足以支撑本书的论点，所以此类零售业态单体也不属于本书当代商业建筑的研究范围。

2）消费社会

1970年，法国著名社会学家鲍德里亚出版了名为《消费社会》的专著，对当代包括美国在内的西方社会进行了深刻的剖析，鲍德里亚用“新的技术秩序”、“新的环境”、“日常生活的新领域”、“新道德”等来描述这种全新的社会状况，将之称为“消费社会”。

消费社会的概念我们可以从三个方面来概括：首先，消费社会是一个物质极大过剩的社会；其次，消费渗入了人们生活的各个方面，“消费控制着整个生活的境地”，人们真正消费的却不是丰盛堆积的物本身，而是物的符号价值；最后，鲍德里亚尖锐地指出，社会被恶魔般地颠倒了，人们拥有的消费是“永远的被迫消费。它是不足[1]的孪生姐妹”。简而言之，消费取代生产成为社会生活的主要内容时才算进入真正意义上的消费社会，与此同时还必须实现工业经济向知识经济与服务经济的转变：即主导产业由福特式、大规模、标准化的制造业转变为灵活的、知识型、技术型的金融、服务等行业，非物质商品是其主要生产和消费对象，也就是进入了贝尔[2]提出的“后工业社会”。

3）消费主义

“消费主义”是一个比消费社会更宽泛的词义，指的是在消费者中普遍存在的一种文化态度，这种态度把消费数量和种类日益增长的物品和服务看成是至高无上的。

英国社会学家齐格蒙•鲍曼[3]认为：消费主义是理解当代社会的一个非常中心的范畴。消费不只是一种满足物质欲求的简单行为，它同时也是一种出于各种目的需要对象征物进行操纵的行为。在生活层面上，消费是为了达到建构身份、建构自身以及建构与他人的关系等一些目的；在社会层面上，消费是为了支撑体制、团体、机构等的存在与继续运作；在制度层面上，消费则是为了保证种种条件的再生产。而正是这些条件，使得所有上述这些活动得以成为可能。从这个意义上说，被消费的东西并不仅仅是物品，还包括消费者与他人、消费者与自我之间的关系。因此，消费主义主要体现在对象征性物质的生产、分布、欲求、获得与使用上。可以说，消费主义造就了一种不同于传统社会结构的别样的社会形态。

---

1 鲍德里亚认为，“不足”不是指物品缺乏，而是说人类在物质越丰富的时代越感到“心理贫困”。

2 丹尼尔•贝尔（Daniel Bell，1919~）是当代美国重要的思想大师。他提出了在当代西方社会深具影响的三大观念：“意识形态的终结”、“后工业社会”和“资本主义文化”。

3 齐格蒙•鲍曼（Zygmunt Bauman，1925~），英国犹太裔社会学家、思想家，现任利兹大学社会学系教授，系主任。鲍曼认为社会学的重要意义在于：它是对社会生活积极的自我反思的一种形式。鲍曼的研究从知识分子社会学、现代性的命运、工业社会理论，到思想史、社会哲学、文化研究等领域。他的主要著作包括《朝向一种批判的社会学》、《阐释学与社会科学：理解的方法》、《阶级的记忆》等。

4）消费文化

当代社会，有一种意识形态在不断改变着人们的消费方式和行为等诸多与消费联系的观念，并开始动摇原来商品仅具有使用或劳动意义的价值体系，而赋予其符号价值，因此，全面激发了人们感官上的购物欲望，商品的符号性、象征性超越了任何实物功能成为商品的重要属性，这种意识形态我们称之为“消费文化”。消费文化是在当代消费社会人们在消费过程中所表现出来的文化，是物质文化的一种当代形式。其核心就是以商品世界的结构化原则与符号化使用来研究理解当代社会的各种文化。

美国当代理论家弗雷德里克·詹姆逊[1]对晚期资本主义文化这样描述：“文化正是消费社会自身的要素，没有任何社会像消费社会这样，有过如此充足的记号与影像。”消费文化作为一种社会文化现象，一方面，它是社会发展一定阶段的产物，所以它是基于社会经济高度发达的基础之上，因而与社会的宏观结构相联系；另一方面，消费文化又直接渗透到人们的生活之中，引领一种“跟风”似的社会潮流，因而又与人们的微观生活行为相联系。费瑟斯通[2]在《消费文化与后现代主义》中表述道：“顾名思义，消费文化是消费社会的文化”；而西莉亚·卢瑞[3]在《消费文化》中解析道：“消费文化则特指20世纪后半叶出现在欧美社会的物质文化的一种特殊形式。”

5）差异逻辑

鲍德里亚将消费视为当代社会赖以沟通的社会语言。从符号学的逻辑出发，他指出，作为符号的商品，其意义并非来自本身，而是来自于系统内其他符号之间的差异。工业体系正是根据这一逻辑对商品进行个性化的生产，对消费进行个性化的引导。但这种差异并非个人与他人以及世界之间的真实对立关系，而是根据同一社会逻辑，被系统化生产出来的形式上的变化，它们之间没有高低、左右的紧张和矛盾，可以互相交换甚至替代，因此并非本质差异，而是“边缘性差异”，结果是使人同质化而非真正个性化。

差异逻辑是鲍德里亚在其著作《消费社会》一书中经常提及的关键词，它主要强调的是人们之间的相似性以及集体成员相信他们之间所具有的某种（些）共同性和相似特征。而一个集体的相似性总是同它与其他集体之

---

1 弗雷德里克·詹姆逊（Fredric Jameson，1934~），当代美国最有影响的马克思主义评论家和理论家。著有《马克思主义与形式》、《语言的牢笼》、《政治无意识》、《时间的种子》、《快感：政治与文化》（论文集）、《文化转向》和《晚期资本主义的文化逻辑》（论文集）等。

2 迈克·费瑟斯通（Mike Featherstone，1946~），英国诺丁汉特伦特大学社会学与传播学教授，现任“理论、文化与社会”中心主任。他是后现代主义和文化全球化论争最有影响的参与者之一。代表著作有《消费文化与后现代主义》、《消解文化：全球化、后现代主义和身份》等。

3 西莉亚·卢瑞（Celia Lury）是英国兰开斯特大学社会学系的高级讲师。她的代表作《消费文化》是介绍消费文化的本质及其在现代社会中的作用的一本入门教材。

间的差别（Difference）相伴而存在的，只有通过界定这种差别，相似性才能被识别。因此，这种表征差异的文化认同是人们在社会生活中超越于一般经验、认识之上的那种独特、鲜活、瞬间并且难以言表的深层逻辑。

1.3 研究动态

1.3.1 国外研究

国外在当代商业建筑的研究方面成果非常丰富，自20世纪二三十年代，以美国为代表的郊区购物中心到五六十年代走向城市、建筑一体化的商业综合体，再到当代体验经济下的“生活方式中心”（Lifestyle Center），经济和社会文化发展的差异性为当代商业建筑的研究提供了依据。国外对当代商业建筑的研究经过了近百年的历史，已相对成熟，并且许多学者也出版了不少的研究成果，如日本村上末吉编著的《Contemporary commercial buildings Facades》（1993）、《World Shops&Fashion Boutiques》（1997），英国的Nadine Beddington编著的《Shopping centres：retail development，design，and management》（1991），日本Yoichi Aria编著的《Shopping Malls Design European Passages》（1999），英国的Barry Maitland编著的《Shopping Malls：Planning and Design》（1985）、《The New Architecture of The Retail Mall》1990），美国的Burt Hill Kosar Rittelmann Associates与Min Kantrowitz Associates编著的《Commercial building design：integrating climate，comfort，and cost》（1989），日本的藤江澄夫著、黎雪梅译《商业设施》（2002），德国的施苔芬妮·舒普著、王婧译《大型购物中心》（2005）等都单独对商业空间的设计问题进行了较为详尽的介绍。国外对于城市文化、商业文化、消费文化、大众文化的论著由来已久，甚至形成了相关的学派，例如法兰克福学派[1]就是其中的典型代表，主要探讨商业文化是当代商业建筑不能忽视的界标。英国的N. Keith Scott编著的《Shopping Center Design》（1989）就从商业文化的视角，较全面地对当代商业建筑的设计进行了详细的论述和分析。

本书涉及有关消费文化理论的观点，大部分源于法国社会学家让·鲍德里亚的《消费社会》的论述，明确提出了“消费社会”这一说法，从符号学的角度对消费社会和商品的符号价值进行了前所未有的深入思考。之后以符号价值进行研究的消费文化理论有：法国著名的文化研究者米歇

---

1 法兰克福学派是当代“新马克思主义”中影响最大的一个流派。其最重要的贡献在于他们提出的批判理论，以批判与重建为主题，以启蒙精神、工具理性、科学技术、大众文化、工业文明批判为核心，以非压抑性文明和交往合理性重建为目标，对启蒙精神的批判贯穿其中。

尔·德塞尔托[1]1984年发表的《日常生活的实践》(The Practice of Everyday Life)，美国的道格拉斯·凯尔纳（Douglas Kenner）[2]1989年出版的《后现代理论（批判性的质疑）》，以及英国学者D·施奈特（Don slater）1997年出版的《消费文化与现代性》等。还有一些社会学家、特别是文化研究者，在谈论消费社会的文化实践时，经常会将建筑现象作为典型案例来进行分析，比如马泰·卡林内斯库[3]的《现代性的五副面孔》(Five Faces of Modernity，2003)，从美学的角度分析了现代性的五个基本概念：现代主义、先锋派、颓废、媚俗艺术和后现代主义，并在其中谈道："过去的新颖性：从建筑看"；美国新马克思主义代表人物弗雷德里克·詹姆逊在《晚期资本主义的文化逻辑》(The Cultural Logic of the Late Capitalism，1997)（论文集）中一篇《后现代主义，或晚期资本主义的文化逻辑》(Postmodernism, or The Cultural Logic of The Late Capitalism）的论文中，对资本主义的文化设置和逻辑进行了解构性的分析，并运用"辩证法"的叙事原则，重新审视人与环境以及后现代主义与都市的关系；英国学者迈克·费瑟斯通在《消费文化与后现代主义》(Culture and Postmodernism，2000）中，将城市文化与后现代生活方式的关联作了详尽分析；美国的新马克思主义代表人物戴维·哈维[4]在《后现代的状况——对文化变迁之缘起的探究》(The Condition of Postmodernity——An Inquiry Into The Origins of Cultural, 2003）第一章引言中，从建筑与城市设计的角度，阐释了城市中的后现代主义设计倾向。

2001年雷姆·库哈斯[5]主持出版了"城市问题研究第二辑"[6]——《哈佛设计学院购物指南》(The Harvard Design Guide to Shopping)。研究基于世界经济的发展，全球化趋势和城市化的加速的大背景下，其内容聚焦于购物活动的革新因素和当代城市的购物环境——即消费空间。从19世纪欧洲带拱廊的购物街到如今配备空调、自动扶梯的Mall世界范围的兴建，

---

1 米歇尔·德塞尔托（Michel de Certeau，1925-1986），法国著名的文化理论家。其代表作有《日常生活的实践》(The Practice of Everyday Life)、《历史的写作》(The Writing of History）等。

2 道格拉斯·凯尔纳（Douglas Kenner，1943~），美国当代著名马克思主义批判理论家、媒体理论家。代表作有《让·波得里亚：从马克思主义到后现代主义及其之外》、《后现代理论（批判性的质疑）》等。

3 马泰·卡林内斯库(Matei Calinescu, 1934~2009)，美国印第安纳大学比较文学教授。著有《文学与政治》(1982)、《现代主义与意识形态》(1986)。

4 戴维·哈维(David Harvey, 1935~)，当代西方地理学中新马克思主义的重要代表人物。现为美国约翰·霍普金斯大学地理学教授。他的主要著作包括《地理学中的解释》、《社会正义与城市》、《资本的限度》、《资本的都市化》、《都市体验》等。

5 雷姆·库哈斯（Rem Koolhass，1944~），解构主义建筑师德代表，2000年获"普利兹克建筑奖"，代表作品有纽约现代美术馆加建、西雅图中央图书馆、CCTV大楼等。其著作有《小、中、大、超大(SMLXL)》(1995)、《大跃进（Great Leap Forward)》(2000）等。

6 城市问题研究系列共四辑，第一辑收入在《大跃进》(Great Leap Forward）里，三、四辑分别收入在《内容》(Content)、《突变》(Mutation）里。

《指南》寻根溯源，立足历史维度分析消费空间的原初类型和新生类型之间的根本性变革，以探讨这种变革的本质和内涵因素，并列举实例加以说明。考察范围以消费活动最为活跃的西方国家为主，尤其是美国本土（也包含部分对日本为首亚洲国家的调查）。《指南》同时指出了消费空间似乎总处于那些在建筑界呼风唤雨的精英们的视野盲区[1]，现代主义大师们否认购物活动的存在地位，忽视了购物是现代城市发展的潜在动力；后现代主义大师则盲目地接受了购物活动，却没能抓住它的逻辑。属于例外的是罗伯特・文丘里[2]所著《向拉斯维加斯学习》(Learning from LasVegas) 及其在书中所体现的大众文化精神，常常成为先锋建筑师的攻击对象。主题公园式的购物中心在受到大众文化追捧的同时，也时常被建筑师和理论家抨击为极端社会控制的场所。所以美国建筑理论家沙哈・查普林・艾瑞克・霍丁[3](Sarah Chaplin Eric Holding)在其主持编辑的《消费建筑》(Consuming Architecture) 一书中指出，"在曾经的工业城市里，大规模的再开发项目，基地的大部分被作为与服务相关的用途，为不断扩张的休闲产业所占据。与现代主义要求的真实性相反，这些地方才是真实的现代生活发生的场所，人们碰面、交朋友，处理都市生活的压力造成的疏离"。齐美尔[4]在《大都市与精神生活》中认为："'城市是由消费的空间构成的'，因此对建筑师来说，在谈及消费建筑时，重新考虑它们的地位是至关重要的。"同样来自哈佛设计学院，跟消费社会背景下的当代建筑相关的研究主要包括在库哈斯等建筑师指导下进行的系列城市研究，这些书籍在今天中国各大建筑院校的学生中极为流传。如《大跃进》、《突变》等，库哈斯编著的其他理论作品也与消费社会密切相关，如《小、中、大、特大》、《普拉达项目》、《内容》等。

对消费文化影响下的建筑实践阐释比较详尽的是来自芬兰建筑师安提・阿拉瓦[5]，他于 2002 年向赫尔辛基艺术设计大学（The University of Art and Design Helsinki）提交的博士论文——《消费社会的建筑》(Architecture

---

1 柯布西耶只设计过一个未建成的皮鞋店方案；密斯设计过一个未建成的在柏林的百货店方案和为 Dominion 中心设计的商业中心广场；格罗皮乌斯为设计过一个波士顿的购物中心和伦敦的一个展示中心；路易斯・康 1940 年做过一个皮鞋店。现代主义大师并没有关注当代商业建筑的设计。

2 罗伯特・文丘里（Robert Venturi，1925~），被誉为"后现代主义建筑之父"。他的著作《建筑的复杂性和矛盾性》和《向拉斯维加斯学习》被认为是后现代主义建筑思潮的宣言。1991 年获"普利兹克建筑奖"。

3 沙哈・查普林・艾瑞克・霍丁(Sarah Chaplin Eric Holding)，美国建筑理论家，美国《建筑设计(Architecture Design)》杂志客座编辑，主持出版专辑《消费建筑》(Consuming Architecture)。

4 格奥尔格・齐美尔（Georg Simmel，1958~1918，又译为西美尔或齐默尔），德国社会学家、哲学家。主要著作有《货币哲学》和《社会学》。是形式社会学的开创者。

5 安提・阿拉瓦（Antti Ahlava，1967~），1996 年毕业于赫尔辛基技术大学（the Helsinki University of Technology）建筑系，现居住于赫尔辛基，是 MOD 建筑事务所的合伙人之一。除了设计以外，他还撰写了很多建筑方面的论文，并在多所大学任教。

in Consumer Society）。论文以鲍德里亚有关消费文化的理论为基点，对当代社会与消费文化关联性较大一些主流建筑师（如荷兰的雷姆•库哈斯、法国的让•努维尔[1]、美国的弗兰克•盖里[2]等)的思想和作品进行定性分析，如弗兰克•盖里设计的西班牙毕尔巴鄂的古根海姆博物馆，无论建筑的形态有多怪异和奇妙，决然不能将其只作为“纯粹”的建筑艺术作品看待，而更重要的是这一建筑奇观作为一个催化剂带动了整个毕尔巴鄂地区的经济复兴并带来了源源不断的旅游资金。旨在寻求建筑在当代消费社会中所处的地位，以及挖掘当代建筑发展的潜在动力。同时通过将之与消费社会的典型艺术形式，主要是活动影像，如电影、电视、电子图像等进行比较后指出，在现阶段，建筑同样具有神话学特征。阿拉瓦的这篇论文几乎完全建立在鲍德里亚的消费文化基础上，但他并不完全赞同鲍德里亚对建筑的未来所持有的消极态度。相反，通过例证，当代社会具有个性特征的建筑师的作品对建成环境所产生了真正互惠性的影响。作者还尝试着从鲍德里亚的消费文化理论中提出对当代建筑发展的操作建议，并以此理论框架为基础，附上了作者个人所做的具体设计方案。

此外，阿拉瓦的论文还提供了另一个线索，即：鲍德里亚本人从 20 世纪 60 年代起就对建筑发生了兴趣，因此其论著中关于建筑的话题有很多，例如：最早的《物体系》论述了建筑设计、室内设计、日常用品，以及功能、氛围的系统化组织等。《符号的政治经济学批判》讨论了诸如：人们在家庭及环境中对物品正式的和炫耀性的组织，设计作为与意义相关的大众媒介、时尚、包豪斯以及功能主义之类的建筑话题。《仿象与仿真》中有一篇论文：“蓬皮杜中心效应”(The Beaubourg Effeet)，作者对巴黎蓬皮杜中心所蕴含的新的文化类型表示震惊，并认为这一建筑中的“大众”文化废除了所有关于社会的理想和阐释。《真相与激进：建筑学的未来》侧重于当代建筑，特别是努维尔和盖里的作品。最新的一本著作《独特物件》则记录了鲍德里亚与建筑师努维尔的一系列对话。书中，鲍德里亚宣称：弗兰克•盖里设计的毕尔巴鄂古根海姆博物馆从某种程度上代表了“现成品”文化。阿拉瓦的研究大大开拓了自己的思路，特别是为本书对消费文化与当代商业建筑的关联上，提供了有益的线索，并拓展了本论文的写作思路，同时也为作者更深入地探求消费文化视阈下当代商业建筑的表征和设计策略的提出，奠定了理论基础。

---

1 让•努维尔（Jean Nouvel，1945~），生于法国，世界著名建筑师，对建筑的影像研究卓有建树。2008 年获“普利兹克建筑奖”。

2 弗兰克•盖里（Frank O. Gehry，1929~），美国知名后现代主义、解构主义建筑师，1989 年获“普利兹克建筑奖”。

1.3.2 国内研究

在我国，虽然对于当代商业建筑的研究起步较晚，但发展迅速。20 世纪 90 年代，我国关于当代商业建筑的研究比较单一，公开发布的当代商业建筑设计的研究成果和设计资料相对较少，1990 年天津大学出版社出版，由李雄飞等编著的《国外城市中心商业区与步行街》，借鉴了国外商业区的发展衍生规律，总结了商业区整体环境的设计策略和步行街的布置；1993 年许家珍主编的《商店建筑设计》是最早比较系统的讨论当代商业建筑设计的著作，作者阐述了商店建筑的发展历史、商店总体环境、商店建筑各组成部分设计、营业厅室内设计、商店建筑造型和外装修等；1994 年，由中国建筑工业出版社出版发行的《建筑设计资料集 5》，详细总结了商业建筑设计的规范要求和基本设计准则。到了 20 世纪 90 年代末和 21 世纪初，随着国外新型商业业态的涌入，我国商业建筑在规模和形态上都发生了较大的更新，值此我国对于商业建筑的研究成果不断涌现：1998 年宛素春、王珊、汪庆萱的《建筑设计图集：商业建筑》，选编了国内外近年来新建成的各类当代商业建筑 87 例，涉及英、美、法、德、日、俄、中等十几个国家和地区，包括百货商店、综合商店、超级市场、购物中心及商业街等；2001 年清华大学的刘念雄以博士论文为基础出版的《购物中心开发设计与管理》，从开发、设计、管理等方面研究了购物中心的设计，开创了国内对 Shopping Mall 概念研究的先河；2002 年天津大学出版社出版，由曾坚、陈岚、陈志宏等编著的《当代商业建筑的规划与设计》，系统地从规划和建筑设计的专业视角出发，分析了 20 世纪 90 年代以来国内大量商业建筑作品，文中详尽总结了商业建筑前期的策划程序，在深刻分析人们的购物行为和心理的前提下，给出商业建筑整体规划和交通布局、内部空间的功能、流线组织与商品陈列原则、光和色环境等的设计规律和技巧，并从中探索了当代商业建筑发展趋势。2003 年顾馥保所著《商业建筑设计》，较全面地论述了商业建筑的设计方法，文中首先对商业建筑的发展历程、总体环境、功能组成和展陈设施进行阐述，然后将商业建筑细化分为百货店、菜市场、超级市场、复合型商业建筑、步行街和购物中心等类型，并相应地从流线设计、空间组合、平面布局等问题作了详尽分析和论述；2005 年王晓、闫春林所著《现代商业建筑设计》，文中通过对大量的国内外实例的分析，系统地从现代商业建筑的选址、策划、功能空间设计、形态设计等方面阐述了相应的设计原理和方法；2006 年张伟的《建筑设计与城市规划佳作选编：商业建筑》，介绍了 60 个国内外当代商业建筑作品，同样包括了商店、商场、购物中心、超级市场、商业综合体和商业街区；2007 年张庭伟、汪云等编著的《现代购物中心——选址 • 规划 • 设计》以介绍、分析美国购物中心的发展和经验为主，对比中国国情，对中国购物中心的发展提出建设性意见。

近几年来，国内消费主义生活方式的倾向较为突出，激发了人们对消费文化的研究兴趣，同时也出现了一批关于消费社会和消费文化理论的著作，大部分是以引译西方消费文化理论，以及以西方消费理论为基础对中国社会现状进行解析为主。如王宁的《消费社会学——一个分析视角》(2001)；周小仪的《唯美主义与消费文化》(2002)；罗刚、王中忱编著的《消费文化读本》(2003)；杨魁、董雅丽的《消费文化——从现代到后现代》(2003)；戴慧思、卢汉龙编译的《中国城市的消费革命》(2003)；李程骅的《商业新业态：城市消费大变革》(2004)；包亚明的《消费社会与都市文化研究》(2006)；姚建平的《消费认同》(2006)；夏莹的《消费文化及其方法论导论——基于早期鲍德里亚的一种批判理论建构》(2007)；零点研究咨询集团编著的《中国消费文化调查报告》(2008)；张筱薏的《消费背后的隐匿力量——消费文化权力研究》(2009)；伍庆的《消费社会与消费认同》(2009)；季松、段进的《空间的消费——消费文化视野下城市发展新图景》(2012)；武慧俊的《当代中国消费文化研究》(2013)；董雅丽、杨魁《中国消费文化观念实态研究》(2014) 等。

国内建筑学领域尚未出现专门系统的研究消费文化影响下的当代商业建筑设计的学术论文，但以消费文化为背景，指出消费文化是影响当代商业建筑实践的重要因素的论文却屡见不鲜（表1-4）。

与课题相关的学术论文 表1-4

作者	导师	题名	单位与学位论文类别	时间
姬向华	王鲁民	消费社会下的综合性商业建筑研究	郑州大学硕士论文	2004
乔燚	张勃	商业建筑类媒体化趋势研究	西安建筑科技大学硕士论文	2004
陈皞	来曾祥	商业建筑环境设计的人文内涵研究	同济大学博士论文	2005
卜晓骏	单军	视觉文化介入当代建筑的阐述——视觉技术、大众与消费	清华大学硕士论文	2005
荆哲璐	郑时龄	消费时代的都市空间图景——上海消费空间的评析	同济大学硕士论文	2005
钱坤	周铁军	主题体验式购物中心设计研究	重庆大学硕士论文	2005
刘博佳	李莉萍	商业建筑的情感	昆明理工大学硕士论文	2005
唐雪静	袁逸倩	消费文化的建筑美景	天津大学硕士论文	2006
金静宇	王时原	综合体建筑中的商业空间研究	大连理工大学硕士论文	2006

续表

作者	导师	题名	单位与学位论文类别	时间
徐健	郑时龄	作为消费品的建筑——消费时代的当代时尚品牌专卖店研究	同济大学硕士论文	2006
张晓霞	彭扬华	城市商业建筑内部环境研究	南京工业大学硕士学位论文	2006
韩中强	卜菁华	城市中心商业综合体的文化意象	浙江大学硕士论文	2006
陈喆	唐建	我国商业巨构起源及成因的初步探讨	大连理工大学硕士论文	2006
崔静	黄为隽	人性化购物空间的营建	天津大学硕士论文	2006
华霞虹	郑时龄	消融与转变	同济大学博士论文	2007
程小波	周均清	当前消费行为模式下的商业中庭空间设计研究	华中科技大学硕士论文	2007
邹晨亮	徐风	大型购物中心的公共空间设计探究	同济大学硕士论文	2008
刘金侠	林建群	商业室内空间尺度体系研究	哈尔滨工业大学硕士论文	2008
赵晓龙	刘德明	商业建筑环境与文化资源整合研究	哈尔滨工业大学硕士论文	2009
韦妙	汤羽扬	体验经济时代下城市商业综合体内街空间研究	北京建筑工程学院硕士论文	2012
王云兴	卢峰	基于体验式消费模式的商业综合体设计研究	重庆大学硕士论文	2012
马明华	何镜堂	消费社会视角下的当代中国建筑创作研究	华南理工大学博士论文	2012
何阳	蒋涤非	体验式商业空间“情境营造”策略研究	中南大学硕士论文	2014
甘沁宇	吴贵凉	空间的语境：论消费文化时代中的商业空间设计	西南交通大学硕士论文	2015

国内建筑学领域学术论文大体可以分为以下三种研究方向：

其一，将消费文化作为研究的背景，主要通过对消费文化对社会大环境的冲击的分析，来分析对商业建筑的影响。如同济大学研究生荆哲璐的《消费时代的都市空间图景——上海消费空间的评析》(2005)，以上海地区的零售商业空间为主要调查对象，评析了文化背景下，新媒介技术介入消费空间的特征及其在城市发展更新中角色的转变。同济大学徐健的《作为消费品的建筑——消费时代的当代时尚品牌专卖店研究》(2006)，将当代社会中异军突起的品牌旗舰店作为典型研究对象，剖析了消费文化影响下对商业空间差异逻辑的表达与精英文化的凸显。哈尔滨工业大学赵晓龙的博士论文《商业建筑环境与文化资源整合研究》(2009) 以消费文化为时代背景，从文化资源整合的视角下，借鉴文化资本理论和文化生态学理论对当代商业建筑环境进行系统的文化解析，并提出相应的整合策略。

其二，将消费社会或消费文化作为论文中的重要章节，但研究的侧重点各有不同。如同济大学陈皞的博士论文《商业建筑环境设计的人文内涵研究》(2005)，第二章为“文化定位——商业建筑环境设计的依据”通过对上海商业环境的分析，提出商业空间环境人文设计的策略；浙江大学韩中强的硕士论文《城市中心商业综合体的文化意象》(2006)，则以城市中心商业综合体的文化意象为视角，通过对文化价值体系的再认识和对文化意象这种独特语境的分析，提出了商业综合体的文化意象分为时尚意象、情感意象、公共意象和地域意向四个方面，并从这四个层面对国内外当代大量商业综合体实例进行定量分析，探求了商业空间文化内涵彰显的途径和方法。

其三，提出消费文化的发展对当代商业建筑产生了巨大影响的观点，把消费社会当作背景阐述，但尚未与当代商业建筑深度关联，展开详细论述。如昆明理工大学的刘博佳的《商业建筑情感》(2005)；钱坤的《主题体验式购物中心设计研究》(2005)；金静宇的《综合体建筑中的商业空间研究》(2006)；唐雪静的《消费文化的建筑美景》(2006)；姬向华的硕士论文《消费社会下的综合性商业建筑研究》(2004) 等。

1.4 研究的内容与方法

1.4.1 研究内容

本书研究的内容主要选取从“消费文化”的视角来阐述当代商业建筑的文化彰显、空间体验、形象塑造等问题。在深入调研，掌握大量一手资料并熟悉当代商业建筑管理及经营特点的前提下，笔者对国内外已建成的当代商业建筑进行了科学分析与归纳总结。在消费文化理论的指导下，从一个崭新视角分析当代商业建筑价值更新的内在机制，对当代商业建筑的设计表达，创意性地从社会学、心理行为学、美学三个交叉学科进行关联性梳理，并尝试性地提出当代商业建筑设计的一些设计策略、建议和相关指标的参考值，探索了符合我国国情的当代商业建筑的建设模式。本书共分五章，其中第二章为理论章节，三、四、五章为论文的研究主体。

第一章导论部分主要阐述了文章研究的背景、意义及研究的对象和方法。同时针对相关概念给予了详尽、深刻的阐述；并通过对当代商业建筑发展历程的综述，为消费文化视阈下当代商业建筑的设计研究的展开进行了有益的铺垫。

第二章为消费文化的阐释，通过对鲍氏消费文化的研究，提炼出与当代商业建筑的深度关联问题，揭示了当代商业建筑发展、更新的本质，从而不舍本逐末，困扰在固有的“建筑理论”迷雾当中；同时从社会学、心理行为学、美学三个视角，建构了以“差异逻辑、情感诉求、审美泛化”为纲要的当代商业建筑研究理论平台（图 1-2）。

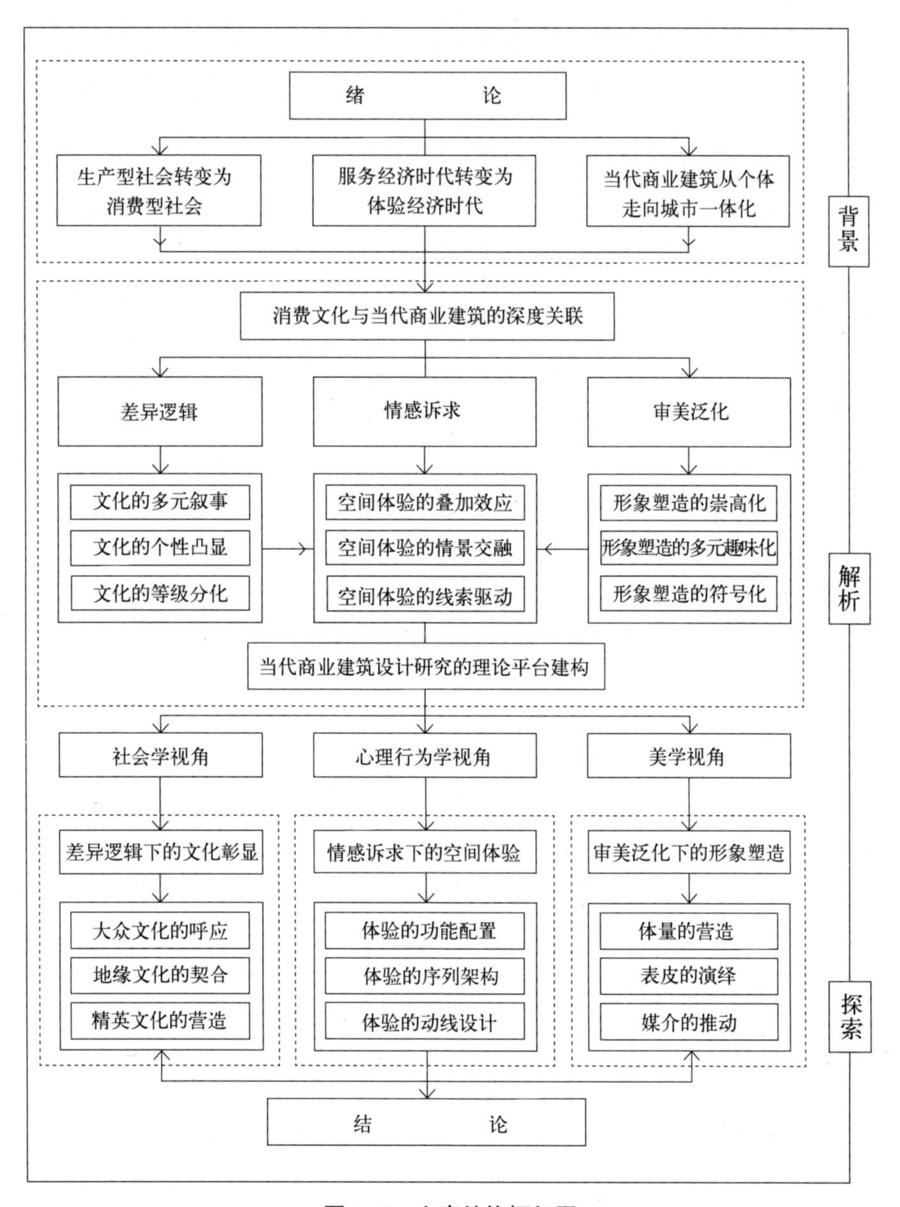

图 1-2 文章结构框架图

第三章、第四章和第五章为写作的主要内容，分别围绕以下三个部分展开：

1）差异逻辑与当代商业建筑的文化彰显

差异逻辑下的文化彰显主要从当代商业建筑的文化职能变迁、文化个性凸显、文化等级营造三个方面进行深入剖析。当代商业建筑的文化职能从“传播媒介”升级到“自身主宰”，成为不可替代的文化容器，其中城市文化的催生和大众文化的呼应发挥了重要的支撑作用。个性文化是当代商业建筑实现差异化的重要途径，主要通过对历史文化的批判性继承和对地域文化的全景式观演体现的。当代商业建筑的文化等级营造是从真正意义的社会学逻辑来体现差异的，这种等级区分可以通过精英文化、时尚文化两个方面实现，提供多元的阶级场所、行为逻辑、品牌差异等区分标靶。

2）情感诉求与当代商业建筑空间的体验

将当代商业建筑的空间作为研究对象，强调人们的情感诉求是通过一种情感体验来获得的，人们在当代商业建筑空间的活动可以分解为：体验的诱发—体验的展开—体验的升华三个阶段。首先空间的功能传达是空间体验的诱发阶段，主要通过空间功能设定和尺度表达来为购物体验提供良好的物质基础，并为当代商业建筑设计提供相应的理论参考值。空间的序列架构是体验的展开阶段，空间序列的组合机制梳理了交混空间的脉络，而空间场景的塑造为体验增添了趣味性，是购物活动顺利展开的催化剂。空间的动线设计是体验的升华，通过对内外交通流线的合理引导和优化组织，来提升购物体验的品质，使当代商业建筑更加具有集客力和生命力。

3）审美泛化与当代商业建筑的形象塑造

从审美泛化的角度对当代商业建筑的形象塑造进行深入探讨。消费社会是“读图时代”的社会，视觉文化超越了其他文化元素，其魅力更加凸显出来。当代商业建筑的形象塑造充分体现在它的体量、表皮及其媒介当中。体量是形象塑造的第一要素，是吸引人们眼球和注意力的最直接体现，体量的巨型化和异质化为当代商业建筑提供了一种新型的视觉冲击。表皮的视觉审美被简化成扁平的视觉符号，即所谓的“表皮的盛装演绎”，主要从表皮主题的标新立异、内容的心意随形入手，传达出当代商业建筑消费文化的讯息。而当代商业建筑的媒介策动，则从视觉拟像和宣传攻略进行解读，使当代商业建筑的形象塑造更具表现力。

1.4.2 研究方法

本书的研究涉及建筑学、城市规划学、社会学、美学、心理学、市场营销学等多个交叉学科，其研究方法以建筑学与社会学理论相结合的方法为主，其他理论方法为辅，多种学科交叉渗透。在传统研究方法的基础上，在文章的研究中，通过实地考察、比较分析、理论研究、实例佐证等研究方法，尝试以“现象分析—理论指引—典例研究—总结归纳”的途径，清晰地认识问题、解决问题，以期得到一些具有现实借鉴意义的研究成果。

文章通过对消费文化与当代商业建筑深度关联观点的阐释，为当代商业建筑的设计提供了理论平台，最后作者借助建筑设计的理论方法具体探讨了当代商业建筑的设计策略（图 1-3）。

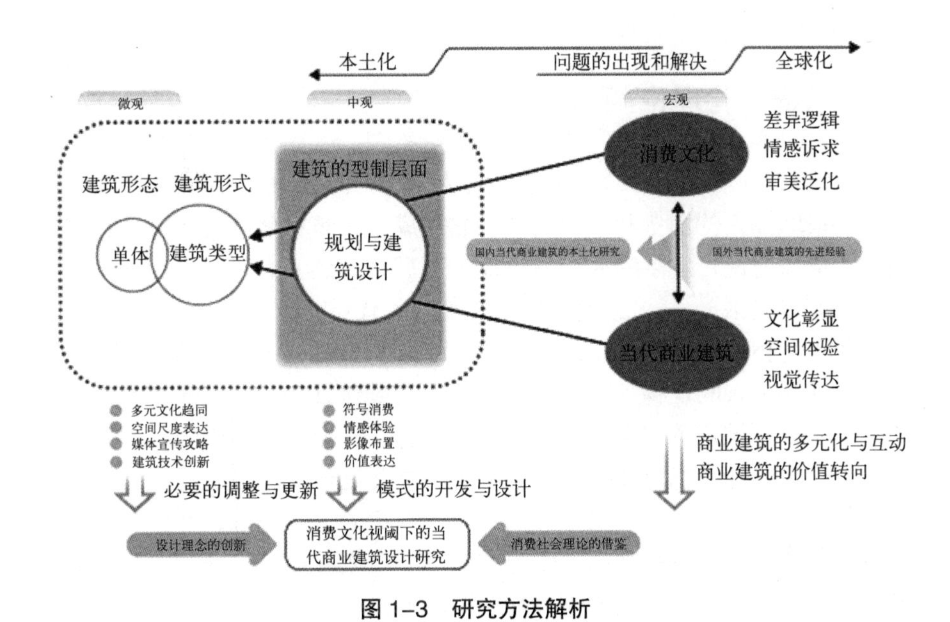

图 1–3　研究方法解析

具体的技术路线包括以下三个方面：

（1）通过文献资料的搜集，归纳总结出鲍氏消费文化的研究的核心内容，提炼与当代商业建筑的业态特征相吻合的关键问题，并从社会学、心理行为学、美学三个交叉学科的视角，揭示了当代商业建筑的价值转向和消费文化特征。

（2）运用定性与定量相结合的方法进行实例分析、资料处理，并与传统商业建筑相比较，创建性地提出当代商业建筑的规划与建筑在设计等方面的一些相关指标的参考值以及设计策略。

（3）采取实地考察、顾客问卷调查、管理部门访谈，以及设计人员访谈等方法获取当代商业建筑的设计图纸、经营者经验、顾客要求等第一手资料。

第二章　消费文化与当代商业建筑的深度关联

2.1　消费文化理论阐释

“今天，在我们的周围，存在着一种由不断增长的物、服务和物质财富所构成的惊人的消费和丰盛现象。它构成了人类自然环境中的一种根本变化。恰当地说，富裕的人们不再像过去那样受到人的包围，而是受到物（Objets）的包围”。……“我们生活在物的时代：我是说，我们根据它们的节奏和不断替代的现实而生活着。在以往的所有文明中，能够在一代一代人之后存在下来的是物，是经久不衰的工具或建筑物，而今天，看到物的产生、完善与消亡的却是我们自己”。从鲍德里亚《消费社会》一书的开篇语中，我们可以毫无隐晦的发现鲍氏消费文化理论的根基在于通过消费现象解读和批判的视角得出了人们不同于以往的消费观念，并将之统称为“消费文化”。当“消费文化”作为一个研究对象被放入到社会历史发展之中来考察时，它采用的是现代批判理论所沿袭的异化思维模式，而对消费文化影响下存在的具体问题进行研究时，则采用了后现代符号学的分析方法。基于此，鲍德里亚建立了两套理论模型：原始社会的象征性交换（礼物）—价值交换（以及符号的交换）—象征性交换和真实—仿真—诱惑。鲍德里亚的消费文化理论是带有后现代色彩的现代理论，严格地说，并不是一个系统理论建构，而是一种文化批判实践，它的立场与价值在这种批判实践中带有了某种指向，也正是这种指向成了本书研究的理论基础。

2.1.1　消费文化的符号译码

鲍德里亚在其开山之作——《物体系》中，明确地提出要建立一个与日常消费活动相关的批判理论。在书中，鲍德里亚将物的功能的实用性、功能的符号性和功能的失调性进行了深刻阐释,从而推出了由“物”到“符号”的功能转向。鲍德里亚的观点是，要研究物的本质，就要先解放物的功能性，使其从功能中解放出来。例如：在购物中心中，为了适应空间的尺度和环境的气氛，对柜台摆设、商品陈列方式进行调整，并不是本质性改变，而只是功能性的改变。“只要物还只是在功能中未被解放，相对的人的解放，也只停留在作为物的使用者的阶段”。所以，“我们分析的对象不是只以功能决定的物品，也不是对其而进行物质分类，而是人类究竟透过何种程序和物产生关联，以及由此而来的人的行为及人际关系系统”。由此可见，鲍德里亚对日常物的研究通过符号这个中介，深入到了人的行为和人与社会关系系统。鲍德里亚发展的这套有关物的符号消费理论是对其导师——法兰克福学派代表人物——亨利•列斐伏尔[1]日常生活理论研究的批判性继承。所以，人们普遍看到物、人关系的时候，鲍德里亚能够透析出物、人、符号这三者的关系，这样他就在消费文化理论中，引入了符号消费这一重要概念（图 2-1）。

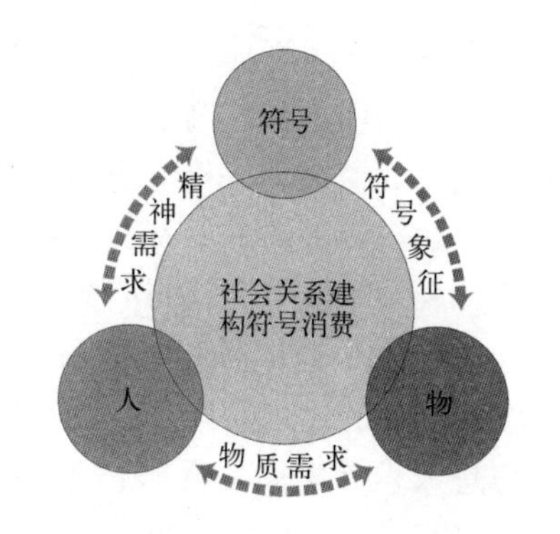

图 2–1　物、人、符号三者关系图示

在传统社会中，人们常常是以拥有和占有物的总和来象征地位和身份，而现在，人们通过对物的操持方式来建构着整个社会环境，甚至直接塑造了人们的行为的活动结构。鲍德里亚对传统消费观的颠覆在于他认为消费与需求的关系从联合走向了对立。“消费不是被动的吸收和占有，而是一种建立关系的主动模式。……消费的对象，并非物质性的物品和产品：它们只是需要和满足的对象。……要成为消费的对象，物品必须成为符号，也就是一个它只作意义指涉的关系——因此它和这个具体关系之间，存有的是一种任意偶然的和不一致的关系，而它的合理一致性，也就是它的意义，来自于它和所有其他的符号之间抽象而系统性的关系。这时，它便进行‘个性化’，或是进入系列之中等等；它被消费，但（被消费的）不是它的物质性，而是它的差异性（Difference）”。从这个意义上讲，商品的使用价值并非其自然属性，而是作为资本主义经济体系一部分的“需求体系”的一种抽象。使用价值与交换价值之间的关系是一种所指和能指的关系。“被消费的东西，永远不是物品，而是关系本身——它既被指涉又是缺席，既被包括又被排除——在物品构成的系列中，自我消费的是关系的理念，而系列便是在呈现它”。这里的“物”成为某种社会意指，并逐渐地转化为一种社会存在中意会的符码。“物是一个显现社会意指的承载者，它是一种社会以及文化等级的承载者——这些都体现在物的诸多细节之中：形式、材料、色彩、耐用性、空间的安置——简言之，物构建了符码（Code）”。

1　亨利•列斐伏尔（Henri Lefebvre，1901~1991），20 世纪法国思想大师，是西方学界公认的“日常生活批判理论之父”，“现代法国辩证法之父”，区域社会学、特别是城市社会学理论的重要奠基人。他的主要著作有《辩证唯物主义》、《日常生活批判》和《资本主义的幸存》。

资本主义生产体系主要通过媒体和广告等对记号进行操纵，使记号自由地游离物体本身。商品因此承担了广泛的文化联系与幻觉功能，如将罗曼蒂克、美、成功、科学进步与舒适生活等意象附着在肥皂、洗衣机、摩托车和饮料等平庸的消费品之上，并把这些人为的联系转变为物品的自然属性。人们对使用价值的消费成为对影像的消费，正如詹姆逊所指出，“消费社会是一个为记号和影像所充斥的社会”。电信大众传媒的发展造成了影像和信息的过度生产，导致固定意义丧失，实在以审美的方式呈现，现实与想象世界之间的界限被消融。从鲍德里亚的《物体系》、《消费社会》以及《符号政治经济学批判》等著作来看，他将物向符号的转化作为消费的前提条件，但鲍德里亚却没有对其“符号”这一概念进行解析。根据台湾学者林志明在《物体系》“译后记”中的解读，“符号”一词应该涵盖到三个不同层面的意义，即符号学意义上的符号（Sign）、社会地位中的信号（Signal）和心理分析意义上的征兆（Symptom）。这三个领域的符号概念在鲍德里亚的消费文化理论中既互补又钳制。所以，在鲍德里亚的著作中，我们对其符号消费的解读也是建立在多种混合符号概念意义之上的。当把符号只作为物的标识时，那就是符号学意义上的 Sign；当把符号作为消费者在消费时的社会地位和身份的象征时，那就是差异社会学意义上的 Signal；而当物的符号作为潜在欲望的表现形式时，那就是心理分析意义上的 Symptom；最后，由于鲍德里亚对现代信息技术的关注，他对符号的使用还延伸到了代码（Code）的含义（图 2-2）。

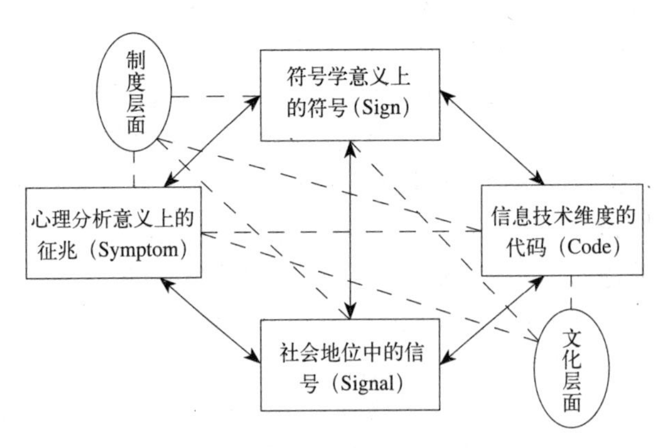

图 2-2　符号概念的关系图示

2.1.2　符号消费的功能解读

通过对鲍德里亚的符号消费的解析，我们可以对符号消费的功能进行全方位的解读，即当代人们的消费活动绝不仅仅是为了简单的物质需求，它其实是消费者通过赋予商品不同符号，而衍生出的一种“自我实现”，或是为了体现“自我价值”的消费。按照这一新的消费模式，必然引导一种崭新的符号消费功能，主要体现在以下三个方面：

1）消费观念的颠覆

在鲍德里亚看来，符号消费必然要对传统社会原有的伦理道德和风俗习惯构成重大的冲击，并形成一种基于符号消费上的新的消费文化或他所谓的新“人文主义”。因为此前的消费——传统政治经济学意义上的消费，主要还是就物的使用和功能意义而言的。鲍德里亚认为，“符号消费”的产生，毕竟是对如马克思•韦伯[1]所谓的近代以来就存在的资本主义社会里所奉行的崇尚节俭、努力工作的清教伦理的巨大颠覆。鲍德里亚对符号消费的关注，必然要对传统的伦理道德和消费习惯产生巨大的冲击，他预言一种基于符号消费的新式消费文化的盛行。传统的消费观念是人们要依赖自身的努力工作，使自己的积蓄达到一定程度后才去消费，而得到所需要的理想的物品，所以消费总是被置于生产和积累之后的。但在鲍德里亚看来，当代的消费社会消费观念完全发生了扭转，人们虽然还没有积累到购买物品的金钱，但可以通过信用制度和消费贷款来实现购买，就像他在《物体系》中所说的：“它们的消费比它们的生产先行。”这样，本来的消费观念就颠倒了，在消费社会里就产生了一个崭新的消费文化道德观念——消费先行于累积。而从消费的功能性来看，人们从对侧重使用价值的消费走向对符号和象征意义的消费，消费的着眼点是物品所表达或标志的社会身份、文化修养、生活风格。人们的消费要求突出商品的符号价值，及商品的文化内涵，以表现自己的个性和品位。显然，消费观念的颠覆成为社会区分与认同的基础，也成为我们对消费者的购物心理分析的基础。

2）符号价值的生成

鲍德里亚指出，物的效用功能并非真基于其自身的有用性，而是某种特定社会符号编码的结果：“物远不仅是一种使用的东西，它具有一种符号的社会价值，正是这种符号交换价值才是物品最为根本的价值——使用价值常常只不过是一种对物的操持的保证（或者是纯粹的和简单的合理化）。”所谓符号价值，鲍德里亚在《符号政治经济学批判》一书中进行了详尽的阐述：“就是指物或商品在被作为一个符号进行消费时，是按照其所代表的社会地位和权力以及其他因素来计价的，而不是根据该物的成本或劳动价值来计价的，所以它与物的使用价值相对立。”从鲍德里亚的经典论述中，我们可以得出这样一个结论，即物或商品作为一个消费符号，其本身还承载着一定的

---

1 马克斯•韦伯（Max Weber，1864~1920），德国政治经济学家和社会学家，他被公认是现代社会学和公共行政学最重要的创始人之一。主要著作有《新教伦理与资本主义精神》、《经济与历史》等。

意义和内涵。也就是说消费文化所倡导的消费，是将所消费的物品作为一个符号来看待的，那么对于该物品的价值来说，就不再简单地从其使用价值和劳动价值方面来衡量。按照鲍德里亚的推理，物品的符号价值根本不受其使用价值与劳动价值的约束，或者说是相对立的。符号价值与交换价值是可以成正比的，例如一件名牌服装，其中用于生产的原材料和付出的劳动都是相对较少的，但作为著名设计师和产品固有品牌的叠加符号，进入消费流通领域，其交换价值远远超越产品的使用价值和劳动价值，而变得很贵重。

3）文化消费的盛行

鲍德里亚在《消费社会》一书中，明确了文化是“否认事物和现实的基础上对符号进行颂扬”。他认为，具有文化符号性质的产品越来越多地进入流通领域，物品的文化属性与实用功能分离，而成为物品的内在品质。人们也趋向看重物品的文化价值，而忽略了事物存在的真实性，而物品的价值衡量也倾向于以文化为符号所表达的社会地位的象征体系。比如在购物中心当中，通过设计手段营造不同的环境氛围，满足不同文化品位消费者的需要；通过塑造文化的现实的批判意义，实现对已不复存在（完成和结束）的文化事件的享受；也可以通过对时尚文化符号更替的呼应，来迎合任意的、变幻的文化再循环现象。

鲍德里亚的消费文化理论演进，其实质是建立在对物的消费到符号消费的模式演变之上。消费观念的颠覆衍生了符号消费，同时催生了符号价值的盛行，从而将文化消费作为物品的内在品质提到了议事日程。这也就意味着，在当今物质产品丰富的消费社会里，一种有别于传统的新的消费秩序的产生。

2.1.3 当代消费文化的特征

消费社会的本质即符号消费，那么消费社会中的消费所代表的是一种有别于以往经济意义上的消费概念。消费社会指的是这样的一种生活方式——为了实际需求的目的，普通的物质消费远不如一种能激起欲望的激励性消费得到人们的认可。因此，消费文化的本质特征是：占有优先权和主导权的文化品质得到了深刻体现。正是由于文化元素的活跃和加入，当代经济才得以繁荣昌盛。所谓“仓廪实而知礼节，衣食足而知荣辱”（《管子·牧民》），随着全球化发展的影响，消费文化也日益占据生活的支配地位，整个社会弥漫一种时间碎片化和空间无距离感的氛围。当然，大众传媒的深入传播是最重要的原因之一。首先，形形色色的广告对人们购买商品时浓厚兴趣的产生起到了刺激作用；其次，由于图像等媒介符号的泛滥，缩短了人与空间的距离感，人们更加注重自身的个性发展和欲望的满足，并随时随地都要以商品作为填充物和参照实体。基于此，人们的消费方式从限制消费到开放消费；从按需消费到随意消费；从理性消费到消遣消费变革，消费文化颠覆了旧的生活方式，呈现一种新的物质性、视觉性、审美性、享乐性、符号性的文化特征。

1）物质性

直到消费社会来临，生活与物质的相依性首次细化到了生活的每个细节，这与商品化的扩张有着密切联系。在当下的消费社会中，物质填充着人们整个的生活，空间场所也逐渐向可消费性转化，这就使得人们的物质欲望越来越强烈。而人们对物质的要求或者说满意度和愉悦度就取决于：消费过程中物质本身的定位和其所在空间的衬托渲染。人们在追逐物质的时候，通常是以占有的某些物质带给他们身份的象征来代替其物质的真正价值。所以，物质性并非只具有最初的使用性，物质从普通变得稀有，从低廉变得昂贵，从简单变得复杂，这都与大众的追捧有着密切的关系。借此，物质特性由本身的基本属性转变为一种身份、荣耀的象征，这也正是消费文化的真正魅力所在。即物质通过消费文化的驾驭，而产生附加值和差异性，同时由实物转变成媒介符号，进入到我们的日常生活消费中。

2）视觉性

这是消费文化最显著的表现形式。消费文化是借助大众传媒来发展、传播的，可以说大众传媒的传播技术是消费文化视觉特性产生的根本因素。也正是消费社会中传媒技术的革新，物质商品都以传媒的形式来占领市场，特别是现代信息化广告、宣传等方式的出现，人们更愿意接受这种由电视、电影、网络等媒体为代表的宣传手段，这些视觉性的媒介符号的广泛传播不仅丰富了人们获得商品信息的渠道，同时也得到了广泛的受众。人们渐渐接受将物质文化和精神文化的需求都加载上视觉的标签（如衣服、化妆品、汽车、书籍等），否则物质将难以进入消费的行列，而被消费文化无情地淘汰。独具匠心的广告正是利用这一点，把罗曼蒂克、欲望、美、成功、幸福、科学进步、舒适生活等各种意象附着于肥皂、洗衣机、汽车、酒精饮料等平庸的消费品之上。在消费文化或大众文化中，人们对商品所消费的主要是其影像（image），并从中获得各种各样的情感体验，换言之，商品的影像代替了使用价值，成了后者的代用品。

3）审美性

在消费社会里，实在与影像的差别消失了，日常生活以审美的方式呈现出来，出现了仿真（simulation）的世界。艺术不再是单独的、孤立的现实，它进入了生产与再生产的过程，因而一切事物，即使是日常事务或平庸的现实，都可归于艺术之符号下，从而都可以成为审美的。现实的终结与艺术的终结，使我们跨入一种超现实（hyperreality）状态。这是消费文化渗入日常生活所采用的最隐蔽手段。在当下商品极大丰富、信息庞杂交织的社会，商品可以借助信息吸引消费人群，商品化借助媒介传播和影像虚幻呈现，将日常生活和艺术融合在一起，提高了人们的生活和消费所包含的审美特性。时尚化和风格化主宰的消费社会，商品与艺术之间再无明显的分化，二者合二为一的现实不仅带动了人们的消费欲望，同时也提升了人们的审美艺术感，从而提升了生活的品质，提高了生活标准和消费标准。艺术与商品的融汇，并不局限于包装商品的外在形式，更注重体现消费人群的个性欲望和需求，在满足欲望和需求的同时，将其审美化。

4）享乐性

娱乐是一种最古老、最普遍的体验之一，几乎没有哪种体验会排斥那些促使人们开心大笑的娱乐瞬间。从历史上来看，我国古代庙会就是一种在休闲娱乐中购物的形式，名义上是一种祭神的活动，实际上是娱人的场景。如今，这种享乐性更“是一种更高级的、最普通的、最亲切的体验”。就像是迪斯尼乐园将零售业大量引入一样。据统计，英国 25% 的新建购物中心开发设计方案中都包括了主要的娱乐设施，如电影院、保龄球场、夜总会等，2000 年这个比例上升到了 38%。娱乐驱动零售，零售带动娱乐的发展趋势使购物中心成为城市的娱乐中心，例如主题体验式购物中心内设置有提供丰富体验的主题公园、家庭娱乐中心、高科技娱乐中心、特色电影、夜总会、运动场、主题餐厅等。在消遣愉悦中得到享乐的满足是消费文化的又一大特性。随着社会对人们消费中追求的个性化、品质化、休闲化的尊重和认可，追求享乐的购物行为自然也就随着消费文化的扩散而正当化了。当丰富的消费品借助媒介美化、传播开来，就会激发人们追求享乐的本能，消费活动除了满足个人的物质需求外，更重要的是满足个人的精神欲求，购物的享乐特性在这种精神欲求的驱使下愈加被重视。然而，随着商品的极度丰富，消费文化的享乐性的确存在一定弊端，人们功利于寻找所谓的安乐感和愉悦感，使人们失去方向，感到精神迷离，因此，享乐性的边际效应也会渐次递减。

5）符号性

鲍德里亚在《物体系》中详细阐述了他的商品生产的符号学，他认为商品生产其实也是社会差别的生产，商品生产的逻辑与消费的逻辑是一致的，而物品—符号的生产和消费是一种风格、声望或者权力的表达，是与社会的等级体系相一致的。消费的符号象征性是消费社会中一个十分重要的方面。符号化特性是消费文化的最本质属性，它是以货币绝对化价值为前提条件的。货币随着社会的发展变迁也由最初的生活手段的工具变成追求生活的目的；物品的交换价值就携带一种符号特性，成功地从价值系统中抽离，成为消费的目的，而被纳入到了符号系统当中。在消费社会中，消费品、消费行为等都代表了消费人群的身份、地位、品味这些含义的象征符号，同时，生产者或者销售者再借助传媒的巨大影响，赋予产品一定的内涵和符号，符号化便在消费中反映出了其本质的特征。符号性是借助大众媒介的形式传播的，所以带有直观性、形象性的审美特点，进入后工业社会，文化的视觉转向使我们进入了一个“读图时代”，图像与符号具有强大的力量，能在不知不觉中左右大众的生活方式与消费模式。并且符号的象征性、审美性是从历史上继承的，经过历史文明的发展，反映着不同时代、民族、地域的文化，具有一种相对稳定的文化积淀和审美含义。

2.2 商业建筑发展历程

商业建筑是在社会的政治、经济、文化及技术的影响下发展升级的。所以我们对商业建筑发展历程的研究绝不能抛开当时的社会文化背景，这样有助于我们梳理商业建筑的演进规律，并清晰地认识消费社会当代商业建筑的根本性变革的深层动因，为进一步探求消费文化对当代商业建筑的影响起到了抛砖引玉的借鉴作用。

2.2.1 历史溯源

2.2.1.1 中国古代商业建筑的起源

中国古代并未形成真正意义的商业建筑，这与封建专制制度、木构架建筑的形制以及自古以来的“重农抑商”观念的深入人心都有着不解之缘。但是中国古代却出现了类似集市的综合性商业空间，这个形成过程可以大致的划分为两个阶段。

第一阶段是萌芽期，《周礼·考工记》[1]记载，唐代以前沿袭的商业模式是“市”制度[2]，城市商业建筑主要集中在城市特定区域的“宫市”[3]，这些市，就是中国商业建筑的雏形。“匠人营国……左祖右社，前朝后市”，表明当时商品交易的“市”与居住里坊是严格分离的。这一时期的店铺均为前店后坊式的里坊制，即手工业者在居所里坊临街开设店面，后部就是手工作坊。里坊制的城市规划模式在唐代达到顶峰，古典的“市”制度也发展到了极致。据宋辑《长安志》[4]记载，当时东西两市“占二坊之地，东西南北

---

1 《考工记》是中国目前最早的手工业技术文献，这部著作记述了齐国官营手工业各个工种的设计规范和制造工艺，书中保留有先秦大量的手工业生产技术、工艺美术资料，记载了一系列的生产管理和营建制度。该书在中国科技史、工艺美术史和文化史上都占有重要地位。

2 “市”是一个高墙围起的内院，是一个官方控制定时开闭的机构，此时的市场仅负担商品交易的功能。收录于《周礼·考工记》。

3 《周易·系辞下》“列廛于国，国中为市，致天下之民，聚天下之货，交易而退，各得其所”。

4 《长安志》是中国现存最早的古都志。宋熙宁九年（1076），宋敏求撰。

各六百步”，“四方围墙，一面设二门，四面合设八门”，“整个市场由四条街井字交叉，分为九个区域，店铺分行肆布置”（图 2-3）。

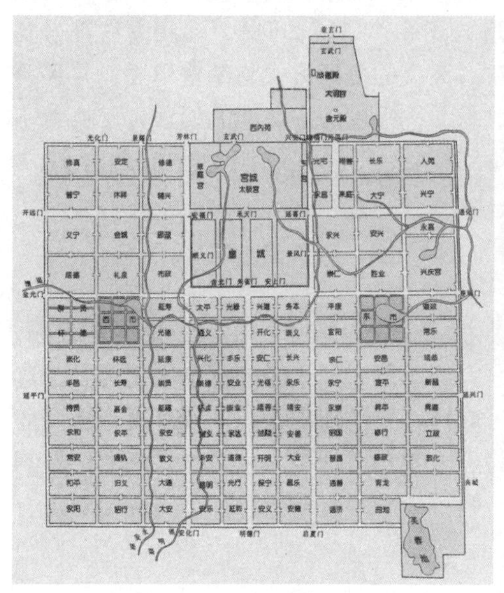

（*a*）总平面图

（*b*）复原鸟瞰图

图 2-3　唐代长安城复原图

第二阶段是衍生期，始于北宋仁宗[1]时代，至明、清才发展壮大。这一时期，以综合性街市为主体的新型商业空间适应了经济发展的形势，焕发了蓬勃的生机。商业空间形态主要分为综合性商业街和庙会。

在严格的古典市制的控制下，商业门面一般开向内侧的街道不利于生意的兴隆，而自北宋仁宗时起，由于商人对集聚效益的追求，店铺开始集中并将门面都开向繁华的街道，以便招揽顾客。张择端的《清明上河图》[2]中，能够清晰地反映出当时充满生机的商业街道场面（图 2-4）。随着手工业分工的细致，商业街开始分类型聚集，形成同业态的商业街形式。这类商业街一般有两种类型：一种是一般的商品零售交易，而另一种则是以批发贸易为主的市场，如卖抓饭食品集中的小街叫“毕罗店”；卖馄饨集中的小街叫“馄饨曲”等。这种多家同业商店集中的商业街，还常设有货栈、仓库，并由政府派来的官员监督，商品货物价格的高低都由官府统一规定，成为后世专业化商品“一条街”的先声。

1　宋仁宗，北宋第四代皇帝，在位时候宋朝进入鼎盛，但也是衰落的起点。

2　《清明上河图》是北宋画家张择端仅存于世的一幅精品，属风俗画作品，宽 24.8 厘米，长 528.7 厘米。生动地记录了中国 12 世纪城市生活的面貌，这在中国乃至世界绘画史上是独一无二的。

图 2-4　张择端的《清明上河图》局部

在我国封建社会自然经济的禁锢下，城市中具有公共交往性质的建筑极不发达，而宫殿、官署又是等级制度较高的建筑类型，不具有亲和力。所以庙宇凭其温和的吸引力成了中国古代最重要的公共建筑形制，于是庙宇就被赋予了商品交易和民众聚会交往等非宗教功能，同时，庙宇也成为综合商业建筑的萌芽被大众认同。庙会期间的戏曲、手工艺品、杂耍等具有地方特色的文娱表演，成了吸引民众聚集的重要因素。庙会文化“名为娱神，实则娱人”的本质为中国古代的市民提供了商业活动和公共交往的重要场所，突出了商业空间的娱乐性和情感特征。由此可见，我国的商业空间形制自古就带有娱乐化、情感化、节日化的属性（图 2-5）。

图 2-5　老北京传统庙会的热闹场面

2.2.1.2　西方古代商业建筑的雏形

西方古代城市较早形成了开放的社会公共生活空间，并较早地使用石材作为建筑的围护结构，所以大型的公共活动场所也成为商业建筑的雏形，它往往以当地的神庙为中心，周边是竞技场、住宿、会议中心、敞廊等公共性建筑。

古希腊城市中心的阿索斯广场[1]是西方商业建筑的最初典范。广场的两

1　位于今土耳其境内，早在公元前 3 世纪，古希腊就出现了中心广场，人们称作 Agora。

侧是交易敞廊，围合成梯形的公共广场，较为开敞的一侧建有神庙（图 2-6）。它不但是人们祭祀神灵、举行集会、节日欢庆活动的主要场所，也是人们进行商品交易的市场。当时的商品交易活动经常在四周的敞廊中进行，一直到了古希腊晚期，敞廊的这种市场功能才逐渐固定下来，为西方敞开式的、与广场结合的商业建筑开了先河。

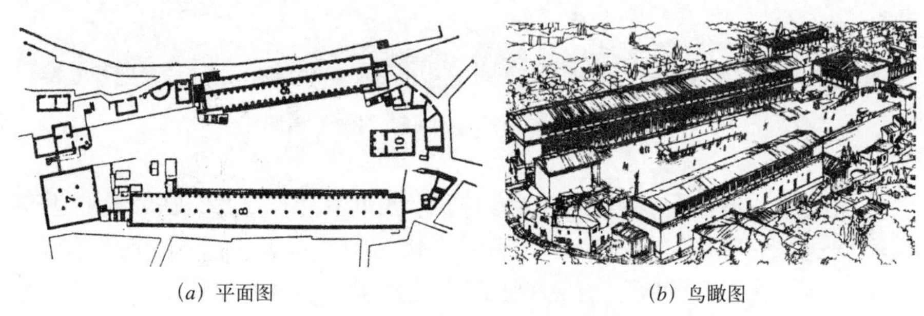

（*a*）平面图　　（*b*）鸟瞰图

图 2–6　古希腊的阿索斯市场

古罗马时期发展起来的大型公共浴场，开创了多功能空间交叉融入的先例。在大型的浴场建筑空间中，既有浴场，又有演讲厅、音乐堂、图书馆和很多商店设施。其布局特点是将层高需要较高的功能空间居中或靠后布置，而空间较小的商店设施分为 2~3 层布置在大厅的周围，空间的变化丰富且具有趣味性。例如古罗马的卡拉卡拉浴场[1]占地 575 米 ×363 米，主体建筑门厅一侧和东西两侧均是零售商业功能空间，中部居中的部分是公共性的浴场，建筑的后部是演讲厅和图书馆，建筑北侧是运动场（图 2-7）。这种多功能空间组合在一组建筑群内的建筑形式，对后世商业建筑向多功能融合的演进产生了深远的影响。

（*a*）复原模型

（*b*）剖透视

图 2–7　古罗马的卡拉卡拉浴场

1　卡拉卡拉浴场（Baths of Caracalla），当时世上最大的浴场之一，是由卡拉卡拉皇帝于公元 200 年左右下令建造的，主体建筑是古罗马拱圈结构的最高成就之一。

2.2.2 传统变迁

2.2.2.1 中国近现代商业建筑的发展

中国近现代商业建筑的发展也可分为两个阶段。第一阶段为中华人民共和国成立前的外发次生阶段，在鸦片战争之后，中国封建社会的传统小农经济模式逐渐瓦解，随着舶来商品和商业模式进入中国，加之票号的发展使资本运营成为可能。使处于早期资本主义萌芽期的中国商业蠢蠢欲动，在国外资本主义文化的刺激下，中国近代商业建筑大多采用来自西方的建筑风格和式样，尤其是西方折衷主义风格在中国近代商业建筑设计领域得到了淋漓尽致的发挥，如哈尔滨秋林公司（图 2-8）。在这一时期传统的商业街区发展出了一种特殊的综合性商业空间——劝业场。其中最为著名的是 1928 年由永和工程公司设计的天津劝业场。建筑部分五层、转角处建有两层八角形的塔楼。底部 5 层为商场空间，6、7 两层还布置有各类娱乐场所——戏院、影院、茶社、球社等（图 2-9）。天津劝业场不但是当时天津城市的标志性建筑、核心商业区，而且开创了近代将多功能娱乐休闲设施引进商业的先河，对于我们研究的商业建筑来说，劝业场模式应是商业建筑发展的阶段性变革。

图 2–8 哈尔滨秋林公司

图 2–9 天津劝业场

第二阶段是中华人民共和国成立后的内发自生阶段。建国初期，经济环境有了长足改善，商业建筑领域也开始新形制的摸索和创新，这其中当属上海南京路改造最为成功。经过调整和重新布局后的南京路，凭借风格迥异的商厦和先进的装备设施，摇身成了上海对外开放的窗口、我国最大的零售商品集散地、世界超一流商业街。随着商品经济的发展和改革开放的深入，一些大城市，如北京、上海、深圳等地开始内发自生地增建不同规模的商业设施，以适应城市发展，从而满足人们消费需求，如北京华威大厦、燕莎中心（图 2-10）等。

中国近现代的商业建筑发展还比较落后，虽然一些商业建筑的规模已经很巨大，但是从经营管理和功能服务上还处于初级尝试阶段，从总体上讲是与我国发展阶段、发展水平和文化背景相称的。这也为当代商业建筑发展提供了良好的基础，为建设符合我国国情的商业设施迈出了坚实的一步。

图 2–10　北京燕莎友谊中心

2.2.2.2　西方近现代商业建筑的发展

19 世纪随着工业革命的发生和城市生活的日渐形成，大量生产和大量消费的时代扑面而来，这意味着以美国为代表的西方国家已经开始进入消费社会萌芽阶段，出现了各种崭新的商业建筑形式。比如百货商店、超级市场、总经销商场等。这其中，对当代商业建筑影响最深远的就是欧洲的“拱廊街”和北美“购物中心”的出现。

欧洲城市格局多为 20 世纪前形成的，历史文化建筑众多，大多数商业设施是结合战后重建、立足旧城中心区的。所以，不可避免地在平面形态、建筑风格和尺度方面与城市发展存在着矛盾。拱廊街的出现使人们得以远离人车混杂的喧嚣，免遭酷暑严寒、刮风下雨的侵扰，又不用长途跋涉。这些用玻璃做顶，地面铺着大理石，通道两侧尽是最高雅豪华商店的拱廊街，是“一座小型城市，甚至是一个小型世界”。它成为“休闲逛街者的居所”。这也是欧洲特有的一种购物场所，成为我们今天体验购物的先河（图 2-11）。

购物中心形成于 20 世纪 50 年代的美国，其布局以主力店为核心，步行街为纽带，将专卖店连成一体；在形态特征上，由内到外依次为：共享空间、低层商业建筑、大面积停车场（图 2-12）。按照服务范围和规模大小分类，购物中心可以分为超级区域型、区域型、社区型、邻里型四类。购物中心的发展壮大与当时美国郊区化有着密切的关联。从内因驱动上来分析，是因为私家汽车和储藏设备的使用和普及成就了购物中心的发展，选址在郊区或城乡结合部高速公路一侧的北美购物中心获得了比以往任何零售业态都要大的服务半径。这类孤岛式的购物中心因其具有庞大的规模、一站式的服务，以及完备的休闲设施在世界范围内风靡一时。但由于能源紧张和城市中心区的衰退，购物中心的选址在20世纪70年代开始转向市区。面对郊区购物中心的挑战，很多城市传统商业中心进行改扩建，适当通过加入餐饮、娱乐等功能增大了规模。同时也放宽了对机动车的限制，提供更多停车位来吸引顾客，满足顾客的开车需求，也提高区域活力。因为传统商业区有历史的沉淀，而且位于市中心，有更多的客源支持，所以恢复速度很快。

图 2-11　比利时布鲁塞尔拱廊街

图 2-12　美国北岸购物中心鸟瞰

2.2.3　现状评析

2.2.3.1　当代商业建筑的发展现状

进入到消费社会，随着体验经济的到来和消费个性化的不断增强，越来越多的人渴望在消费过程中寻找全新的体验，体验式消费逐渐成为一种新的消费方式。世界零售商业在经历了百货商店、连锁店、超级市场、多功能购物摩尔之后，正以一种不可逆转之势朝着情景式体验消费的方向发展。这是一种新型的综合性商业地产模式。其本质特征是在原有的商业建筑功能的基础上增加了更多的参与性娱乐内容，可以概括为零售购物、娱乐体验、餐馆品饮的“三位一体”模式（图 2-13）。

在以美国为例的西方发达国家和亚洲的日本，商业建筑已经发展到非常成熟的阶段，“体验式”的购物观念已深入人心。在新型的当代商业建筑中，服务内容已经转变成多样化的购物、休闲、娱乐、餐饮、专业服务、健身保健，甚至包括教育、小型医疗服务，政府行政服务等，也集购物、娱乐、餐饮综合化，一次出行就可以全部满足，这就是所谓的“一站式服务”。

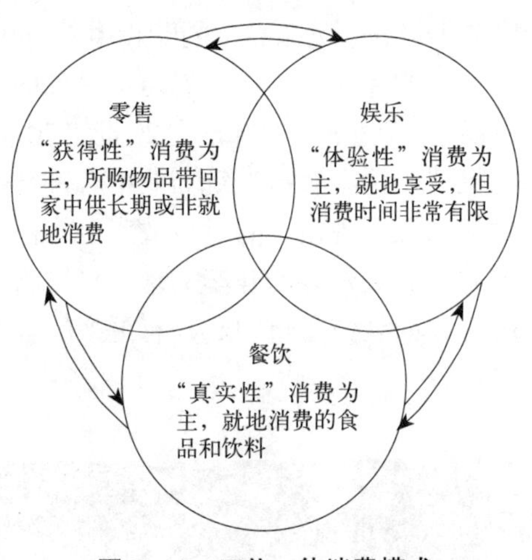

图 2-13　三位一体消费模式

消费文化使人们除了注重日常基本物质消费外，还要更加注重精神生活、身体健康、文化需求等能够提升生活品质的服务内容，这也要求当代商业建筑的功能和消费形式也更多地融入休闲、健身、娱乐等元素。人们的消费观念也正从“购物＋休闲”的模式向“休闲＋购物”的模式转变。美国城市土地研究所（ULI）对传统商业建筑（以购物为主，带有餐饮，但基本没有娱乐设施）和当代综合性商业建筑（包括购物、娱乐、餐饮等要素）的营业情况作了详尽的比较（表 2-1）。

传统与当代商业建筑的比较　　表2-1

娱乐内容	传统商业建筑	当代商业建筑
规模（万平方米）（零售面积）	10以上	3~8
单位面积年销售额（美元）	225	500~700
最佳单位面积年销售额（美元）	450	1400
服务半径（公里）	35	55~65
回头客	平均每月3次	平均每月2~4次
区域占有能力	主要靠百货店、主力店、较大的规模和多样性吸引消费者	主要靠在区域内的独特性吸引消费者
对消费者的吸引力	有限，多数顾客为了购物	广泛，很多顾客为了餐饮、休闲、娱乐
顾客平均停留时间（小时）	1.5	3.5
顾客分布特点	按每天不同时段变化，有季节性变化	集中在周末和节假日，工作日顾客较少

续表

娱乐内容	传统商业建筑	当代商业建筑
对旅游者的吸引力	有限	占顾客的20%~40%
设计核心特征	注重建筑空间的功能性、舒适性	注重空间的场所性、主题性、体验性、审美性

进入 21 世纪的中国，随着综合国力的提高和信息媒体技术的广泛应用，我国当代商业建筑进入了一个新的充满生机的发展阶段。从供销社、百货大楼、百货购物中心已经发展到第 4 个阶段的商业模式，即一站体验式购物中心（图 2-14）。目前这一模式已经在全国各地的商业活动中运营着，将是商业地产发展的一种趋势。通过对市场调查分析发现，以北京为例，自 2007 年下半年以后，北京 40 大商业项目的入市带来高达 410 万平方米的商业面积，进入了北京有史以来最为集中的商铺开业高峰期。而商业场所的客流有 65% 以上是为了娱乐旅游和休闲，仅 3 成多的人是为购物而来。体验消费客流量的比例仍在不断提高，体验式的消费和购物将成为未来消费模式的新宠。

图 2–14 国内商业建筑经历的四个阶段

在短短的 20 年间，随着商业地产模式的更新与消费文化的引导，中国零售业引进了西方几乎所有的商业业态，衍生出了多种业态形式并存纷争的局面，它们包括 Shopping Mall、家居中心、百货超市、建材超市、品牌旗舰店以及 Lifestyle Center 等（表 2-2）。

当代商业建筑分类 **表2-2**

分类	建筑形式	规模	停车位	消费人群	业态比重
Shopping Mall	封闭式环境，一般带有中厅，一般层数高度不超过5层	占地5万~8万平方米，建筑面积5万~12万平方米	室外、地下或室内停车场均可	涵盖各年龄段消费人群，消费相对大众化	休闲娱乐及餐饮业态比重约10%，零售业态比重约90%；有传统意义上的主力店
百货超市	封闭式环境，一般为连锁开店，建筑形式标准化程度高	占地3万~10万平方米，建筑面积5万~10万平方米	室外、地下或室内停车场均可	消费相对大众化	以日常百货为主，配有5%~8%的餐饮娱乐

续表

分类	建筑形式	规模	停车位	消费人群	业态比重
建材超市	封闭式环境，一般为连锁开店，建筑形式标准化程度高	占地5万~12万平方米，建筑面积8万~15万平方米	室外、地下或室内停车场均可	消费相对大众化	以建材、五金等配件为主，一般有5%~8%的餐饮娱乐
品牌旗舰店	封闭式或半开敞环境，建筑形式为了体现品牌的个性，都很独特	建筑面积一般在1万平方米以内	因规模小，一般没有独立的停车场	高端消费人群	以高附加值的奢侈品为主，不同程度的配有餐饮、娱乐或者俱乐部等设施
Lifestyle Center	开放式环境，低层，街道形态景观优美，形式独特	占地3万~5万平方米，建筑面积3万~8万平方米	要求更高，一般能在室外和商店门前直接停车	中高端消费人群。消费忠诚度较高；更注重休闲消费与精神享受	休闲娱乐及餐饮业态比重约25%,零售业态比重约75%；与家庭生活等生活方式相关的业态比重大

2.2.3.2 国内当代商业建筑发展趋势

通过以上分析，可以看出当代商业建筑不论是在空间策略、业态布局，还是在特色营造、对顾客吸引力上都优越于传统的模式，这都有赖于消费文化对当代商业建筑不断升级改善购物环境的要求。而近一两年来，北京的大型商业建筑如雨后春笋般飞速发展，随着全球发展，我国当代商业建筑也呈现出以下新的发展趋势：

1）复合化

多元复合已成为当代中国城市空间发展的趋势，当代商业建筑多种功能的相互平衡、相互激发，提供更多的服务内容，为更多的对象服务，使环境产生巨大聚合力，是社会生活的积极媒介。随着经济的发展，人们的空闲时间增多，消费心理也逐渐由单一的需求向多元的需求转化。当代商业建筑最明显的趋势就是将零售购物与餐饮结合在一起，与此同时，电影院特色餐馆、夜总会、博物馆以及旋转木马等娱乐设施也走进了商业建筑空间，呈现出“购物 +N 种娱乐”的模式。由此，复合化的商业建筑无论是外在体量、立面处理，还是内部空间架构、环境营造，都与以往的商业建筑设施有所不同，形成了新的营造方式和特征。同时，有计划、有组织、大规模激发欲求的商业建筑环境在城市的集聚，必然会对其自身及城市景观造成一定的影响。北京世纪金源购物中心总建筑面积为 68 万平方米，是集购物、餐饮、休闲、健身、娱乐等功能于一体的大型休闲购物中心，其代表了当今消费风尚的复合型商业形态（图 2-15）。

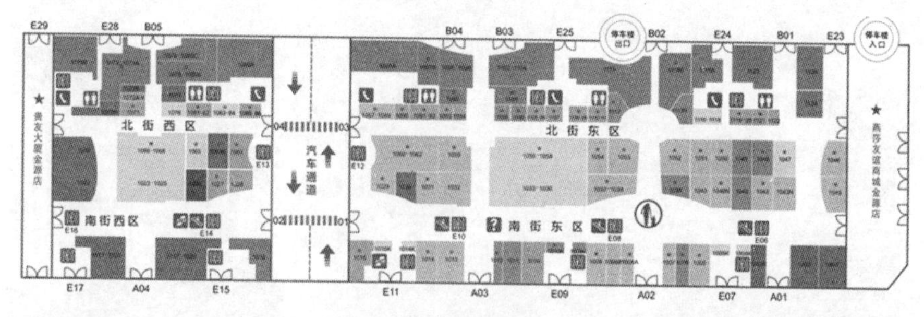

（*a*）一层平面图

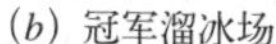

（*b*）冠军溜冰场

（*c*）集美影城

（*d*）纸老虎书城

图 2–15 北京世纪金源购物中心

2）高级化

在激烈的市场竞争中，为形成差异化营销战略，我国的零售业需要向高级化发展，来适应目标购物者不断变化的生活方式，以便于提供更全面、更有附加值的“购物体验”。当代商业建筑在较大的商圈内，以高收入者为目标客户群的高级购物中心应运而生。北京近几年新建成商业项目在营销模式上，各大商场不约而同地选择了只租不卖的方式，这样有利于商场的统一管理；在商业定位上偏重于高档次，而在引进商家品牌时则趋于向高端奢侈品牌倾斜；并且店铺内部分区与品牌布局的手法也日趋成熟，大主力店与小商家之间整体的布局设计，充分考虑了各品牌之间的相互竞争与共赢，各种不同业态的合理搭配，使得各种商业资源得到最科学的分布。Lifestyle Center（生活方式中心）就是一种更加注重娱乐休闲与零售混合的新型商业业态模式，这种业态产生于美国，在国内仅有几年的发展历史，但从商业地产发展的轨迹来看，它是人们消费结构升级、消费观念发展、商业模式发展到一定阶段的必然产物（如北京的蓝色港湾 Solana 购物中心）。国际购物中心协会（ICSC）指出，生活方式中心作为一种有别于传统商业模式的新型业态，必须具备下列要素：一是接近有影响力的居住社区；二是中高档消费人群的定位；三是净营业面积在 15000~50000 平方米之间；四是非封闭形态；五是至少有 5000 平方米以上的面积是由全国性的连锁专业店使用（图 2-16）。

(*a*) 总平面图

(*b*) 广场透视

图 2–16　北京蓝色港湾购物中心

3）体验化

随着国内体验经济的风靡，当代商业建筑要更多地提供一种激发身体知觉和情感潜能的媒介，而不是终端产品。“购物”诠释着消费社会的理念，而消费主义的整个概念和发展似乎完全依赖于其持续的体验。在日常生活的背景下，人们受到各种各样规范的约束，因此情感总是处于相对压抑的状态。商业空间作为激发人欲求的特殊生活空间，就需要塑造与众不同的空间环境，令商业空间与熟悉的日常生活隔离，以帮助人们解除惯性对欲求的束缚、压抑。最有效的办法就是要营造出一定情景，使人进入到一个虚拟的世界，从而进入空间体验。就大众的需求而言，消费社会所呈现的物质需求与满足感在多样化的丰富着，那么作为物质商品意义之外的人类其他的需求和欲望，正由体验和交流活动过程来表达。这种欲望与需求，催生了当代商业建筑功能服务类型的转变，引导并激发了人们的购物体验。

2.2.3.3　国内当代商业建筑面临的问题

由于国内当代商业建筑发展过于迅猛，一些新型的业态缺乏对中国国情和消费者需求的分析，而机械的生搬硬套，在消费文化引导的新形势下暴露出种种弊端，主要表现在以下几个方面：

1）盲目巨构引起主题特色缺失

国内的许多当代商业建筑盲目地贪求规模上的“大、全、新”，在功能上虽然很好地满足了消费需求，但在购物空间环境的舒适度和特色上却不够关注。首先表现在商业业态结构的紊乱，由于国内商业地产发展过快，经过改良的传统百货商场相对过剩，造成商业业态鱼龙混杂；而且网点布局中的业态单一，都缺乏市场定位和差异化战略，形成恶性竞争的事态。

以北京为例，据有关统计报告显示，自 2003 年至今，每年新增购物中心的平均建筑面积以 10% 幅度递增。其中，尤以 Shopping Mall 为代表的超大型购物中心为主。而且这种集中型的购物中心本质上还是以零售为主，无法满足人们日益变化的生活方式。而随着经济快速发展，虽然后来的购物中心也融入了一些休闲、娱乐、餐饮等元素，但其自身的建筑形式和经营特点所营造出的商业氛围依然偏重于购物消费，娱乐休闲的体验性并没有凸显出来。

图 2-17　北京燕莎友谊商场西四环店

其次，是目标市场定位不明确，消费需求的升级引发了消费行为的变化，但是很多项目由于在前期策划中缺乏科学、系统地对消费行为和心理的研究，导致对目标顾客的需求状况难以准确把握；商业主题不明确，特色商业引入不足，从而难以形成具有自己企业特色的竞争优势。如北京的燕莎友谊商场、中友百货等就是传统改良型的商业业态，他们对消费文化引起的功能综合化只是盲目地跟从，没有明确的主题特色，近年来出现了顾客购买力下滑的趋势（图 2-17）。

2）商业建筑空间设计有待优化

由于国内对商业业态的认知度较低，缺乏建设经验，所以在商业空间的设计上，存在较多不合理的地方有待优化。首先是许多当代商业建筑的公共空间模式较为单一，常常以一个巨大的摩尔式中庭为核心，周边围绕一字排开的商店，空间缺乏变化，难以给在内的购物者产生心理上的新鲜感。同时，也造成商业内部活动流线混乱，缺乏“导向”设计。另外，商业外部环境和配套设施远远不能满足顾客购物的舒适性、便利性的要求，大部分店铺的休息设施都极其匮乏，购物者在巨大的空间购物时时常会出现劳累，必要的座椅及景观设施是非常需要的；一些封闭式的购物中心内的空气质量也不够好，在内部逛久了的人容易出现疲惫，难以给人舒适的感受；顾客停车位严重不足，导致访客逗留时间越来越短。

其次，由于购物中心的业态日趋丰富，体验式购物成为购物中心的消费主流，但许多购物中心的公共空间模式的单一不能很好地满足购物中心的发展需求。在一定程度上，体验式消费的内容不仅包括商品本身，还包括建筑空间。商品本身的竞争力体现在时尚性、新奇性、多样化、充满诱惑性，同样对于商业建筑空间的要求亦是如此。所以，传统的商业

图 2-18　哈尔滨红博商城

图 2-19　上海第一八佰伴百货商场

设施和空间已经不能满足人们的需要，新的消费方式对城市商业建筑空间提出了更高的要求，使之日益朝着丰富、开放、充满活力和互动、舒适而流露出关怀的方向发展，而国内当代商业建筑的商家过分追求利益，导致空间的功能、尺度、序列、服务设施以及流线都赶不上人们日益增长的精神文化需求，其室内外建筑空间缺乏合理的组合机制和空间特色，让光顾者在游逛的同时容易迷失方向，并因为空间的流动性较差，容易让人产生厌烦的心理，也降低了店铺的集客力，最终导致店铺难以继续运营（图 2-18）。

3）商业环境的视觉系统缺乏审美情趣

消费文化在不断变换着人们的审美情趣，审美泛化成为人们购物活动的主要心理欲求。而国内的当代商业建筑对于其自身视觉系统的美学特征缺乏。首先，商业环境的视觉系统缺乏美学体验的视觉标识，国内的一些当代商业建筑由于开发商一味追求高容积率造成了建筑体量、立面不具有感官愉悦，缺乏“人性尺度”的推敲和美学感官的设计，庞大的建筑体量和千城一面的建筑外观难以给人温馨的审美感受，尤其是许多当代商业建筑都有巨大的中庭，虽然气势高昂，但让人觉得难以亲近，使消费者产生抗拒心理。建构技术的提高和新材料、新技术的应用是当代商业建筑的表皮，五花八门，也直接参与到了人们的视觉消费当中，而国内的一些当代商业建筑却仍然墨守成规，认为商业建筑是可以不要外立面的，这也造成了国内当代商业建筑的表皮单一化，难以给人们耳目一新的审美感受，如位于上海浦东新区的上海第一八佰伴商场的立面全部由封闭的混凝土砌筑（图 2-19），显得沉闷无生气，难以引起人们的消费欲望。

其次，随着信息媒体技术的发展，当代商业建筑的媒体化和广告成了视觉系统的新宠，然而，广告和媒体技术应用还显得很初级，缺乏新意。

往往过于通俗，匮乏与艺术结合的审美韵味。另外当代商业建筑的色彩、灯光等媒介也没有发挥出其应有的视觉体验，在封闭的商业环境中，缺少了媒介的催化，会容易让人疲惫，难以给人舒适的视觉感受。

2.3 消费文化视阈下当代商业建筑的价值转向

“价值体系”是涉及当代商业建筑设计目的和方法的根本问题，在消费文化影响下，当代商业建筑的价值体系发生了根本性转变，主要表现为：其一，社会价值方面，从为了满足所谓的基本生活需求（生理需求）转向了扮演社会和文化交流者的角色；其二，物质价值方面，从确定走向流动，从使用走向了体验；其三，审美价值方面，从清晰走向模糊，从遥不可及走向日常生活审美。

2.3.1 当代商业建筑的社会价值转向

建筑的社会价值（Social Value），主要包括伦理价值和道德价值，它是建筑客体对特定历史条件下社会关系及其主导意识形态的反映和建构。当代商业建筑的社会价值主要通过反映社会关系和表达时代精神来体现。社会关系是由个体身份和个体之间的秩序两部分内容构成的，而时代精神则关系到价值体系，是对“真、善、美”的认识。消费社会，个人身份主要通过消费对象和消费方式来界定，无论是作为直接的消费品（商品），还是作为消费场所（如购物空间），当代商业建筑对于确立个人身份和社会秩序来说都变得前所未有的重要。所以，当代商业建筑的社会价值从为了满足所谓的基本生活需求（生理需求）转向了扮演社会和文化交流者的角色。那么，消费文化引导下的当代商业建筑社会价值转型主要体现为以下三个方面：

2.3.1.1 商业空间的消费性

消费文化影响下的当代商业建筑真正社会学意义上的转变，是从“空间生产”的转型开始的，因为他是当代商业建筑社会价值转型的物质基础。“空间生产”是引用法国“元哲学家”的亨利•列斐伏尔提出的概念，他认为，对于空间的征服和整合，已经成为消费主义赖以维持的主要手段。自20世纪中叶起，曾在战争期间大显身手的，主张资本垄断和集中的福特主义[1]生产管理模式开始淡出历史舞台。生产方式由大规模制造业向以知识和服务为主的灵活的服务业及商业转变，西方国家为了满足不断增长的金融

1 福特主义是在20世纪30~50年代，伴随着世界经济危机和世界大战的进程在美国形成的。福特主义生产结构和再生产结构的实施和推广，使美国当时在世界范围内的政治经济领域占统治地位。

和商业发展的需要，开始“创造良好的商业氛围，将市中心改造成企业中心、发达的服务和旅游业中心”的发展策略。

空间生产的转型使当代商业建筑从“空间中的消费”向“空间的消费”转变，即从“在空间中消费物品”转变为“对空间本身的消费”。这是消费文化借助当代商业建筑的典型社会学转向，转变的内容不仅涉及空间特性、空间策略，更关系到建筑实践的根本目的和出发点，也就是意识形态基础的彻底革新。列斐伏尔断言：“（社会）空间就是（社会）产品。”在他看来，在当代商业建筑中，人的购物行为、商品的展示、人与空间的关系，人与人的关系、人与商品的关系都被纳入到空间生产的范围之内。居伊•德波[1]在其著作《景观社会》中认为：资本主义生产方式打破了不同社会及其生活之间的界限，现代城市规划通过将原来具有整体性的空间改造成它自身的装饰，构成一种“凝固的生活形式”以供消费，从而实现自身经济发展的需要。

2.3.1.2 商业服务的定向化

在消费社会，当代商业建筑的社会价值转向还体现在人们日益复杂的社会关系系统，这就需要商业空间对目标客户群的定位具有鲜明的区分标靶。那么，商业服务的定向化很好的调和了消费文化影响下的社会差异和分层机制问题，其主要表现在服务内容的特色化与服务对象的特定化上。例如在当代商业建筑中，各种档次的专业店不断出现，如品牌旗舰店、厂家直销中心等；以功能定位的各种专业街——服装街、食品街、文化娱乐街、科技街等；以特定人群为服务对象的专业街——女人街、男人街、儿童街等，都是以满足社会生活多元化需求为服务目标的。

随着人们收入水平及文化素质的持续提高，我国城市人口的消费需求逐渐向复合式、感性化方向发展，人们不再将商场看作单纯的购物场所，而是希望在其中能够连续实现交往、休闲、聚会等系列活动；同时，环境服务等感性要素日益受到重视，逐步成为他们选择消费场所的重要参考因素。因此，目标商业服务的定向化应以目标客户群为依托，以不同年龄阶层、不同教育文化背景、不同收入阶层定位店铺的目标客户，在业态规划和设计时要综合考虑他们的消费特点和需求，同时商业服务、业态组合、设计风格也随即要偏向不同阶层的喜好，打造差异化的购物环境。

---

1 居伊•德波（Guy Debord，1931~1994），法国思想家、导演，情境主义代表人物。主要作品有《隆迪的狂吠》、《景观社会》等。

2.3.1.3 商业空间的象征性

当代商业建筑的空间作为特殊的商品参与了消费，这就为其赋予了符号象征性的消费文化特征。在当代社会的购物活动中，消费者选择的不单是商品实物，而更注重的是能表达身份的符号，即能表达身份的符号象征。这也是空间以有形的“物质态”反映无形的“精神态”的过程。在这一过程中，人们通过在商业空间中的行为来表现和维持一种社会差距，以取得社会地位。所以，当代商业建筑的空间生产是一种象征性的空间资源配置，它揭示的是消费社会中商品消费的逻辑，强调了商品消费所具有的象征和区分功能，更重视消费所体现的社会结构图式。

对于当代商业建筑来说，一方面，空间作为一种社会产物，并不是指某种特定的产品，而是一束关系，是一个政治过程，所以空间成为生产关系再生产的所在地；另一方面，由于空间带有消费文化的特征，所以空间把消费主义关系的形式投射到全部的日常生活之中，成为一种可取的生活方式的抽象。列斐伏尔说：“空间是政治的、意识形态的，它真正是一种充斥着各种意识形态的产物。”因此，当代商业建筑空间象征性的形成是一个各种利益奋力角逐的产物，受到各种利益群体的制约与权衡（图 2-20）。

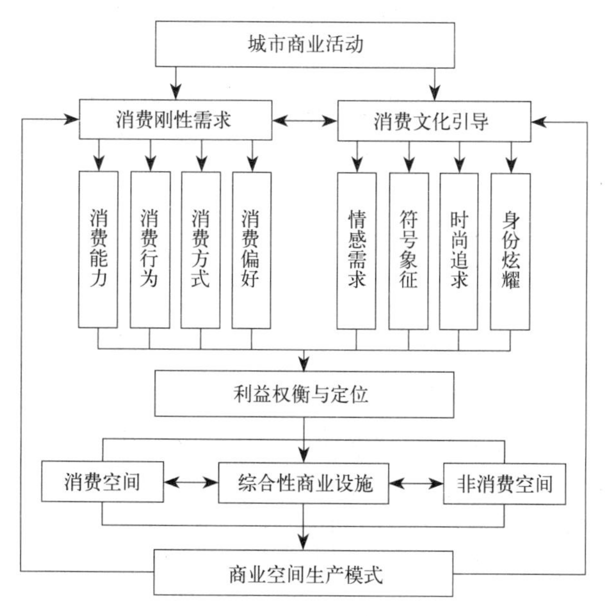

图 2-20 商业空间生产

2.3.2 当代商业建筑的物质价值转向

建筑的物质价值（Material Value），也称功利价值、实用价值，主要指建筑客体对主体使用需要的满足程度。消费文化影响下的当代购物活动（Shopping）跟过去的“买东西”（Buying）有着极大的不同，前者主要集中在购买的对象上；而后者则是集中在“如何购买、为何购买”上。建筑的物质功能变得非常不确定，这也促使了当代商业建筑的物质价值从确定走向流动，从使用走向了体验的转型。人们的消费模式也从“物质型”转向了“体验型”，购物消费是为了享受某种经验、某种刺激（例如娱乐、旅游、社交、观看展览等），或者为了提升自身的经验和素质（接受教育、参加体育运动、参与制作等）而发生的消费。所以，建筑师必须遵循消费文化赋予当代商业建筑的三个体验操控动机，即激发性、娱乐性和情景性。

2.3.2.1 体验的激发性

在消费文化的助推下，当下人们的闲暇时间经常选择去商场闲逛，在购物环境中享受美食、参与活动、感受气氛、领略时尚……，在此过程中偶然获得信息，产生购物欲求，最终形成购买动机。欲求的挖掘和产生通常与人们行为的相互关联性密切相关，那么要激发更多的欲求，就必须想方设法地使人们产生更多活动行为，这也是消费者的消费观念从“所需购买”发展到“激发性购买”的必要过程。在当代商业建筑空间环境的设计中，设计师就会通过营造一些与购物行为无关的体验设施来吸引、刺激消费者。所以，当代商业建筑自身功能进一步综合化，以提供更加多样的商品或者更多的需求关联行为展开的机会，成了激发性购买的重要手段。多功能并存的综合性购物空间能够吸引大量顾客，并延长他们的逗留时间，从而为店铺带来潜在的客源。

2.3.2.2 体验的娱乐性

娱乐性几乎是商业建筑与生俱来的一种特质，从中国古代的庙会到今天新兴的购物场所，几乎没有排斥这样能够促使人们开心大笑的娱乐内容。而当代商业建筑的娱乐化体验特征源于消费者消费需求层次上升所带来的娱乐体验的膨胀，消费者希望在这里体验到新的生活方式和消费时尚。据调查，松弛的心理状态对于形成购买冲动，有着不可忽视的作用。当代商业建筑中 60% 的人是来闲逛的，他们希望获得情感、快乐、梦想与欲望等积极的购物体验，来释放紧张、快节奏的工作压力。这就不仅使当代商业建筑从“物质消费场所”转向了“娱乐消费场所”，也使当代商业建筑在城市生活中扮演着重要的娱乐空间的角色。因此，在当代商业建筑的设计中，要突出购买过程的娱乐化，为消费者提供交往、休闲、餐饮、游艺等娱乐空间，如主题公园、家庭娱乐中心、高科技娱乐中心、特色电影、夜总会、运动场、主题餐厅等，促使购买行为向多方位延伸。

2.3.2.3 体验的情景性

体验的情景性是当代商业建筑有别于传统商业建筑的显著特征之一，主要是通过故事情节的叙述，空间场景的再现，空间序列的有机组合，使顾客融入其设置的情景体验当中。空间情感的等级差异决定了当代商业建筑的情感体验也是有等级分化的（表 2-3），这种等级的高低是衡量当代商业建筑物质价值升级程度的标准。传统的商业建筑更注重空间的实用性，对情感体验的要求较低，其物质价值也只能停留在物质层面；而当代商业建筑空间的实用性通常被忽略，对情感体验等级要求较高，其物质价值也超越了物质层面，上升到精神层面。基于此，我们在当代商业建筑的设计中，要充分考虑到人的各种细微心理和行为特点，从满足人的多元化情感体验出发，提高情感体验等级。从外部形象的情感激发和内部空间的情感逻辑入手，通过新技术与材料的运用、各种广告方式的设立、集约化的流线和功能设置等手段使其内外空间形象、消费环境具有鲜明的情感激活点。与此同时，商业空间环境还要充满各种生动的生活事件，令人感到购物是生活中的节日，使当代商业建筑的物质价值从功能中解放出来，在精神层面得到升华。

情感等级与特征比较 **表2-3**

等级		特征	
实用的	物质行为世界	自然有机环境	生物的、物质的
知觉的	直接定位，在自己心中，不稳定	对个体同一性来说是必要的	环境心理的
存在的	形成稳定的环境意象	统一到社会文化总体的认识图式	社会的、文化的
情节的	主客观融合的具体的意象关系群	历时性与共时性，理性与感性，个性与共性的体验图式	深层心理的、社会文化的、情感的

2.3.3 当代商业建筑的审美价值转向

建筑的审美价值（Aesthetic Value），亦称艺术价值、美学价值，是精神价值的一种。它是通过人的创造活动所形成的审美关系，在创造新的审美现实的同时也对审美世界作出反映。消费文化影响下的美学表征主要体现在：美学实践向社会生活所有领域的全面渗透。当代商业建筑的审美价值转向更加具有功利性，它与经济的增长、个人的身份、地位和感官满足密切相关。对于当代商业建筑的审美价值转向可以用从清晰走向模糊，从遥不可及走向日常生活来表述。即出现了所谓的“审美泛化”(Aestheticization)，它是指对日常环境、器物也包括人对自己的装饰和美化。鲍德里亚用艺术的“内爆”(Implosion)这一概念解释后现代美学状况，那就是：审美与艺术活动不再脱离日常生活；不同艺术流派、门类之间的惯有区别已经断裂或者说爆炸了。

2.3.3.1 艺术与日常生活的消融

迈克•费瑟斯通在《消费文化与后现代主义》一书中，详细解析了“日常生活的审美呈现”已经成为当代社会文化的一种特殊而普遍的现象。消费文化将日常琐碎之物都转化成了符号商品，就在其成为消费品的同时，也同样赋予了审美价值，成了艺术品，艺术与日常生活的界限就在不知不觉中被消费文化消解。被誉为波普艺术领袖的安迪•沃霍尔[1]认为，当代美学的定义被无限放大，可以是一种玩世不恭，也可以是一种愤世嫉俗，他将日常生活的商品做成了艺术品（图 2-21）。这种艺术形式通俗易懂，与日常生活密切相关，也更易被人们接受。所以，对于当代商业建筑来说，一切对立、复制、拼贴等现象都可以视为美的标准，那么这些美的来源不再是传统美学教科书式的定义，而是来源于不经意间的日常生活。在当代商业建筑的审美价值中，通过材料装饰、广告宣传、灯光渲染等策略，结合波普艺术中印刷、复制、反复等技术，将日常生活的新颖创意生动地呈现出来成为最广泛、直接的美学应用。

图 2-21 安迪·沃霍尔的波普艺术作品

1 安迪•沃霍尔（Andy Warhol,1928~1987），被誉为 20 世纪艺术界最有名的人物之一，是波普艺术的倡导者和领袖，也是对波普艺术影响最大的艺术家。

2.3.3.2 符号与视觉影像的泛滥

符号作为消费文化映射的媒介，其涵义早已远远超越了传统社会中符号作为一种传达思想媒介的限度。这是因为消费文化所引用符号的能指与所指是任意、随机的，能指的自主性意味着通过媒体、广告等对符号的操纵，符号可以游离于物品之外。在当代的商业建筑中，也充斥着各种符号影像（虚拟影像）和影像艺术（真实影像）。符号影像是与商品的符号价值相伴随的一种人们幻想的虚拟影像，阿多诺与霍克海默[1]在其著作《启蒙的辩证法》中将商品的符号影像的这一功能称为“可替代性的大众商品文化”。而影像艺术则是随着影像技术的提高，各式各样的陈列品加上光和影的效果、LED 等多媒体影像设备产生出炫目的真实影像效果，使消费者产生一种纵欲的视觉快感。正是这种抽象与现实影像的结合为当代商业建筑带来了审美意义的狂欢，把当代商业建筑的审美价值推向了一个全新的虚拟社会。Chanel 日本东京银座店的外立面由 70 万个 LED 发光管组成，通过电脑设备控制，屏幕能够根据需要形成变幻的荧屏墙体，来播放不同的影像（图 2-22）。

图 2–22 日本东京银座 Chanel 旗舰店

2.3.3.3 实用与功能审美的坍塌

现代主义建筑倡导的实用和功能主义美学价值已经在消费文化的鼓吹下坍塌了，取而代之的是后现代主义审美中先锋、解构、新异、拼贴、调侃和开放的风格化标签。这种消费文化视阈的美学转型与 18 世纪末 19 世纪初的浪漫主义伦理观[2]有很深的渊源，这种渊源也是“唯情论者”审美方式形成的基础，他们主张快乐，但与生理满足无关，人们只是在追求一种幻想中的愉悦。如出一辙的是，当代商业建筑的审美价值同样也从功能至上转向了情感至上，人们从“在商业空间中的消费”转向了“对空间本

---

1 阿多诺（Theodor W. Adorno，1903~1969）和霍克海默（M. Max Horkheimer，1895~1973），同为法国哲学家、美学家，共同著有《启蒙的辩证法》。

2 浪漫主义伦理观认为：高尚的品德与怜悯和同情心之类的仁慈心肠的思想有关。

身的消费”。因此，当代商业建筑的审美价值转向了对幻象、时尚、新奇、身份认同等情感愉悦的追求，这也是当大商业建筑消费文化表征的主要内容和核心审美观。伊东丰雄在日本表参道 TOD’S 旗舰店的设计中，采用了后现代主义拼贴的手法，将九棵混凝土“树枝”交错编织成建筑的立面，其间镶嵌无框的透明玻璃。既彰显了时尚品牌的个性，又使人们产生了新奇的视觉愉悦（图 2-23）。

图 2-23 日本表参道 TOD’S 旗舰店的立面拼贴效果

2.4 消费文化视阈下当代商业建筑的设计理念更新

通过对消费文化视阈下当代商业建筑价值转向的分析，总结了消费文化对当代商业建筑的发展产生了极为深刻的影响，导致当代商业建筑在社会价值、物质价值、审美价值三方面均有了一定的更新和拓展。那么这种影响机制必然会对当代商业建筑提出不同于以往的崭新要求，并促使当代商业建筑在设计理念层面上出现新的演进趋向。基于此，我们从差异逻辑的社会学视角、情感诉求的心理行为学视角以及审美泛化的美学视角，对当代商业建筑大的文化认同、空间体验、形象塑造三个方面来解读消费文化驾驭当代商业建筑的新一轮设计理念更新。

2.4.1 当代商业建筑差异逻辑的彰显

“消费”在社会学意义上的重要性之一在于它既是用于建构认同的“原材料”，又是认同表达的符号和象征。正如人类学家弗里德曼[1]所说的，“在世界系统范围内的消费总是对认同的消费”。消费文化视阈下的消费认同是有关消费场所、消费方式、消费感知等的文化认同，是人们在消费过程

1 乔纳森•弗里德曼（Jonathan Friedman），美国人类学家，现为瑞典隆德大学社会人类学系的教授，他与斯考特•拉什合编了《现代性和认同》一书（1990）。

中的一种主观心理感受。它强调人们之间的相似性以及集体成员相信他们之间所具有的某种（些）共同性和相似特征。而一个集体的相似性总是同它与其他集体之间的差别（Difference）相伴而存在的，只有通过界定这种差别，相似性才能被识别。因此，这种表征差异的文化认同是人们在社会生活中超越于一般经验、认识之上的那种独特、鲜活、瞬间并且难以言表的深层感动。这就意味着当代商业建筑必须采用一种高附加值的文化与艺术含量的方式对其进行文化审视。

自从空间与消费结缘，当代商业建筑的空间场所建构永远是在动态中生产着的，这种生产造成了空间的差异性并存，形成一种有意识形态主导的空间氛围。消费者在消费的过程中，通过对社会生产所提供的同类消费品不同对象的选择和组合，体现自己的文化品位和生活方式，这种选择过程，也包含消费者的文化认同。当代商业建筑为了强调个体间的差异性与独特性；强调面对多元化的社会变迁的回应；强调满足不同族群的消费性格，将“文化”作为主题的概念来呈现和迎合这种社会价值态度，并彰显当代商业建筑的差异逻辑。

2.4.1.1 文化的多元叙事

社会价值的取向决定着文化转向，随着消费观念的更新、传统意识的淡化、洲际交往的频繁，以及传播手段的高科技化，当代商业建筑的文化语境开始向“多元叙事”转型，文化的多元融合促使了“叠加效应”的产生，为当代商业建筑提供了叠加附加值，也使当代商业建筑自身的差异实现成为可能。在当代商业建筑的多元文化整合中，首先强调商业的持续发展的生命力，使整合达到系统的新平衡，这主要体现在高雅文化与通俗文化界限的消融上。论建筑中的高雅文化和通俗文化，常常将博物馆、图书馆、音乐厅等类型建筑作为高雅文化的象征对象，而将商业场所视为低文化含量的通俗文化空间范畴。如果说博物馆等建筑以内向的空间探索、精神愉悦为旨趣的话，那么这种空间特征也已经移植到了当代的商业建筑之中。正如新锐建筑师扎哈·哈迪德[1]所说：“购物是参观一座城市最好方法，很酷的博物馆可能只有一座，但许多商店都是非常有趣的建筑。”

玛丽·道格拉斯[2]和巴伦·伊舍伍德[3]在合著的著作《商品的世界》中，

---

1 扎哈·哈迪德（Zaha Hadid，1950~），英国结构主义建筑师，2004年普利兹克建筑奖获奖者。主要作品有美国辛辛那提的当代艺术中心、北京地标建筑银河SOHO、广州歌剧院等。

2 玛丽·道格拉斯（Mary Douglas，1921~2007），英国伟大的人类学家，她最杰出的一项贡献就是对西方学术传统中被认为属于“神学”领域的《圣经》文本所作的分析。

3 巴伦·伊舍伍德（Baron Isherwood），英国经济学家。

从消费的人类学理论出发阐释：物品不仅具有实用性，而且具有一种“信息系统”的特性。也就是说，消费社会商品的这种信息特性已经作为商品价值的一部分，贯穿商品销售的始终。消费自古被赋予一种礼仪性的活动，因为它是社会关系系统的一面镜子，而当代商业建筑就是这种活动的载体。商品是确立社会身份信息的来源和社会含义的载体。在当代消费社会，社会关系的信息反馈成为商品社会价值的根本。因此，文化的多元叙事为多元发展的社会关系提供了信息反馈的平台，同时也是社会结构的物质表现，人们要通过文化认同来识别社会关系，并争取社会认同。对于当代商业建筑来说，一方面，当代商业建筑融合了多种功能，满足消费者购物、休闲、娱乐、交际为一体的需求，充分发挥其“一站式”的消费理念，最大限度地满足消费者需求多样化、最大化的发展趋势，吸引不同的消费者到店消费；它将特定的文化意义与内涵等有关信息传递给目标消费者，建立起必要的消费认知。另一方面，复合功能与聚集效应是当代商业建筑的吸引力所在，聚集了各种业态、各类知名品牌，聚集了大量的人流，也聚集了大量的财富。消费者特征变量（特征、购买动机、心理状态以及消费经验）确定了消费者对于当代商业建筑文化意义与内涵认同期望值，也影响着消费者产生了不同层次的文化认同。所以，当代商业建筑越来越趋向将原本人们认为是神圣、高雅的文化消解在其中，成为人们向往的城市生活方式的典范，既增强了当代商业建筑的主题文化特色，也促进了地区经济的平衡发展。

2.4.1.2 文化的个性凸显

费瑟斯通认为：“在消费文化中，一直存在着种种‘声望经济’，它意味着拥有短缺商品，花相当多的时间进行投资、恰当地获取、有效地运用金钱和知识。”通过解读这样的商品，可以将它们的持有者的个性予以表达。然而，能够彰显个性商品的内容是不确定的，可以是物质实物，也可以是虚无缥缈的文化内涵。当代商业建筑的文化内涵可以彰显与声望经济相关联的个性标靶，人们既可以通过对相关文化的不同认识和操作行为，来构建社会区分；也可以通过对当代商业建筑空间本身的个性塑造，来凸显消费社会当代商业建筑的差异化个性主题。

文化的个性凸显已经成为当代商业建筑生存与发展的主旨。所谓“个性化”，就是摆脱人们固有的思维定式，承认需求的多样化与个体的差异性，并相应地采用差异化的主题和设计来最大限度地满足不同的需要。当代商业建筑文化个性的建立很大程度上源自文化与消费的高度融合。一方面，商业空间转变为消费场所，即商业空间自身商品化了。当代商业建筑对不同业态商户特色的营造就是其利用消费空间打造个性文化的有效措施，独特的店面装饰能够彰显脱俗的空间风格，使店铺具有可持续性的竞争优势。无论这种文化个性是区域内的唯一性还是行业中的领先性，只要能吸引目标消费群体就可以获得战略优势。偶像展示店、招牌餐馆及先进的娱乐设施是项目中必不可少的组成部分，也是决定取胜竞争对手的筹码。对于零售商品而言，即使是普通的商品，虽然不能在商品的独特性上占据优势，也应在商品展示上做到独具匠心，反映出店铺的个性特色；另一方面，根据某种主题消除当代商业建筑的同质化复制，取得商业空间环境特色，是增强竞争力的有效途径。富有主题个性的商业空间能够成为人们记忆的符号，激发人的情感，产生归属感和场所感；通过传达深层的主题信息，反映特定的文化观念和生活方式，创造出引人入胜的商业空间环境氛围。因此，文化主题的确定能够体现当代商业建筑中深层的文化内蕴，摆脱功能的束缚，而由一种物质形态升华为一种精神境界，达到商业和文化双赢的目标。所以，当代商业建筑的文化主题设计可以将历史文化、地域风情作为设计的主题，并通过主题情节的贯穿，使原本独立、冰冷的空间和场景赋予了生命力、能向人们讲述历史故事和描绘自然风光的购物空间，从而实现购物环境差异化的目的。

2.4.1.3 文化的等级分化

鲍德里亚指出，消费系统并非建立在对需求和享受的迫切要求之上，而是建立在某种符号之上，符号标榜的差异逻辑已经成为当代资本主义社会生活的主导性制约因素。鲍德里亚所关注的符号主要是由物以及物性的操持方式表征出来的差异性意指关系，是人们获得物、使用物和摆弄物品的某种特殊的在场方式。所以，消费既看作是一个明确意义和交流的过程，同时也看作是一个社会分类和区分的过程。社会学借用“社会分层”（Stratification）一词来分析和说明社会的纵向结构——是社会中按等级排列的具有相对同质性和持久性的群体，每一阶层成员都具有类似的价值观、兴趣和行为。这是消费文化移植在社会关系上的结果，也是移植在当代商业建筑的社会学表征。

既然，消费的根本目的并不直接建立在人们的使用需求之上，而与具有象征意象的符号系统密切相关。那么，就需要当代商业建筑通过文化的等级分化提供一种展示“自我价值”，同时体现一定的“炫耀”因素的空间场所。当代商业建筑的等级分化可以通过强调自我感的风格化和强调群体所述感的时尚化来表达。齐奥尔格·齐美尔[1]指出：“风格存在的纯粹事实本身就是距离化（Distancing），也就是给那些接受其表现形式的人强加一道壁垒和距离。”当人们只了解一种风格时，一般会认为风格就是内容的一部分，只有当风格

1 齐奥尔格·齐美尔（Georg Simmel，1858~1918），他与马克思、韦伯一道并称为现代资本主义理论三大经典思想家。代表作有《货币哲学》、《时尚的哲学》等。

多样化时，人们才会将风格和内容相分离。齐美尔在《时尚的哲学》中将时尚认为是“阶级分野的产物”，时尚化表现了“统治的欲望”。因为地位较低的阶级总是试图通过模仿较高阶层的时尚，来掩饰自己的阶级地位。在消费社会中，当代商业建筑的时尚化是通过设计来营造文化的更替和等级场所的文化，这与柯林•坎贝尔[1]提出的“求新欲望”概念相得益彰，即消费社会对新奇事物的偏好才是时尚更替和服务快速提升最强大的动力。当代商业建筑可以通过品牌的打造、广告的装饰、风格化的空间设计、高技术的应用等方式，将风格化和时尚化的空间意象传达给消费者，再把有关社会地位、身份以及“美好生活方式”的符号影像附加在自身。所以，当代商业建筑文化的等级分化既开发、诱导了人们的物质消费欲望，同时其符号的象征意义又标志着阶级性差异的现实存在，例如一些当代世界上流行的顶级奢侈品牌Logo就是人们身份乃至商业空间等级的标志（图2-24）。

图2–24　象征身份地位的奢侈品牌

1　柯林•坎贝尔（Colin Campbell，1931~），英国社会学家。代表作有《消费技术》、《求新的渴望》等。

2.4.2 当代商业建筑情感诉求的表达

消费社会是一个大规模激发欲求的社会，消费文化也提高了消费者个人的情感诉求。消费文化颠覆了人们传统的购物观念，培养了具有消费主义色彩的购物情调，这种购物理念的形成是从人们购物心理的转变产生的。当人们在纷繁的商品世界中穿梭，他们的理智能力时常失效，被感情所支配，带有很强的主观性。并且消费者的个人因素（购物心理）往往受到环境因素（空间符号）的诱导和刺激，而产生具有导向性的购物行为。人们对情感的诉求使他们成为甚为敏感且善于辨别环境品质的个体，他们对商业空间的环境品质的消费压倒性地占据到刚性消费需求之上。德国心理学家库尔特•勒温[1]在大量实验研究基础上提出人类的行为是个人与环境相互作用的结果。人类的行为方式、指向和强度，主要受环境和各因素影响。那么，购物行为与个人、环境的三元关系就成了消费者购物活动的全过程（图 2-25）。所以在高情感诉求下的消费社会，当代商业建筑要强调空间的内在意义及其艺术感染力，而不是空间形式本身；同时情感诉求更多关注人文内涵，关注其中承载的生活及其体验，关注"不同人的情感的表达，而不是智力测验"。因此，在当代商业建筑的设计中，建筑师要以制造情感体验为核心，并将空间体验主动、积极地契入商业空间环境中。

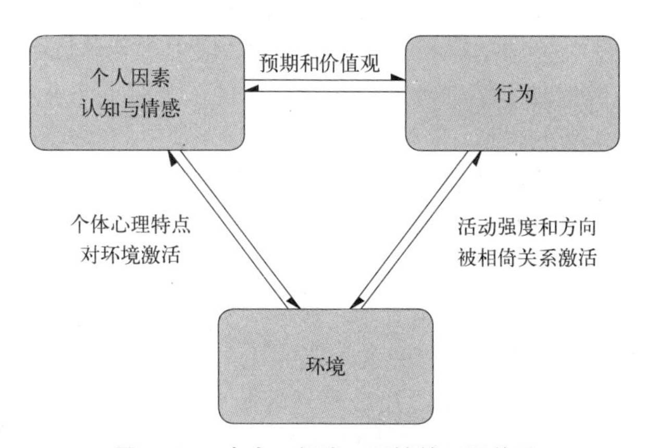

图 2-25 个人、行为、环境的三元关系

2.4.2.1 空间体验的叠加效应

叠加效应是指将当代商业建筑的零售功能连同其他辅助休闲娱乐功能共同运作，通过彼此之间的相互配合，相互促进，使资源共享、共拓市场、

---

1 库尔特•勒温（Kurt Lewin，1890~1947），德国心理学家，场论的创始人，社会心理学的先驱，传播学研究中守门理论的创立者，以研究人类动机和团体动力学而著名。

共赢商机，从而实现“1+1 ＞ 2”的效应。罗兰・巴特[1]认为，消费社会人们对商品的真正需求是它潜在的功能所表达的思想或意指的内容。在这里，需求不是纯粹客观物，也不全然是主观意志的直接投射，它蕴涵了客体与主体之间的关系，就像把当代商业建筑看成一个复合的有机生命体一样，它的勃勃生机不是单靠零售购物活动本身，而是与其他功能共同协调配合的结果。这意味着，只有当代商业建筑的各种空间功能有机、错位、互补并置时，这种叠加效应才会被激活。

在消费文化的刺激下，人们的消费行为和动机已经向马斯洛[2]提出的“自我实现”型靠近，并由单纯的购物活动转向多元、综合的社会活动。（图 2-26）物质需要的满足使购物向横向、多方位延伸，并形成购物、游乐、文化、休息相结合的综合活动方式。这就要求当代商业建筑将休闲娱乐设施与购买活动穿插、交织、并置，以激发消费者更多的购物欲望。因此，包含了主题公园、游乐场、影剧院、展览馆、健身馆、摄影机构等设施的综合性商业建筑成为社会发展的主流业态。若要实现当代商业建筑各种功能的良性互动，最重要的是对当代商业建筑的各自辅助功能的优势进行评估，同时寻找彼此之间结构比例。因为叠加效用实现的根本保障就在于叠加双方之间具有积极有效的关联性与互动性，只有各种功能和要素在整合中产生关联效能，才能够相互激发、相互利用，最终将各自优势集结起来，产生出更大的效益和回报。当代商业建筑应从功能的设置入手，在保证购物流程通畅的前提下，寻求功能的最佳融入机制，以促进资源优势的相互整合、借鉴与扩大，并增加了消费者的逗留时间，使消费者的自我实现意志得到满足，建立欲求新的渠道。

当代商业建筑空间体验的叠加效应还有赖于空间尺度的调适，当代商业建筑中由于增加了更多的餐饮娱乐功能，这必然会导致其规模、面积配比以及空间尺度的变革，同时也促使了设计理念和方法的更新。建筑规模尺度要符合店铺的选址、商圈大小、目标客户定位等要求，不能一味地追求巨构；而面积配比要优化店铺各功能的比例关系，达到有机配置、灵活分割的机制；对于公共空间的尺度调适我们仍要遵循以下原则：一方面，芦原义信[3]提出了公共空间的基本模数为 20~25 米，这个距离恰好是人们能够识别对方表情与情绪的尺度。另一方面，埃德华 •T• 霍尔[4]在《隐匿的尺

1　罗兰・巴特（Roland Barthes，1915~1980），当代法国思想界的先锋人物，著名文学理论家和评论家、符号学理论的大师。主要著作有《符号学原理》、《神话学》等。

2　马斯洛（Abraham.H.Maslow，1908~1970），美国心理学家，提出融合精神分析心理学和行为主义心理学的人本主义心理学美学。主要著作有《动机与人格》、《存在心理学探索》、《人性能达的境界》等。

3　芦原义信（1918~2003），日本当代著名建筑师。代表作有《外部空间设计》、《街道的美学》等。

4　埃德华 •T• 霍尔（Edward T. Hall，1919~2009），美国社会心理学家。在《隐匿的尺度》一书中分析了人类最重要的知觉以及他们与人际交往和体验外部世界有关的功能。

度》一书中提出的人与人之间的社会接触距离的 4 个层级：一是亲密距离（Intimatedistance），为爱抚、保护的距离，约在 30 厘米以内；二是个体距离（Personaldistance），与好友安静交谈和与对方握手的距离，约 35~130 厘米；三是社交距离（Soeialdistance），是不能轻易接触到对方的距离，约 130~375 厘米；四是公共距离（Publicdistance），是陌生人之间的距离、演员面对观众的距离等，即一般公众社会活动的距离均在 375 厘米以上（图 2-27）。因此，当代商业建筑的空间尺度调适在不同的功能空间也需要有与之相适应的空间尺度。建筑师只有以顾客的体验效果作为空间尺度设计依据，才能营造出吸引人的商业空间氛围。

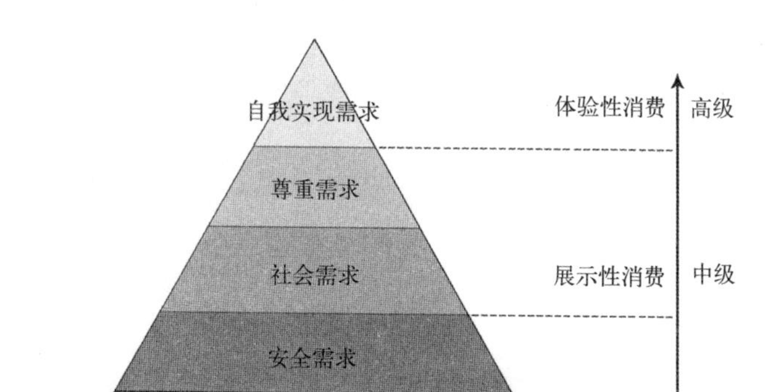

图 2-26　马斯洛需求理论图解模型

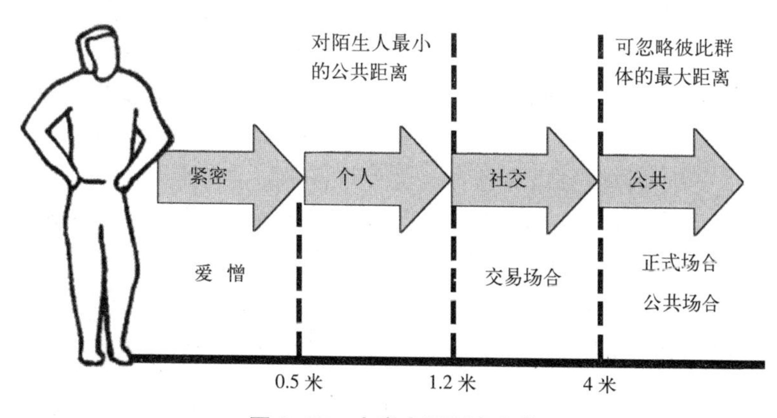

图 2-27　人类空间距离分类

2.4.2.2　空间体验的情境交融

空间情境是指在当代商业建筑中，具有某种情感体验的空间序列。即各功能空间的关系或者联系机制。诺伯格•舒尔茨[1]在其著作《场所精神》中阐述：空间意识是基于事物的体验，但不能单纯地全部体验定量化，否则结果就变成一种抽象的关系，与日常生活相脱节。在这里舒尔茨所阐述的空间概念均用行为、感情方面等概念加以补充，也就是说，空间是有感情的，往往是与日常生活的片段关联在一起的。当代商业建筑空间情感提出的目的不只是为表现内容题材，更是为了创造空间结构关系，唤起参与体验，从而建立一种难忘的、有意味的购物过程（图 2-28）。著名景观设计师丹•凯利[2]说过："自然中存在一种演变着、变化着、多面的秩序，这种秩序使每一件事物和谐地统一在一起……"在当代商业建筑中，这种秩序就是空间中的诸多要素的组合关系，建筑师只有对空间的要素进行细致拿捏，寻求一种内在的逻辑，将其和谐地统一在一起，才能实现消费者在商业空间中的情境交融。

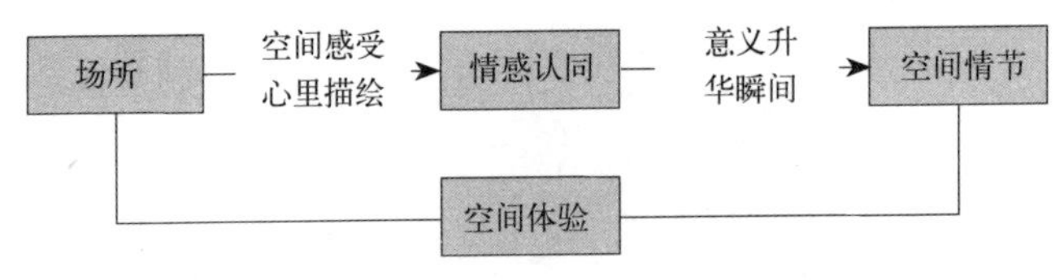

图 2–28　空间情感的升华过程

当代商业建筑中的空间序列不像一些博物馆那样高深和注重内省，它采用的多为直接或潜层隐喻的建筑手法，目的在于使受众易于理解，并诱发空间情节的展开，实现引导公共生活体验。消费活动是在一个个能够唤起情感体验的场景中进行的，当人们的情感得到触动，消费文化也在空间体验中得到升华……从这个意义上讲，当代商业建筑从购物中心向"娱乐中心化"模式转型的根源就在于：空间中情节被诱发了。这就需要当代商业建筑引入与日常生活相关的生活事件，以诱发人们产生兴奋情绪的认同点，同时吸引人们参与到动态的体验活动当中，才能使商业空间更具魅力和生命力。英国卡迪夫大学消费者行为学研究小组以商业环境对顾客行为的影响为视角，提出了商业空间的设计主题、空间的物质条件（色彩、层高、高宽比等）对顾客消费行为的影响是显著的。他们以空间中诸要素对顾客消费行为的刺激入手，引入了环境的愉悦程度（Pleasure）、环境的刺

1　克里斯蒂安•诺伯格•舒尔茨（Christian Norberg Schultz，1926~2000），挪威著名建筑历史学家、理论家。代表著作有《存在•空间•建筑》、《西方建筑的意义》、《场所精神》等。

2　丹•凯利（Daniel Urban Kiley，1912~2004），美国著名现代主义园林景观设计大师，1997 年获得了美国总统颁发的国家艺术勋章。代表作品有米勒公园、联合银行广场等。

激程度（Arousal）以及客户对环境的统治程度（Dominance）三种更为具体的环境影响因素，并推出了顾客满意度模型（图 2-29）。由于“体验型”消费的介入，又使空间序列的组合关系和场景塑造发生本质性更新，同时也在不断变化着当代商业建筑物质价值的结构与性质，也成为其当代商业建筑物质价值更新的主要或推动性的逻辑。

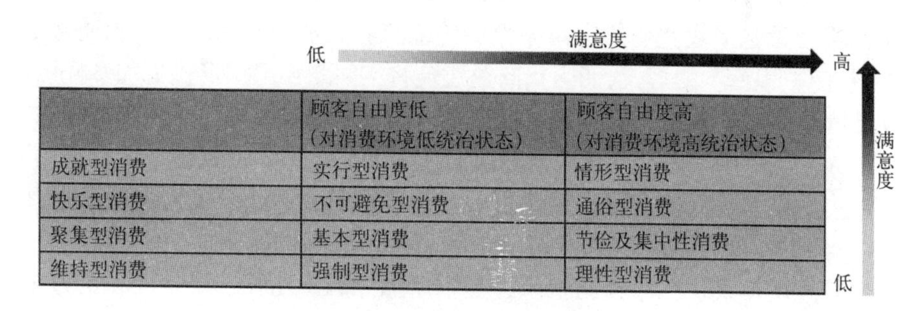

	顾客自由度低（对消费环境低统治状态）	顾客自由度高（对消费环境高统治状态）
成就型消费	实行型消费	情形型消费
快乐型消费	不可避免型消费	通俗型消费
聚集型消费	基本型消费	节俭及集中性消费
维持型消费	强制型消费	理性型消费

图 2-29　顾客满意度模型

2.4.2.3　空间体验的线索驱动

在当代商业建筑的空间体验过程中，动线路径的设置对体验的顺利完成具有巨大的驱动作用。美国行为学家拉普卜特[1]认为，环境的意义是指“环境对人的非言语表达方式，即环境通过非言语的方式提供某种线索，使人们相应有所行动”。购物者的流线可以显著地影响商业空间的使用状况，并进而影响到空间中的各种体验活动的开展，以激发人们潜在的欲望，驱动购买行为的发生。因此，富有韵味、开放有致的路径设置有利于商业空间环境的创造与改善，更有利于激发和满足潜在社会生活体验的实现。在消费文化的影响下，建筑师应该对当代商业建筑的动线设计有了新的认识，制造高效和丰富体验的空间流线，不能忽略对消费者购买动机的研究，人们购买动机要经过知觉、感情、意志这三个心理周期，它们彼此渗透，互为作用地影响着消费者的购买活动，同时也贯穿了购物流线的始终（图 2-30）。所以，当代商业建筑的购物动线就要首先通过消费者的感觉、视觉等来接受各种不同的信息，从而产生对处于一定环境中的商品的感性认识；其次通过路径线索的驱动，使购物者的购物情绪得到升华，同时支配了消费者的购物行为；最后通过意志行动实现既定购买目的。

1　阿摩斯·拉普卜特（Amos Rapoport，1929~），美国维斯康星州密尔沃基大学建筑与城市规划学院的著名教授、建筑与人类学研究方面的专家、环境与行为学研究领域的创始人之一。

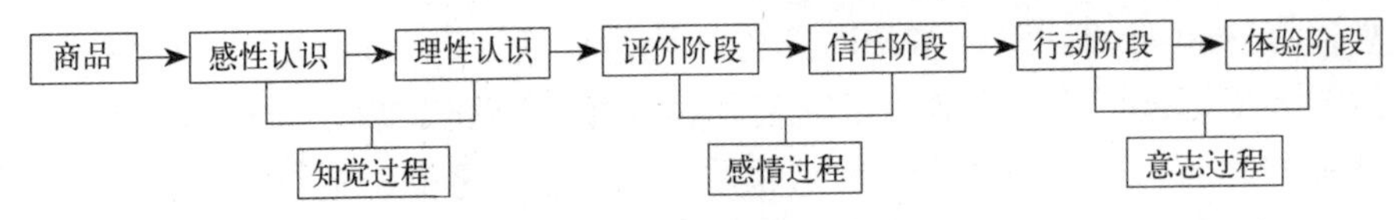

图 2-30 消费行为中的心理活动过程

商业空间的动线路径是空间体验的线索性动线，顾客依靠富有动感的空间路径设定形成完美的空间体验。传统商业建筑的空间路径组织通常是“步行街 + 中庭”的形式，而当代商业建筑将空间路径组织形式更加多样化，使其既是交通的重要流线，又是情感体验的重要手段，可以达到以奇制胜，吸引人们光顾的目的。当代商业建筑最常用的路径组织形式就是以“事件”为线索，以其独特的主题景观为道具，将传统购物中心“逛”的概念提升到“游”的高度，打破传统“购买型消费”的经济模式，转变为“感受型消费”的体验经济模式。在路径的组织过程中所倡导的参与性、娱乐性和全方位的体验成为当代商业建筑的空间路径组织的基本原则。空间路径的合理组织还可以有效地聚集消费者，实现人流动线的优化配置。由于消费者是通过不同的原因被吸引来到店铺，所以相当一部分顾客是无目的的闲逛，怎样把这部分人转化成潜在消费群体呢？这就有赖于通过组织水平交通与垂直交通共同构成顺畅的内部立体交通系统，成为空间魅力体验的线索驱动；使顾客在店铺中有组织地、有兴趣地流动，产生更多的购买行为。

2.4.3 当代商业建筑审美泛化的呈现

尼采[1]说过：“只有作为一种审美现象，人生和世界才显得是有充足理由的。”这充分说明消费文化视阈下的审美逻辑颠覆了传统观念中被认为是最具有实在性、最不容置疑的科学与现象，并将其全部渗入了审美的范畴。

消费文化引起的当代商业建筑的审美泛化可以毫无隐晦的反映在它的形象塑造上。对于当代商业建筑来说，顾客的第一印象是由其形象塑造形成的。因此，当代商业建筑的体量造型、表皮材料的表现、空间环境的影像技术，以及广告媒体和照明等媒介元素成了当代商业建筑审美体验的触酶。消费文化倡导以制造新奇、浪漫、诱惑的空间拟像为其宗旨，并通过大众传媒与广告的影响力进行传播，毋庸置疑的是，这种视觉盛宴通过当代商业建筑的形象塑造已经达到了培养大众的消费兴趣、塑造空间的差异化、刺激消费的目的，对购物者实现愉悦、欢畅的购物情绪起到了不可替代的作用。

---

1 弗里德里希·威廉·尼采（Friedrich Wilhelm Nietzsche，1844~1900），德国著名哲学家，西方现代哲学的开创者，同时也是卓越的诗人和散文家。他最早开始批判西方现代社会，然而他的学说在他的时代却没有引起人们重视，直到 20 世纪，才激起深远的调门各异的回声。

2.4.3.1 形象塑造的崇高化

崇高化的审美逻辑源于詹姆逊提出的“歇斯底里式的崇高”，他认为，“崇高”除了我们所熟知的一般意义以外还可以指在艺术领域的一种登峰造极，也就是通过艺术夸大化的手段，实现和挖掘人类的潜在能量与本来无法比拟的大自然力量相抗衡。在西方初期的资本主义社会中，人们疯狂崇拜机器文化，崇拜未来主义的视觉艺术，这一点我们可以在勒•柯布西耶[1]的论著——《走向新建筑》一书中清晰地找到答案；然而当代社会，不再有过去那种宏大叙事谈到的“大汽轮，高耸入云的烟囱和粮仓”，我们处于信息极度发达的互联网时代。因此，詹姆逊提出，当今歇斯底里的崇高美学转向了另一种美感规律：“我们今天美学意义不在机器的动态能量上，而在各种各样、日新月异的再生产过程和方法上。”崇高化的审美逻辑同法国哲学家利奥塔[2]在《后现代状况》一书中提出的观点相得益彰，他提出：“后现代主义审美寻求的是突破和断裂；寻求的是事件而非新的世界；寻求即刻会发生变化的瞬间现实；寻求在‘表现’事物中出现的变化及其变化的方式，所谓内容只不过是更多的变化而已。”

当代商业建筑的视觉审美需要具有高度的识别性和欣赏性，甚至成为区域内的标志建筑，进而能够招揽更多的顾客。当代商业建筑形象的崇高化审美主要反映在当代商业建筑的体量塑造上，我们可以通过体量的巨构和异质化来表达。巨构型的当代商业建筑外部体量具有良好的可识别性，既可以改善店铺的可达性，又能通过自身的标志性来吸引顾客。当代商业建筑体量的异质化也是其标识性的诙谐性表达，可以通过建筑外形体量的线条、形态外立面、环境、标识等全方位统一考虑，从整体到局部，处处都能反映崇高化的审美主旨。

2.4.3.2 形象塑造的多元趣味化

消费文化视阈下，大众的审美接受程度逐渐开放，促使了大众审美观发生日新月异的更新，同时也造就了多元趣味审美逻辑的产生。多元化趣味化审美与后现代主义的审美逻辑具有相似性，主张用反理性精神、反基础主义、反中心主义的思想，将人类从“先验”、“自明”、“公理”、“原则”和“绝对”中解放出来；主张用差异化塑造、艺术的自主和自由、“感性的形式”来解释人的物化和异化；主张用具体、玩世不恭、简单、通俗的感官效应来取代高度抽象、纯粹、精致、升华的审美愉悦，并对商业文化和

1 勒•柯布西耶（Le Corbusier，1887~1965），20 世纪最重要的建筑师之一，被称为“现代建筑的旗手”。他和格罗皮乌斯、密斯、赖特并称为四大现代建筑大师。

2 让•弗朗索瓦•利奥塔（Jean Francois Lyotard，1924~1998），当代法国著名哲学家，后现代思潮理论家。

中产阶级媚俗趣味给予了肯定。

消费文化时代引领的多元化审美趣味已经彻底瓦解了传统时代商业建筑形象单一化的美学标准，随着营造技术、建筑材料的更新与进步，这种多元趣味的形象塑造主要体现在当代商业建筑的表皮演绎上。为了最大限度地吸引人的注意力，当代商业建筑表皮产生了多样化的设计手法，给建筑产品或环境增添了时代感的商业气息、个性化的商业形象和商业意境。表皮的多元趣味化主要基于以下四个方面审美逻辑。

1）大众口味与POP文化

将人们喜闻乐见的图示、材料、文字等符号元素通过POP艺术的拼贴、构成的手法展示表皮的时尚化与风格化，营造出商业气息浓厚的大众文化品位。

2）历史复归

采用历史上出现过的建筑造型、细部或有地域特色的建筑形式加以提炼、抽象，成为符号用于空间环境设计，以唤起人们对于往昔的追忆。

3）新机器美学

与机器时代以沉重、粗糙和尺度巨大为代表的“机器美学”不同，当代的新机器美学是体现信息时代的“新技术美”，以轻盈、精巧和细腻的特点诠释高科技的彰显，同时，通过讲究轻巧、柔软和透明材料质感，以及精密的连接方式等凸显对时尚的追求。

4）未来风格

这是一种对未来的乐观主义的憧憬，多利用高科技来营造新、奇、怪的立面形象。

2.4.3.3 形象塑造的符号化

当代消费社会不再是物的世界，而是符号的世界，我们的日常生活早已符号化，这便促使了一种符号化审美逻辑的形成。德国美学理论家沃尔夫冈•弗里兹•豪格[1]在《商品的美学批判》一书中指出：“美学已经变为经济功能的传载工具；变为起经济作用的那种魅力的主体和客体。”从这个意义上讲，作为符号的商业空间，其意义并非来自本身的使用价值，而是来自空间的符号价值。所以，符号化的审美逻辑就是在均衡地掌握现代技术及与之相符的形式语言的基础上，对其载体进行颂扬和宣传，引起人们的关注和追捧。在消费文化的影响下，随着人们对符号意义的追求，当代商业建筑也不同程度地接受符号化审美的精髓，符号美学开始在设计中发挥

1 沃尔夫冈•弗里兹•豪格（Wolfgang Fritz Haug，1936~），德国当代哲学家、美学理论家，现任颇具影响力的马克思主义杂志《Das Argument》的主编。代表作有《商品的美学批判》。

越来越重要的作用。

当代商业建筑的符号化审美是指创造一种把“符号价值转化为形态”，“形态又产生新的价值”的一种反复轮回于价值与形态之间的良性循环，主要体现在与符号具有同质性传播的当代商业建筑媒介上。传统商业建筑中的符号是对物具有指涉作用的结构和功能；在当代商业建筑中，以视觉为主导的符号偏重于各种信息转化成的一种编码，不再是其原来直白的功能意义。审美的符号性表现在当代商业建筑的形象塑造中，不再限于对指涉物本身符号语义的强调，而转向对建筑形象的符号化创作。所以，当代商业建筑形象塑造符号化的本质就是通过媒介的渲染将有关时尚的、高技的美学观念展现给人们，引起审美共鸣，达到招揽顾客的目的。这可以通过媒介符号把绝大多数的消费者卷入到一个幻想世界，带有诱惑的文字、图像化广告、充满蒙太奇的空间布局，刺激着人们的信息符号系统，向大众传递美好生活的意愿，解除了日常惯性对消费者的束缚。在消费文化符号美学的引导下，影像、广告等媒介成为当代商业建筑形象设计的重要的、不可或缺的组成元素，恰到好处的广告形象引用可以成为建筑视觉形象的点睛之笔，然而，物极必反，过多过滥的商业信息也导致商业建筑庸俗化倾向，它掩盖了建筑空间环境本身的信息传达，会导致人的心理刺激水平超载和感觉水平下降。同时，会造成环境的不和谐、街区风格的雷同和个性的泯灭，这也是值得深思的问题。

第三章　当代商业建筑的文化彰显

文化消费可以被定义为那种夸张可笑的复兴，那种对已经不复存在之事物——对已被‘消费’事物进行滑稽追忆的时间和场所。文化消费是社会差异逻辑的物质基础，没有一个社会类型像消费社会这样对文化如此的重视，人们追求个体差异成为消费的主要目的，商品的社会象征意义成为价值的主要来源，这使商品化与文化从对抗走向联合。在差异逻辑这个消费文化的社会学视角下，研究当代商业建筑设计的文化认同，就必须从文化的三个维度对其进行审视。首先，从宏观的视角分析，当代商业建筑的社会认知与城市大众文化的观念具有互动作用，一方面城市大众以自己的文化观念考察和使用商业建筑，同时作为城市的建筑环境，影响到一个城市的文化品位。所以，当代商业建筑应从大众文化的角度注重社会观念层面的文化差异。其次，从中观的视角分析，当代商业建筑离不开生长、培育的历史和地域环境，在相对应的空间形式配置上主张历史性的分析，注重与地方性的契合。因此，当代商业建筑又应从地缘文化的角度来体现文化差异性传承的意义。最后，从微观的视角来看，当代商业建筑作为商品的展销、交流空间，作为人类物质文明的高级形式，反映了社会的经济运行规则和社会交往规则。那么，就更需要从其本体文化的角度出发，打造当代商业建筑的等级差异。由此可见，从当代商业建筑的三个文化维度分析,其无论是作为传播载体,还是它本身都具备了实现“文化消费”的可能，差异逻辑便在这样的文化消费中得以实现。

3.1　基于多元叙事的大众文化呼应

消费文化的倾向已逐渐转向日常生活领域，高雅艺术逐渐走向了多元叙事的大众化，当代商业建筑借助大众文化的媒介表现出通俗流行、稍纵即逝、体现人文关怀等多元的特征。为了呼应当代商业建筑对多元文化的包容性，大众文化的职能只有从低级向高级提升，才能提供开放度更强的内涵更丰富的商业环境，发挥出重要的文化媒介职能，彰显更具魅力的文化差异。本小节就是通过当代商业建筑对城市生活的融入和人文关怀的体现来解读大众文化是如何利用多元叙事手段与商业空间联姻的。

3.1.1 城市文化生活多元融入

消费社会的当代商业建筑与传统商业建筑相比，承载着更丰富的城市文化生活，诱发更多样性的社会公共活动，并促进社会交流行为的产生，提供一个交混的城市多元文化生活的融入。随着消费文化的深入人心，当代商业建筑对大众文化更加具有的包容性、活跃性和激进性，同时也催生了当代商业建筑设计的主题特色营造、日常生活的链接以及城市更新的推动。随着人们的消费方式不断多元化，当代商业建筑在规划设计之前就要以城市文化生活作为蓝本，打造主题鲜明的购物环境，以便使业态结构能够有机融合。所以，“为城市提供展示生活方式的舞台”成为当代商业建筑贯穿设计始终的恒久宗旨。

3.1.1.1 主题特色的提炼

消费文化的差异逻辑促使了当代商业建筑对大众文化资源开放性和包容的倡导，不同层次和内容的大众文化成为当代商业建筑彰显主题特色的媒介。随着商业运营技术的日渐成熟，消费文化倡导当代商业建筑差异逻辑的核心主要体现在主题特色的差异上，这种主题特色就是通过渲染差异化的生活方式来实现的。当代商业建筑之所以要进行各种文化主题式的空间环境设计，其根本目的就在于形成竞争中的文化差异，从而进一步凸显与城市文化生活的密切关联。因此，当代商业建筑的主题化设计无论从宏观还是微观的角度来看，对营造城市大众文化都具有现实意义，并且是商业项目核心吸引力的潜在支持。

1）宏观主题定位

由于空间生产的地域性差异，不同地域的市场氛围、经济环境以及辅助商业配套设施等都大相径庭。所以，城市的投资环境（如资源和基础设施）的建设水平，决定了商圈的辐射范围；而城市性格特征对主题生活方式的选择倾向具有控制性；城市的经济环境如城市人均GDP的水平决定了居民的消费水平，也影响了商业项目的规模大小，进而影响了主题的定位；而城市的商业配套的完善程度更是影响了生活方式的差异化选择。所以，不同城市社会经济文化背景的当代商业建筑，在进行主题特色提炼时，应根据城市的经济环境与市场氛围，结合城市大众文化特征，选择具有感染力和煽动性的主题生活方式作为设计的方向和侧重点。当代商业建筑对宏观主题的营造要以大众文化为参考，通过非现实与模拟型的环境塑造；跨时间模拟历史、未来；跨地域模拟别处景物、生活场景、自然生态；跨世界模拟想象世界等手段为当代商业建筑营造特色化生活方式主题。主题的类型一方面可由地域依附的文化圈层来构成；另一方面以幻想世界为蓝本，利用现代科技创造出崭新的空间效果。这些都是借助完全不同的视听觉感受使消费者进入情节性极强的“角色”之中，是一种极具感染力的生活方式体现（表 3-1）。

当代商业建筑主题的宏观定位 表3-1

案例	市场氛围	经济环境	商业设施	主题定位
香港的迪斯尼乐园购物中心	旅游文化发达	素有购物天堂的美誉	超现实主义童话与商业神话的完美结合	围绕主题公园、游乐场
日本东京的六本木之丘	日本的旅游、文化中心	东京的城中之城，以文化艺术产业为支柱	高雅文化与商业中心的结合	围绕文化中心、美术馆、剧院等
美国洛杉矶的环球影城购物中心	引领世界影视文化的先锋	电影产业创造的经济价值占全美80%	影视文化与商业文化的结合	围绕电影主题
美国巴尔的摩的Camden Yards中心	美国重要的海港和商业中心	进出口贸易在城市经济中占重要地位	体育运动、文化展示与商业的结合	围绕运动中心

2）微观客户定位

当代商业建筑的微观客户定位是对所在商圈的目标客户群的生活习惯和消费习惯、居民的年龄结构、文化层次结构和价值观等方面进行详尽考察，及时发现环境所提供的限制和可能性，将其转化为设计中的有利条件，并找出与之相适应的生活方式特色。目标消费者定位要了解目标消费者的特征和需求偏好，即要知道目标消费者最需要什么、最关心什么、最喜欢什么、最流行什么等。首先，我们从不同的年龄层来分析，年轻人群崇尚个人价值观，追求个性，对于新事物有极强的欲望，追求新鲜与时尚，冲动型购物比例较大。他们有显著的“自我导向”消费价值观，往往将消费活动看作一种自我奖励行为，他们有强烈的消费动机，在可承受的范围内追求更高的消费层次。他们的消费集中在电子产品、计算机软件（游戏软件）、音乐会、服装、餐饮、体育活动等。因此，他们对购物环境、业态、商店的布局方式等都有现代、时尚、新奇的要求。中年人群的收入水平较高而且稳定，具有更高的购买力，他们追求体现身份与品位的商品和体验，但消费时则更加谨慎；并且由于他们的收入是家庭收入的主要来源，还承担着很大的家庭消费。他们的消费方式为技术型、家庭型和服务型的消费。因此，他们喜欢大方、高档、有品位的购物环境。而老年人群以前一直是不受重视的消费人群，因为老年人的消费观念趋于保守。但随着社会的发展，老年人消费意识正在逐渐转变，相对富裕的老年人口将成为消费者的主要组群之一。他们不再只想把钱存起来或留给子女，而开始考虑投资于自身。因此消费重点在休闲、旅游、健康和业余爱好上。其次从不同收入和教育水平的消费特点来看，受教育程度较高的人群对“精神性”消费有较大的需求，并且更容易接收到国际上最新的消费理念。在紧张的工作状态和精神需求下，他们到店铺已经由单纯的购买目的，转变为满足购物、休闲、娱乐、健身、交往等多功能集合的目的。他们的购物时间通常较短，目的性较强；而中低收入、中等教育人群对价格敏感度相对更高，喜欢价格低、质量好、设计新颖的商品。既有低价优势，又能提供舒适的购物环境的中、低档定位的当代商业建筑，会对此人群有较强的吸引力（表 3-2）。

当代商业建筑的微观主题定位 表3-2

概念分类	主题特色	目标客户群	案例
城市休闲	有魅力的舒适空间	白领、年轻人	北京蓝色港湾购物中心
	人工美与自然环境协调		
高度交流	游乐园式的体验	青少年、游客	日本喜庆门商业中心
	时空穿梭感	绅士、游客	美国凯撒宫购物中心
生活方式	凸显个性时代、高雅、艺术性	职业女性、小资	博百利旗舰店
	发现感、憧憬、愿望、未来	青年人、小资	上海正大广场

续表

概念分类	主题特色	目标客户群	案例
生活方式	休闲、释放的自由感、季节感	儿童、中年人	上海西郊百联购物中心
地域性	地方习俗、纯朴的市民感觉	游客、青年人	上海新天地
	地区公益性、地方文化		上海恒隆百货
先驱性	国际化氛围、先进理念、国际都市派的意向	外籍人士、海归	北京金融街购物中心

综上所述，在消费文化的推波助澜下，当代商业建筑要针对大众文化下的宏观主题定位与微观客户定位来彰显其差异化的特色，吸引消费者。美国时尚秀购物中心位于世界知名的赌城和娱乐城——拉斯维加斯，从宏观主题提炼来分析，拉斯维加斯是一座五光十色的旅游城市，同时也是美国最光怪陆离和最具魔力的城市，时尚秀购物中心在定位主题时，就选择了具有时尚和娱乐的倾向，来迎合城市文化；从微观主题定位来看，目标客户群定位为旅游观光客，把购物中心打造成城市的旅游景点，与城市的产业链有机地结合；购物中心还通过具有现代感的装饰材料和高科技手段打造的“飞碟”状入口标志，有力地诠释了一种超现实主义和未来感的个性主题特色（图 3-1）。

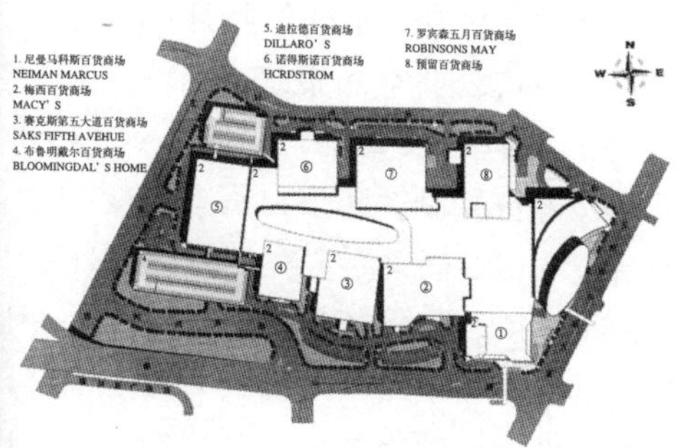

图 3-1　美国时尚秀购物中心

3.1.1.2　日常生活的链接

消费文化视阈下的当代商业建筑摒弃了传统商业空间与世隔离的封闭形式，而与丰富多彩的日常生活相嫁接，积极响应对城市文化生活的多元叙事。因此，当代商业建筑的职能要素也突破了建筑自身功能体系的范畴，而越来越多地接纳原本属于城市的职能，演变为与人们日常生活无缝链接的文化舞台。雷姆•库哈斯在《哈佛学院购物指南》中指出："今天，购物已经成为唯一幸存的公共活动方式。"所有的场所都变成了购物场所：机场、博物馆、教堂甚至整个城市，一切空间都具备了购物和消费功能。

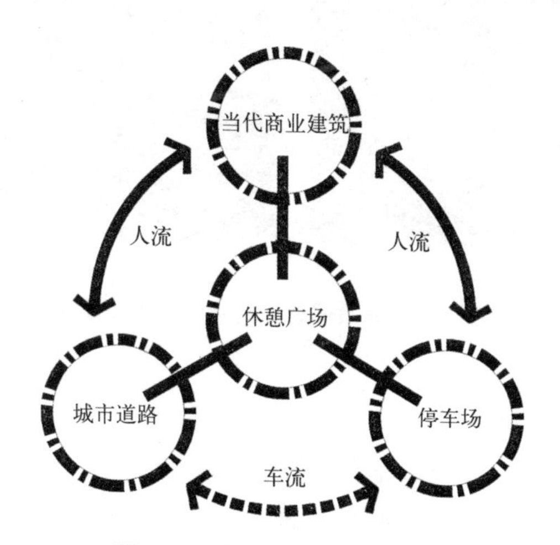

图 3-2　类城市空间功能示意

1）类城市空间的建立

消费文化引导消费活动向城市公共系统的全面渗透，成为当代商业建筑的显著特征。这就衍生出一种新的空间形式——类城市空间，具有以下特征：首先，类城市空间与消费功能空间脱离，并有同等重要性，其空间界面具有分离化和模糊化的特征；其次，类城市空间从内聚性向开放性转变，并融入城市公共空间系统，与城市公共空间进行平面链接、与城市公共空间三维立体叠合；最后，类城市空间趋于场所化，以传统的城市空间场所为原型，进行复制、转换、重组和变型，实现对大众文化的传达和彰显。这种新型城市空间关系，旨在为城市日常生活需要提供能够发生“城市事件”的独特场所。与传统形式的城市公共空间相比，由于处于精心的设计和管理之下，与城市公共生活具有更加实际的意义。这就需要对多元的大众文化内涵进行重新整合，在当代商业建筑的内外环境中营造合理的开放空间形态，如中庭、广场、大台阶、绿化公园等，使其成为与人们日常生活紧密连接的类城市空间（图 3-2）。在上海西郊百联购物中心项目中，将一个具有高度综合性和聚合力的广场布置在建筑中心腹地。广场既是购物中心与城市之间的过渡空间，起到吞吐吸纳人流、缓解城市交通压力的作用；同时又连接着城市空中步道、地下商业街及地铁出入口，成为城市步行系统的重要节点。因此，它具有比城市公共广场更加复合、多元的职能，是城市文化传播的媒介载体（图 3-3）。

(*a*)

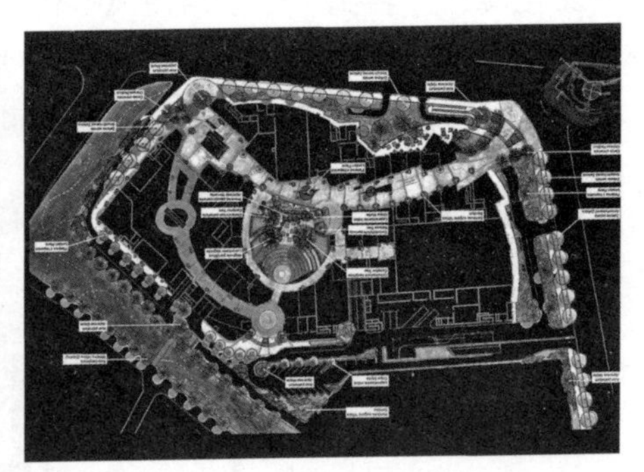

(*b*)

图 3–3　上海西郊百联购物中心中心庭院

(*a*) 夜景透视；(*b*) 总平面

2）动态文化活动的引入

当代商业建筑与日常生活的无缝链接还得益于消费文化对城市功能开放度的强调，除了满足不同活动的空间需求外，还要引入动态的城市生活。如在商业空间环境中利用拟像手段烘托文化氛围；引入丰富多彩的文化活动；激发城市信息交流；提高空间场所的开放性等。首先，最直接的措施是引入开放度极强的公共空间，提高商业建筑与城市空间的连续性，使其成为统一系统融为一体。如日本六本木商业综合体中就融入了与购物中心结合的露天剧场，这里真正成为文化与艺术交融的空间，敞开式的顶棚将自然光、人工光、影像光交相辉映，展现出戏剧般的幻视效果。人们在这里可以观看表演、听报告演讲、甚至交响乐等，营造了高雅的生活方式（图 3-4）。其次，当代商业建筑还要提供一个向所有人开放的平台，使人们平等地参与到共同的体验当中，例如各种表演、宣传活动，而每一个人都可以没有约束地观赏、品评，人们在追求多元的文化诉求的同时，滋生了多元的消费动机。因此，在把商业空间打造一个共享的精神领地的同时，也同样提升了空间自身对社会系统的介入程度。例如日本博多水城观演空间正在上演杂技时的场景，中央舞台设置在运河城的中心，无表演时，可以为人们提供嬉戏的入水平台；两侧建筑外廊可以当作看台，流线型的建筑形体使不同功能的活动区之间产生强烈的互动（图 3-5）。再如北京蓝色港湾 Solana 购物中心是国内为数不多的以高收入阶层定位的生活方式中心，开放式的购物环境为动态的文化生活引入提供了更大的可能，在购物中心的中心庭院上，布置了可供人们观赏、参与的娱乐设施，使这里即使是淡季的时候，也是显得热闹非凡。购物中心还定期在露天广场上举行一系列的促销活动，引发消费者的购物激情（图 3-6）。

图 3–4　日本东京六本木商业综合体的露天剧场

图 3–5　日本福冈博多水城室外表演空间

图 3–6　北京蓝色港湾 Solana 中心广场的促销活动

3.1.1.3　城市更新的推动

在消费文化的催化下，当代商业建筑不仅是城市系统中一个重要组成元素，更是城市文化的窗口，成为城市系统中一个重要文化媒介和城市更新发展的起搏器，推动城市文化职能全面、高效、健康地发展。从城市发展更新的角度探讨当代商业建筑的文化彰显策略，无疑是将其纳入到承载城市文化多元叙事重要位置的角色，这也是对城市文化职能变迁的有益探索和补充。同时也证明了，当代商业建筑正在向它的发明者维克多格鲁恩[1]所期望的那样，逐渐成为城市公共中心的替代品，甚至就是城市本身。

1）触媒效应的体现

当代的城市基本功能活动——工作、交通、居住和游憩分别发生于不同功能的城市空间中。它们之间也存在引力，彼此需要一种城市活动的直接联系，以产生城市功能的运作，实现空间的活力和高效。在消费文化的引领下，消费活动成为新的媒介活动，并出现消费活动与公共活动多元交融成为媒介的趋势，这使城市相关功能空间向消费空间集聚，消费空间的构成除了消费功能空间、类城市空间外，增加了其他功能空间——如轨道交通空间、餐饮空间、娱乐空间、展示空间等。这些城市功能活动空间在当代商业建筑中呈立体分布状态，发挥着城市的触媒效应，带动周边区域发展。我们可以把当代商业建筑称为“触媒体”，因为它首先是一个非常引人注目的地标性建筑，而且它充满活力，可以有秩序地运转，并带动区域中其他元素（如居住区、其他商业设施等）的连锁反应（图 3-7）。被誉为“六本木之丘”的日本大阪六本木商业综合体，通过将购物中心、美术馆、剧院、酒店、交通枢纽站等综合设施有机组合，不仅扮演了地区性的文化艺术商业中心和地标性建筑的角色，为城市多产业的延续发展创造了先机，还创造了一个集购物、餐饮、休闲、娱乐、旅游、酒店、会展等为一体的“一站式”的六本木商圈，推动了整个六本木山周边区域的经济发展和公共社区建设的进度，也对大众文化的传播起到了推波助澜的作用（图 3-8）。

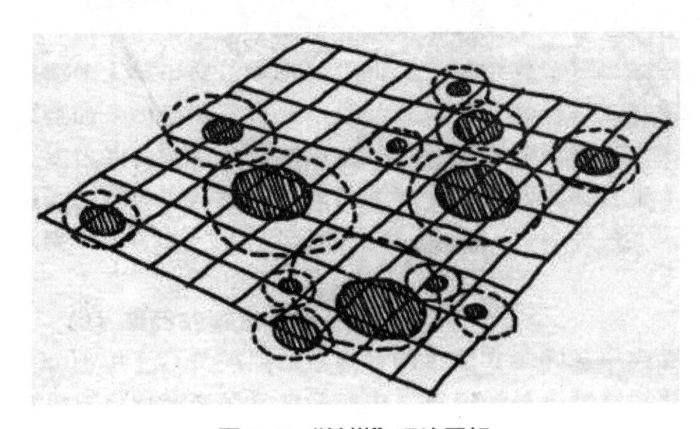

图 3–7 “触媒”理论图解

---

1 维克多格鲁恩（Victor Gruen，1903~1980），奥地利籍当代商业建筑师，Shopping Mall 的缔造者。20 世纪 50 年代，他创造性地将欧洲商业廊的玻璃顶借鉴到了美国的购物中心，Mall 由此得名。

(*a*) 总平面布局

(*b*) 鸟瞰图

(*c*) 美术馆

(*d*) 图书馆

(*e*) 国家美术馆

图 3–8　日本东京六本木商业综合体

2）差异化商圈的形成

全球化发展使国家、地区、城市之间的竞争不断加剧，地区经济、文化呈现不均衡发展，导致不同范围不同级别的城市空间的功能、布局和发展失衡。甚至在同一区域内部，由于城市更新过程中的“绅士化”[1]现象，造成空间的不均衡发展和社会分裂、隔离、极化。而当代商业建筑在其中扮演了扭转这种城市发展失调状况的救世主，通过对落后区域的整合，赋予其新的商业生命力，最终成为整合周边城市形态、形成体系化商业空间的“基体”，主宰城市发展平衡的杠杆。上海新天地便是这个过程的例证，项目对原有上海石窟门里弄地区进行保护性改造，使数十年衰落的城市中

1　绅士化（Gentrification），又译中产阶层化或贵族化，指一个旧区从原本聚集低收入人士，到重建后地价及租金上升，引致较高收入人士迁入，并取代原有低收入者。

图 3–9　上海南京路商业街

图 3–10　上海浦东正大广场

图 3–11　上海新天地购物街

心区再次获得了地理和地位的双重中心意义。与此同时，不同商业布局结构的区域所体现的场所感和独特性成为城市错位发展与社会等级区分的标识。上海的普通百姓和低收入人群去淮海路或南京路购物，白领阶层和外地人会去浦东新区购物，而外籍人士和社会名流则会选择去上海新天地购物（图 3-9~ 图 3-11）。这种消费现象除了可以显示消费者的身份差异外，还为城市商业空间的平衡性规划与城市系统的良性发展提供了基础。

3.1.2　人文关怀的全方位体现

当代商业建筑大众文化的多元叙事不能忽略对人文主义关怀的倾注，这是因为消费文化所倡导的“消费”已经不单单被看作是物质性的活动，人们要求在购物空间中能够感受更多的文化和精神生活，并在物质化的商业环境中体味到越来越多的人文气息。更重要的是，大众文化宣扬的根本目的是挖掘人们潜在的精神动力，使文化的整合更好地为顾客服务。简•雅各布斯提出：“规划迄今为止最主要的问题，是如何使城市足够的多样化。”她所指的多样化的涵义是多种功能、活动的参与、使城市空间具有活力。商业形态的多元化说明，社会生活的多元化带来的商业建筑设计的“高情感”需求，只讲求利润而不关注人性的商业建筑是注定要失败的。既关注商业行为的特殊性，又关注文化性、公共性、舒适性、人性化的商业空间塑造，已成为商业建筑设计的重要内容。所以，大众文化的整合机制还要强调“以人为本”的人本主义思想，体现出更多的人文关怀。当代商业建筑可以通过对人性设施、生态设施、休闲娱乐设施的多元交叉式渗入，使商业室内外空间的内容更加丰富和趣味化，弥补了人们的差异化认同，使不同的购物者得到物质和精神的双重满足。

3.1.2.1 社交场景的提供

历史见证了千百年来商业环境的主要功能就是货物交换，而在消费社会的商业环境中，为了展现着城市生活的魅力，更重要的是提供一个交流、聚会的场所，并提供一个舞台来更新和丰富单调的公共生活。所以，当代商业建筑的人文关怀需要营造一个带有人情味社交场景，提高场所的开放度，并将社交的功能多元化。人们可以在公共空间中漫步、闲聊、约会甚至观演等，使人们对商业环境能够感受一种亲切感和认同感。

1）交流环境的营造

当代商业建筑所倡导的社交环境，就是一个可以进行社会交流与社会联系的地方，是办公室及家庭以外的“第三生活空间”。商家可以利用开放空间举办各种展览和文化娱乐活动，吸引消费者购物之余参与文化互动；或是在共享空间增加餐吧、茶座等餐饮项目，为购物者提供休憩、交流的场地。这种人文关怀已经成为当代商业建筑中的一个显要趋势，建筑师在设计过程中也应具有前瞻性地考虑这种文化交流空间的设置。如英国谢菲尔德的麦多霍尔购物中心是欧洲最大的购物中心之一，面积 13.2 万平方米，有超过 280 家商店入驻，它也是英国为数不多的郊区型购物中心。它与众不同之处在于建筑内部经由主干步行街联系大小商店，在转折处设置扩大的中庭，并分出次干路与主力店，并与休闲庭院相连，由此形成鱼骨形的步行街系统。休闲庭院为购物中心提供了一个集中交流的场所，所有人在享受美食的同时，可以自由交谈、休憩。庭院周边围绕着咖啡吧、饮吧、快餐店等，并与娱乐景观设施相结合，创造出独特的社会活动空间，使庭院功能多样化（图 3-12）。再如奥地利弗拉赫的雅欧购物中心则结合休憩设施来展开购物空间，在购物中心地面层交通的汇聚处提供了一个马蹄形的交流区域，并通过不同的高差和铺地材质变化营造出极具吸引力的交际场所，区域周边结合高差布置了休息座椅和绿色植被，使在此交流的顾客感受到温馨和惬意。这种交流场景的提供既增加了人们在当代商业建筑中参与、交谈的机会，同时也刺激了人们的购物热情，更增添了大众文化的内涵（图 3-13）。

2）人性设施的注入

当代商业建筑社交场景的提供，还要注入便捷、适宜的人性化设施，以满足人的细腻情感和多元需求，这也是当代商业建筑空间对于大众文化多元叙事的积极呼应，同时也成为有别于传统商业空间的显著特点。当代商业建筑对人性化设施的注入要以强调室内外空间的互动、互逆、开放、流动的特征为原则，不但要考虑休憩座椅、信息阅览、咖啡吧、水吧等公共设施的设置，还要考虑到购物是一种社会性群体行为，注重对不同性别、年龄、不同喜好以及特殊类人群的需要。在我国，购物活动常以伴侣或家

图 3-12 英国谢菲尔德麦多霍尔购物中心的休闲庭院

图 3-13 奥地利弗拉赫雅欧购物中心的中心交流空间

庭为单位进行，但是购物的主角基本都是女性，这样就显然忽略了男士和孩子们的感受。美国著名的消费行为学家帕科•昂德希尔[1]就曾呼吁要遵循“以人为本”的思想，在购物中心中要考虑设置“男士暂存处”，而且为方便携带儿童前来购物的顾客，特开辟儿童游乐角、游戏室，作为顾客临时托儿的好处所；除此之外，购物环境的设计还要为老人、伤残人提供无障碍通道、专用厕所、识别标记等。哥斯达黎加的特拉商场就在中庭一侧专门为男性们设有休息的区域，可以上网、品饮、聊天，使男性们也可自得其所的消遣；商场还结合休憩设施布置儿童游戏区，不仅为儿童提供了一个嬉戏、沟通的场所，也解决了家长购物时无暇顾及孩子的困扰。在美国坦帕市购物中心则提供了一个以“海洋世界”为主题的“儿童寄存”场地，场地周边为家长设置了休闲座椅，家长也可以按规定时间去购物，回来时领取孩子，缓解了家长对孩子无暇照看的牵挂。再如美国橘县的南海岸购物中心在一层的长方形中庭区域设置了老年人和儿童的社交场所，场地通过休息、餐饮和休闲设施的提供，给本来不喜欢长时间行走购物的老年人和儿童提供了情趣释放的场所，这也成倍地提高了店铺的集客力和营业额（图 3-14）。

3.1.2.2 生态概念的引用

随着人们对生态环境保护意识的关注，“绿色消费”成为大众文化最显著的叙事方式，所以，绿色建筑技术和生态概念也被引入到了当代商业建筑中。这也是对人本主义大众文化关注的一种表现，同时也强调了人和自然的互动、依存关系。生态概念的真正目标是为了节省资源、能源和保护环境，所以，当代商业建筑的生态化的引入要以可持续发展为纲，以创造人与自然的和谐环境为原则，具体应用可以归纳成两个倾向：

---

1 帕科•昂德希尔（Paco Underhill，1903~1980），美国著名消费行为学家。主要作品有《顾客为什么购买》、《大卖场》等。

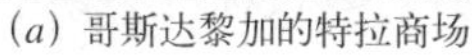
(*a*) 哥斯达黎加的特拉商场

(*b*) 美国坦帕购物中心

(*c*) 美国南海岸购物中心

图 3–14　结合休憩设施布置的儿童游戏区

1）强调对自然能源的有效利用

消费社会的购物行为日趋人性化，人们所渴望的购物活动不是从一个个的钢筋混凝土森林中穿梭，而是与自然衔接，让人们充分感受到大自然的魅力。当代的购物者希望商业空间既能排除不良气候因素的干扰，又能有不压抑、不乏味的全天候室内商业环境，这就需要具有自我调节机制的商业空间环境的建立。实践证明，玻璃顶和大面积采光窗的使用，有利于引入更多室外光线和景观；而如绿化、水体、微生物、小品等元素的“置入”，则对降解环境污染、改善环境质量具有显著的功用。如位于美国加利福尼亚的谢尔曼奥克斯购物中心，通过在室内商业空间置入错落有致的绿植，精心选择的树种、花草组合，造型别致的喷泉等自然元素，有效地缓解了顾客的视觉疲劳，创造了一种人与自然共生的环境。自然宜人的小气候与别具一格的小品景观不仅为人们提供了舒适、安逸的、可供休闲交往的公共空间；也为人们小型聚会、演出、展览提供了幽雅、开放的生态环境。购物中心在步行街屋顶采用现代玻璃拱廊，引入充足的阳光，配合喷泉、植物、座椅等小品设施使人有置身室外的感觉。其中坡面的钢结构屋顶，除了侧面是实墙外，其余全都是玻璃和钢架，通过奇妙的阳光射入，打造室内外相似的温暖气候，从而延长了顾客滞留的时间，提高了“商业聚集效应”，也令“购”的概念悄然被“游”所代替，给购物者带来一份难得的惬意（图 3-15）。

图 3–15 加利福尼亚的谢尔曼奥克斯购物中心

图 3–16 大阪难波公园的生态广场

图 3–17 深圳怡景中心城的屋顶绿化公园

2）营造园林化的商业氛围

园林化的商业氛围旨在通过绿色建筑技术手段，对当代商业建筑进行从平面到立体的全方位园林式景观设计，让购物者充分领略商业空间环境的清新与静谧，并对自然生态环境的保护起到促进作用。首先，可以使用立体的园林化形式打造，如日本的难波公园购物中心建筑群面积高达 32 万平方米，是一个带有自然地貌特点的人造峡谷园林式购物中心，它利用建筑屋顶平台塑造高出地面的自然绿洲，绿色植物从建筑的屋顶一直覆盖到一层，露天的坡道也沿着绿化景观层层相叠，坡道在不同的层可以结合开合有致的广场进入到室内。其中的每个广场均为半圆形的立体绿化空间，配合景观小品的点缀，使不同层高的绿化开放空间显得温馨、恬静且生机盎然，同时也增加了人对自然的可达性和亲密性（图 3-16）。其次，可以通过平面与立体相结合的方式，使园林化的布景设施通过不同层高的平面延伸，形成全景式、立体化景观系统。如深圳怡景中心城总建筑面积 14 万平方米，以打造中国第一家生态型购物中心为宗旨，中心城以“紫禁公园”为设计概念，别出心裁地将东西两侧平面的生态广场设计成半开放式，并与近 3 万平方米 的屋顶立体绿化公园相连接，周围由绿色植物和环形水系围绕，营造出由阳光、布景、绿植、自然石材与周围的低矮灌木等共同协同作用的自然生态氛围（图 3-17）。

3.1.2.3 娱乐设施的共享

当代商业建筑大众文化的多元叙事还体现在对人们购物活动的多元情趣培养上，俄亥俄州设计论坛建筑部副总裁 Lucinda Ludwig 认为：“娱乐是未来的商业空间设计中的一个整合的部分，……所有的商业空间必须有令人兴奋的行为因素。”对于当代商业建筑来说，这种行为因素就是休闲娱乐设施的共享，这些设施在设置时应注意“参与性娱乐”概念的实现；能够激发人的好奇心、求知欲；并充分考虑到人体尺度和不同年龄层次人群的行为需要。在当代商业建筑中，娱乐设施也越加丰富起来，并可根据社会需求时尚热点和消费水平来选择不同的娱乐设施定位，如近年来成为新宠的健身馆、主题乐园、电影院、咖啡厅等娱乐区域，都是为了满足不同层次、不同年龄、不同追求的消费者而设立的，呈现出“购物＋N种娱乐”的新的商业模式。通过作者的调研走访，归纳出当代商业建筑娱乐设施的共享，主要可以分为以下两种方式：

1）商业环境与游乐场相结合，或引入主题公园的方式

这种方式可以直接而且有效地活跃了商业空间的氛围，拉近与顾客的距离，增加店铺的集客力。主题公园和游乐场的置入方式一般有两种，首先是将其直接当作店铺的主力店的形式，其位置可以在店铺的核心，形成中心集聚效应和标识作用，也可以独辟蹊径设置在建筑的端头或顶层，用来吸引和拉动顾客。Mall of America是美国目前规模最大的将零售和娱乐成功结合的购物中心。有人把它比作是人工环境控制的“微观宇宙”，在这里，你可以读完高中、上大学；在“爱之教堂”中结婚；还可以去水族馆、看电影、打高尔夫等，应有尽有的休闲娱乐设施布置在零售空间的周围，通过“街道”连接四个不同的主力百货店，并且在每个区域中心都有一个活动区面向占地2.8公顷的Camp Snoopy中心主题公园，使购物者在购物中心的任何位置都能享受到这个主题公园所带来的愉悦氛围（图3-18）。其次是将娱乐设施直接置于建筑的最显要位置，成为吸引顾客的商业标识，其本身具有的滑稽特

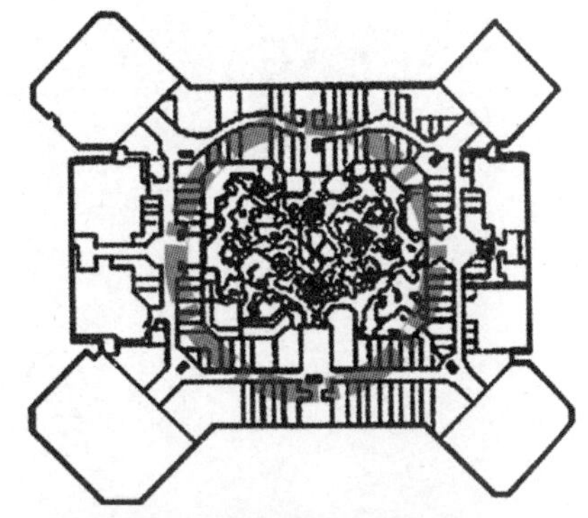

图3–18　美国Mall of American主题公园

图 3-19　日本 HEP FIVE 中心摩天轮

图 3-20　加拿大埃德蒙顿购物中心的迪斯尼标识

征就可以成为放松人们的心态的活跃元素，使人们更快、更好地融入到商业氛围之中。日本 HEP FIVE 商业中心为人们提供有趣的游乐场似的购物体验，在商场外巨大的红色菲利斯大转轮既在景观上成了该项目的独特标志，也真正吸引了公众的参与热情，商场营运的第一年共接待了 2000 万蜂拥而至的购物者，其中 170 万人是为了乘坐这个大转轮的（图 3-19）。

2）超现实动画场景融入的方式

当代商业建筑的超现实主义是通过渲染一种神秘、奇异、梦幻的气氛来吸引消费者，同时也为场所添加了新的活力。首先，迪斯尼乐园是超现实主义消费童话与商家盈利神话的完美结合，加拿大的埃德蒙顿购物中心和美国戴德兰德购物中心都使用了大量的迪斯尼卡通仿像元素，作为招揽顾客的手段，使人们在此可以身临其境于超现实的童话世界，接触和体验与童话世界里的人物和情节，增加人们在购物中心的逗留时间（图 3-20、图 3-21）。其次，超现实主题不仅体现在商品营销和宣传的广告环节，还体现在当代商业建筑自身超现实消费的现代性历史，这已经构成了一种无处不在的文化环境，以及一种现实存在的历史感和美学意识。在拉斯维加斯凯撒宫购物中心纳入了全美最大的富施瓦兹玩具中心，用两层高的电子木马玩具作为活跃商业氛围的元素，这座木马雕塑不仅能够展示十几分钟的喷雾技术，同时还是商业步行系统中的标志性景观，而玩具中心的其他设施也同时配合了商业氛围的营造，如可爱的电子糖果雕塑和滑稽的外星人雕塑等，使商业空间充溢着动画般的神韵，光怪陆离的电子光影、虚幻缭绕的烟雾表演和若隐若现的背景音响与拉斯维加斯近似舞台布景效果的城市文化十分协调，同时也为凯撒宫购物中心塑造了一个炫目的商业环境，招揽源源不断的顾客光顾（图 3-22）。

图 3–21　美国戴德兰德购物中心的卡通标识

图 3–22　美国拉斯维加斯凯撒宫购物中心的木马雕塑

3.2　基于个性凸显的地缘文化契合

消费文化视阈下，从商业环境对购物者影响的角度来看，当物质数量的差异相对减少以后，文化（非物质）消费成为展示生活方式的同时，也是展示个性、实现差异的重要途径，这需要当代商业建筑本身的个性文化的凸显，使其成为文化消费的一部分。那么，当代商业建筑对地缘文化的契合便是这种个性化凸显的重要表征形式。用地缘文化来彰显差异和个性并不能凭空臆造，只有从当代商业建筑的历史背景和地域特色出发，才能更确切地凸显出对地缘文化特征的契合，使其具有恒久的生命力。

3.2.1　历史文脉的传承

历史文化的魅力赋予了消费文化差异逻辑的现实性内涵，也对当代商业建筑物质价值相对稳定的建筑形式给予各种新的意义。翁伯托•艾柯[1]采用所谓的“价值陈废”和“形式消耗”。在他看来，历史文化的发展更像一条逐渐上升的螺旋线，其中，“过去的体系不是废弃而是被搁置，每次被重

1　翁伯托•艾柯（Umberto Eco，1932~），意大利著名的哲学家、符号学家、历史学家、文学批评家和小说家。主要作品有《符号学与语言哲学》《开放的作品》《波多里诺》《美的历史》等。

新发现，又成为在原来基础上的进一步丰富。”历史文化影响着社会文化环境的差异性，随之带来文化符号的复杂性。因此，在当代商业建筑的设计中，应该深入挖掘历史文化积淀、灵活改造保留建筑、自然延伸城市肌理。

3.2.1.1 历史积淀的挖掘

消费文化催化着当代商业建筑空间“质”的提高，这其中包括：如何在这一风格活泼、商业气息浓重的环境氛围中，体现对历史文化的追溯和对历史文脉的呼唤。吴良镛先生曾提出“抽象继承”的概念：把传统形象中最有特色的部分提取出来，经过抽象和提高，作为母题应用到当前的设计创造中去。所以，当代商业建筑对历史积淀的挖掘，并非是对立面形式照搬或陈旧元素的拼贴，要通过对历史建筑设计理念的挖掘与继承和对形象的批判性借鉴，塑造独具一格的商业空间品质。

1）折衷并置

这是一种历史文化杂交的形式，强调不同时期文化的融合共存，并通过当代商业建筑表达时空跨度与文化交融的复合化存在的现实。上海新天地就是通过折衷并置的手段，成功地将原有近 90 年历史石库门地区的旧式里弄遗留下来，经过翻新和改造，转变成了时尚的、朝气蓬勃的购物中心。建筑师以不同时空跨度剪裁着石库门里弄，购物中心分为北里和南里，北里以石库门建筑为主，其间穿插少量现代建筑，代表着对过去的追忆；而南里则利用现代材料（如玻璃幕、钢架、混凝土等）打造具有时代感的时尚建筑，标志着对未来的憧憬。这两个区域通过一条步行街自然地过渡，走进新天地的石库门里弄，保留的里弄建筑上仍然凸显着旧时遗留下来的镶嵌着绿色青苔的砖墙和尺寸宜人的青砖步道。里弄的外立面依然呈现着厚重的乌漆大门，并雕着巴洛克风格卷涡状山花的门楣；但建筑内部空间却以现代都市人的情感世界和浓郁的旧上海风情重新打造，注入了各种时尚的商业元素：宽敞的空间，先进的设备，四季如春的中央空调，成为国际画廊、时装店、主题餐厅、咖啡酒吧等风格各异、情趣盎然的生活娱乐空间。在新天地的建筑形式上，依托于海派的建筑风格，通过对旧建筑的更新、包装、组合，使其成为一个具有浓郁中国特色的购物中心。在对建筑主题的研究上，设计师并没有单纯地将旧房拆除，在原地重建一个新的，而是传承历史、尊重人文，使中国的建筑传统文化焕发出新的光彩。正因为这种东西方文化合璧的新颖创意，使上海新天地成为国内最具魅力和特色的大型购物中心（图 3-23）。

2）分延并置

这是一种以“批评继承”的态度，通过对当代商业建筑风格、材料、技术的更新、对比，反映出社会的进步与发展。英国赛尔福里奇购物中心坐落在被誉为“英国最美丽的城市”的伯明翰，长期以来，伯明翰一直保持着对历史文化的发掘和重视，通过创新和融合的手段，使古建筑赋予现代内涵成为这里独具特色的风暴，也是当代社会以文化为龙头进行城市复兴的基础。2003 年建成投入使用的英国赛尔福里奇购物中心以其新颖的造型与姿态为城市带来新的商业空间模式，同时也为市民提供了丰富多彩的、开放度极强的公共活动空间。伯明翰斗牛场这个古老商业区有着很深的文化积淀，那么对于赛尔福里奇购物中心通过分延并置的手段，利用历史文化的传承来呼应保留下来的教堂和街道成为建筑师设计的重中之重。建筑体量通过前卫与古典相结合的手法，不但使伯明翰古老的斗牛场变成一个时尚、华丽、激动人心的场所；同时在时尚的外表下也呈现出最惹人注目和令人向往的文化内涵——赛尔福里奇购物中心的步行街形态以伯明翰的历史街道形式为雏形，由传统街道、广场和开放空间将新街（New Street)、大街（High Street）和圣马丁教堂、露天市场联系起来，并利用局部玻璃顶采光营造具有现代感的购物空间。步行街沿着三条轴线方向伸展，除了分别向新街和大街自然延伸之外，还在两条大街之间新设了一条步行大道——圣马丁步行道（St Martin’s Walk)，将购物中心经由圣马丁教堂与远处的传统市场联系起来。购物中心流线形的建筑体量在其周边风格迥异的传统建筑中独树一帜，鲜明的对比给人们耳目一新的感觉，同时也使城市焕发勃勃生机（图 3-24)。

图 3–23　上海新天地购物中心

图 3–24　英国伯明翰赛尔福里奇购物中心

3.2.1.2 保留建筑的改造

翁贝托·艾柯把涉及实用含意的外延称为“初始功能”，涉及象征含意的内涵称为“二次功能”，两者的区分并非价值上的差距，而是基于二次功能以初始功能的外延为依据，这就相当于罗兰·巴特提出的含蓄意指系统，即利用符号的意指直接充当事物的能指。那么，当代商业建筑对于保留建筑的灵活改造，就是在其初始功能的基础上驾驭二次功能，焕发建筑的二次生命。

1）二次功能的利用

保留建筑的符号价值既是二次功能本身，又是二次功能利用的根本动力。这是因为保留建筑往往是城市历史文化传承的坐标，其自身的魅力就可以产生一种文化消费，在此基础上通过改造保留其精髓的部分，并赋予其二次功能（消费功能），而成为纪念性的、观赏性的、象征性的当代商业建筑。意大利的时尚之都——米兰，是个古老的城市，悠久的历史文化积淀为城市铺上了典雅的外装，城市中心区购物中心多数属于建筑群体改造项目，新旧建筑相结合，既保留了结构状况良好的旧建筑，又增加了新的内容。艾曼纽二世拱廊（Galleria Vittorio EmanueleII）是一个 19 世纪古典风格的标志性建筑群，经过二次改造而形成的购物拱廊街，拱廊为半室外步行街 12 米宽，4 层高，建筑上空为透明的玻璃顶，给人雍容华贵的感觉。古老、庄重的深黄色石材为购物街披上典雅的外衣，拱形的玻璃屋顶连接十字相交的三层建筑，形成亦内亦外的灰空间，被人们称为“米兰客厅”。在购物街中心的八角圆顶周围镶嵌着代表美、亚、欧、非四大陆地板块的雕刻画，与彩色图案的陶瓷锦砖铺地交相辉映。这种二次功能的再利用，为艾曼纽二世拱廊赋予了“旅游胜地”和“购物天堂”的双重译码（图 3-25）。美国的巴尔的摩港将废旧的厂房、仓库改造成了集大型购物中心、休闲广场、海洋馆、战舰展览、游艇中心、音乐厅等功能于一体的大型旅游港口，带动了巴尔的摩市的整个旅游业发展。区域的核心就是由原来的老发电厂改造的大型购物中心，建筑外形典雅庄重，结合港口的滨水景观，提升了整个巴尔的摩港的天际线形象（图 3-26）。

2）使用功能的解放

城市中心区购物中心很多属于建筑群体改造项目，通过新旧建筑的结合，既保留了状况良好的原有建筑，又在项目的基础上增加了新的功能，使保留的建筑从使用功能中解放出来，发挥其符号意义的二次功能。旧建筑极具人情味的细部特征是延续城市文脉和历史文化的重要元素，也是人们追忆历史的象征。在进行改造设计时，应以凸出保留建筑的风韵为原则，新建构件和体量要具有强化保留建筑的个性和特征的重要作用。哈尔滨金安欧罗巴商业中心位于城市文化积淀很深的中央大街商业区，建筑师在设计中将振兴和继承哈尔滨中央大街地区历史文化摆在第一位，从城市环境的角度出发，最大限度地呼应周边的保留建筑，并成功地将零售商业业态与古典韵味的建筑形制相结合。设计中保留了原有地段中重要建筑的立面片断，也重置了带有历史韵味的欧式线脚，并使之与整体建筑有机结合，既使保留建筑完全从原有使用功能中解放出来，又给商业空间刻上了历史的印记。购物中心的内部空间的界面是由多组风格迥异的古典建筑立面拼贴而成，屋顶则是由现代的钢架与玻璃构成的穹顶，这样对比风格的打造为来此购物的消费者带来古今交替的视觉冲击（图 3-27）。美国波士顿的法雷尔市场为了保存历史建筑的精华要素，建筑师作了认真的辨析，对具有重要价值的建筑细部按原样进行修复，建筑立面严格保持了原有的形制，罗马风格的山墙和山花与爱奥尼立柱得到妥善的维护；外墙破损的地方均用原来墙体采用的新英格兰花岗石进行了修复，内墙材料仍然是传统的红砖。在历史建筑两侧用钢和玻璃扩建为玻璃外廊，形成充满阳光和绿化的营业空间。扩建部分的通透轻质、精确布置的新型材料与写满了历史沧桑的石头、木材与砌砖之间截然不同的表现特征形成鲜明对照，由此建立了一种怀旧的氛围（图 3-28）。

图 3–25　法国米兰艾曼纽二世拱廊

图 3–26　美国巴尔的摩港的购物中心

图 3–27　哈尔滨中央大街的欧罗巴广场

图 3–28　美国波士顿的法雷尔市场

3.2.1.3 城市肌理的延伸

克劳德·列维-斯特劳斯[1]将新老文脉交叉继承使用的状况称为“语义裂变”，他是从语言学的角度阐释消费社会的符号从消耗转向积聚的过程。这种语义裂变的现象表征在当代商业建筑上，就是通过新旧文脉的交叉引用，强化建筑的地域和环境特征。从环境的关联中表达对历史文脉的传承、对比和象征，既可以用来表达过去的意义，也可以在最新的代码和意识形态基础上表达我们赋予过去的内涵，从而创造当代商业建筑对城市历史肌理的自然延伸。

1）对城市肌理的强化

历史街区的商业建筑需要在新旧之间寻找平衡，新建商业空间在肌理“填补”的过程中，根据关联拓展原则，可以选取历史街区的空间肌理类型或变体，也可以采用空间肌理延伸的手段形成商业建筑空间组织的骨架，使商业建筑与历史街区形成相似的空间形态，以强化其空间肌理特色。例如，在位于美国圣地亚哥市霍顿广场设计中，建筑师以一条沿对角线方向展开的露天步行街贯穿商业群落，彻底打破原来 9 个街区单调的井字形路网，取得了与东南角的加姆士林区和西北的哥伦比亚区历史建筑群的充分联系，强化了商业群落与城市肌理的连接（图 3-29）。再如德国柏林的施特格利茨宫中拱廊，选址于柏林地域文化积淀深厚的城堡大街南侧，将柏林具有历史意义的市政厅环抱其中。外立面采用天然石块堆砌，并镶嵌具有浓郁地域色彩的浮雕，与市政厅相得益彰；向人们展示着历史的辉煌和魅力，也充分表达了对城市肌理的尊重。没有巨幅的广告牌，没有光怪陆离的霓虹灯，旧有城市肌理非但没有妨碍人们享受现代都市生活，反而营造出与现代社会相得益彰的氛围。室内布置也采用了天然石材的欧式线脚，模仿了古典宫廷的地域风情，并在墙面上刻上表达地域主题文化的诗作，冷静而有序，内敛而谦逊，全无标新立异、哗众取宠之意，同时也强化人们对历史文化的追忆和重拾（图 3-30）。

2）与街道脉络的契合

在当代商业建筑应充分解析现有空间肌理特征的基础上，保护激励个性化的价值形态，要确定新增的建筑要素与原有街道网络的有机契合，使之成为城市肌理的自然延伸。英国的谢菲尔德是从维多利亚时代之后伴随工业革命发展起来的具有悠久历史文化的城市。坐落于城市中心的奥查德广场就是通过不同风格的石材或砖砌建筑交织在一起，形成了开放式的购物场所和街道文脉，并对城市肌理的延伸起到了主导作用。奥查德广场周边的街道都有

1　克劳德·列维-斯特劳斯（Claude Levi-Strauss，1908~2009），当代著名的哲学家、社会学家、神话学家和人类学家，也是法国结构主义的领袖人物。主要著作有《结构人类学》、《神话学》等。

百余年的历史，当时为马车和步行者提供的街道，路幅较窄，并交织密集，在后续的城市更新过程中，街道的架构被完好的保留下来。如此密集的街道对需要大规模土地和停车的购物中心来说是一种天生的排斥。而奥查德广场就做到了与城市街道脉络的有机结合，购物中心是由不同组群的低矮、开放型建筑组成，通过步行街的穿插形成风格各异的内向型广场空间。自成体系的广场空间可以起到与周边街道体系连接和延伸，并起到疏散人群的功用。玻璃拱廊是购物中心之间联系的主要过渡空间，现代感极强的拱廊也为商业空间提供了开合有致的空间序列，形式多样的拱廊成为广场的标志性景观，更有利于吸引城市人流的进入，使广场真正成为城市公共空间的一个有机的组成部分。在奥查德广场的建筑立面处理方面，通过对不同时代风格建筑的保留与继承，为整个商业环境刻上了耐人寻味的烙印。简单朴实的建筑造型为购物中心贴上了历史镜子的标签，交织排列的砖墙、精致的窗户和窗套、简单铺砌的地面、钢楼梯、玻璃雨罩和两层回廊，丰富的建筑轮廓和变化多样的空间，既营造出古老的历史感，又为人们创造出了惬意舒适的生活氛围。所以，奥查德广场就是以街道脉络为展现自身魅力的舞台，将各具特色的建筑作为舞台的布景，演奏出与历史街道的协调发展的乐章（图 3-31)。

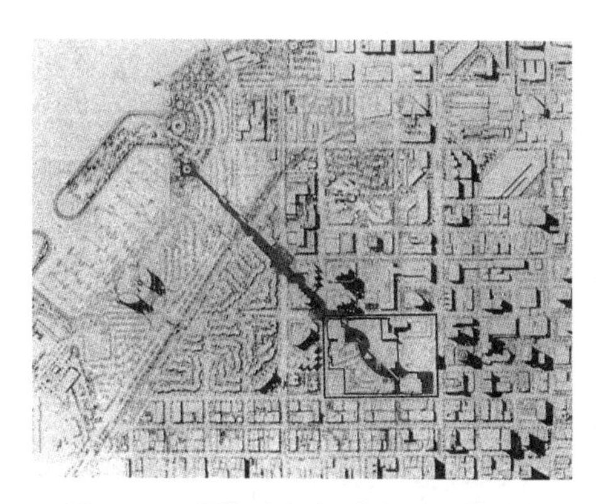

图 3–29　霍顿广场与城市肌理的连接

图 3–30　柏林的施特格利茨宫中拱廊

图 3–31　英国谢菲尔德的奥查德广场

3.2.2 地域风情的观演

消费社会是以差异逻辑主宰着人们日常生活的社会，在当代商业建筑的设计中注重地域文化的观演，既是对消费文化强调差异逻辑的表征之一，更是在国际化条件下的当代商业建筑本土化的途径。地域文化的观演应将区域内的地理环境、气候等自然环境特点作为烘托的对象，将当地的文化传统、民风、习俗等人文个性作为设计的灵魂，还要借助地方材料和当地技术，才能打造出具有地域特征与文化特色的差异化商业环境。其中又可以归纳为三种不同的表达方式：一是注重于“形似”的自然风情具象表达；二是注重于“神似”的传统习俗抽象表达；三是二者相兼容的时空穿越式的异域文化移植。

3.2.2.1 自然资源的利用

自然资源的特征为消费文化提供了实质性的差异消费逻辑，它与旅游观光消费具有同质性，倡导对人们心境与情感的感染。当代商业建筑应有毫无隐晦表达思维凸显所具有的自然资源的优势，并可以通过对当地自然地貌特征、当地材料、技术等自然资源进行提炼，融合在商业建筑环境中。这种融合可以直接利用，也可以对具有典型地域特征的形式加以创新，以现代手法进行简化和模仿，较为直白地反映出地域文化的特点。

1）自然地貌的借助

根据人们亲近自然的习性，当代商业建筑可以借助当地最具特色的自然景观，如水系、植物、沙漠、海洋文化等，给人们创造一种宾至如归的浪漫商业氛围，满足人们崇拜自然力量的迫切追求，从而充分达到提高集客力的商业目的。美国 El Pedrgeal 是一个充分表现沙漠气氛的购物中心，石窟式的建筑造型由取自当地的石材堆积、构筑而成，搭配上具有地域风情的仙人掌等沙漠植物景观，表达了一个梦想者在亚利桑那州沙漠高地自在、悠闲的生活方式（图 3-32）。英国的 The Oracle 是一个横跨肯尼特河的滨水购物中心，其地域主题就是门前的这条著名的运河所展现的自然景观。The Oracle 分布在运河水岸的两侧，通过架空的人形天桥连接，原有的河湾保留下来作为建筑群的“起居室”。在这里荡漾起伏的碧波、葱郁的绿化植被、活力四射的入水观景台和拱桥，以及围绕运河设置的咖啡座都以凸显自然运河景观为宗旨。在此购物中心漫步，体验着沿河移步景异的变换，让人无时无刻不感受到大自然的无穷魅力，从而不知不觉地削减了购物所带来的疲劳感（图 3-33）。

2）本地建造技术的运用

当代商业建筑自然资源的利用还可以通过运用当地的材料、技术、传统建筑形式与空间、富有特色的手工艺等建造手段，表现具有当地特色的人文景观。消费文化世界范围的传播，为本来明不经传的地域性商业文化提供了全球化的平台，同时也为当代商业建筑的地域性差异提供了特色范本。如美国亚利桑那州的斯科茨代尔镇是一个传统的商业街区（图 3-34），它采用本土固有的村落布局形式，结合极富当地人文气息广告和雕塑打造了原汁原味的美国西部小镇商业街形态。在空间环境的布置上，采用了当地的文化特色的坡屋面、外廊以及木制的栏杆、门窗等建筑形式，体现出当地的异域风情和商业气氛。再如意大利巴巴里诺的麦克阿瑟河谷设计师奥特莱斯，是带有纯朴的民居村落风格、立足于保护土族（Tuscany）文化遗产和文化特色的购物中心。运用当地的技术与材料装饰高低起伏的建筑立面，使其与城堡、拱廊和木桥等交错布置，红色坡顶与河水相得益彰，打造穆杰罗（Mugello）地域风情奥特莱斯的优美街景。通过河岸两侧建筑的错落有致的进深关系，营造了不同大小的广场和内院，以满足人们游览、购物和购买廉价商品等不同要求。河岸两侧用四组木质的步行桥连接，与自然风景融为一体，更加增添了村落购物中心的吸引力（图 3-35）。

图 3-32　美国乱石购物中心

图 3-33　英国 The Oracle 购物中心

图 3-34　美国思科茨代尔商业区

图 3–35　意大利巴巴里诺的麦克阿瑟河谷设计师奥特莱斯

3.2.2.2　人文习俗的隐喻

人文习俗的隐喻是对传统地域风情进行抽象提取，总结出普遍的设计思想，主要考虑现代建筑思想和手法的地方化，以更为抽象的形式表达更深层次的地域文化的本质精髓，通过暗示和联想来表达地域文化内涵。我们可以通过以下三种手段表达。

一是使用具有地域文化代表性的标志符号，与当地文化紧密相连。符号译码是鲍德里亚消费文化的核心问题，也是抽象涵义变现的重要手段，具有寓意的地域符号可以成为唤起顾客的情感共鸣的助推器，激起顾客的购物欲望。如新西兰的 Sylvia Park 商业中心位于新西兰奥克兰市郊，这里地理、地貌变化丰富，风光优美，冰川、火山、森林、湖泊提供了很多独具特色的材料、色彩和肌理。所以设计的目标是结合自然特色和原始风情来创造符合奥兰克当地情境的新型商业空间。商业中心在对土著毛利族文化的借鉴上，通过使用当地的土著居民毛利族遗留下的许多形态古朴的原始构筑物，将大量的具有当地风情的绿化景观和日常用品结合在商业空间当中，来隐喻当地的生活习俗和文化特色（图 3-36）。

图 3–36　Sylvia Park 商业中心

二是以现代设计手法，通过隐喻的方式，来暗示地方性的文化氛围，或是表达抽象的文化习俗、风土民情等人文内涵。如奥地利的Mpreis市场尼登多夫店利用整根的圆木构筑成建筑的外廊，与远处雪山上的树林形成由此及彼的效果，并与北欧雪地景象融为一体。这种类似传统猎户帐篷的抽象营造为建筑披上了一道浓重的地域色彩，且通过结合地形，以及对周边自然环境的借景与对照使整个超市具有强烈的标识性与神圣性（图3-37）。

图3–37　奥地利的Mpreis市场尼登多夫店

三是提取并强化当地民俗风情中最具特色的文化仪式，或直接效仿当地传统建筑形式和环境元素的特征，从而使商业建筑充满浓郁的地方文化情节。新疆国际大巴扎是具有浓郁的伊斯兰建筑风格的购物中心，以传统磨砖对缝与现代饰面工艺相结合的处理手法，不做舞台布景式的建筑语言堆砌，在建筑色彩上采用具有民族特色的红砖墙与白色涂料相结合，并将具有伊斯兰风格的洋葱顶、半圆窗以及层层叠起的柱式都原汁原味地体现在建筑的各个细节当中。在涵盖了现代建筑的功能性和时代感的基础上，重现了古丝绸之路的商业繁华。其浓郁的民族特色彰显了地域文化的魅力和亲和力，同时表明了：地域文化是具有一定时间和空间意义的亚文化现象，对于滋生和刺激消费文化、消费行为具有推波助澜的功效（图3-38）。

图3–38　新疆乌鲁木齐国际大巴扎

3.2.2.3 异域风情的移植

地域特色在消费文化的带动传播下，已经不受时间和空间的限制，实现了时空穿越的异域风情移植。异域的文化价值含量很高的稀缺文化资源，可以给人新鲜的消费刺激。表现在当代商业建筑上，就是通过利用造型模拟、技术装饰、环境渲染等手段，来表现本属于其他地区地域的特色文化，使人们游离在古典、现代、怀旧、未来、前卫等主题立意当中，打造出或现实的，或回忆的，或想象的，或夸张的时空概念。

1）异域拟像

拟像是消费社会中大量极度真实而又没有本源、没有所指的图像、形象或符号，是现实本身的一个替代符号，生产着自身的超级现实，从根本上颠覆了人们传统的“真实”观念。当代商业建筑可以通过对异域符号的拟像来达到表现店铺自身文化差异和个性的目的，将完全不同国度、不同文化、不同建筑式样的风格化符号并置在一起，并结合不同的商业主题定位吸引消费者。在位于美国圣地亚哥市的霍顿广场项目中，建筑师采用异域风情与地域文化相结合的拼贴布景方式，营造了一个充满奇幻和活力的商业氛围。首先，建筑师参照世界各地城镇——意大利的山城、墨西哥城及阿拉伯地区等，提取各地独具特色的空间形态符号，建构了一个富有生机和活力的“山地城镇”模型，并将其导入商业建筑空间，营造了一个承载各种社会活动的舞台。再如坐落在迪拜的伊本•白图泰购物中心由“中国”“印度”“埃及”“波斯”“突尼斯”“安达卢西亚”这六栋风格迥异而又彼此相连的建筑组成。设计灵感来自中世纪阿拉伯旅行家伊本•白图泰的旅行经历，六个馆正是他曾游历过的国家，通过对异域风情的拼贴，整合出具有浓郁中世纪风格和鲜明的当地特色，让消费者在多元的地域风情交融的氛围中获得独特的购物体验（图 3-39）。

2）异域拼贴

异域拼贴是指在一个商业空间中呈现与日常经验完全一致的异域场景和客观物象，而且还能表现出我们以前无法看到或感知到的景象和场景。在当代商业建筑中，通常利用异域拼贴的手法复原或照搬过去或别处的场景，达到引人入胜的穿越时空体验。美国的拉斯维加斯是将这种异域拟像表现得最为淋漓尽致的地方，让人们真正体会到一种时空穿梭的文化移植。从春山路到热带雨林路之间，分布着拉斯维加斯十座最著名的酒店，十座酒店分别讲述了十个不同的故事，浓缩了十种不同的建筑风格，体现了十种不同的地域风情。这种地域文化移植的核心在于每个酒店里一段室内化的商业步行街，它的准确名字应该叫作“商廊”

(*a*) 鸟瞰图

(*b*) 印度风格

(*c*) 中国风格

图 3–39　迪拜的伊本· 白图泰购物中心

(Passage)。商廊最原始的功能是为了躲避室外的沙漠炎热气候，而设的一种属于拉斯维加斯独有的商业空间，它的设计倾向应当被称为“室内空间的室外化”。具体说来，就是在室内空间中，运用人工的灯光与空调，营造出一种虚幻的室外环境，要么阳光普照、蓝天白云；要么华灯照耀、树影婆娑。总之，一定要让你产生一种时空倒置的幻觉，从而模糊了室内与室外之间的界线，走在室内，犹如室外；室外已入黑夜，室内却恍如白昼。于是，这种宜人的小环境就成了拉斯维加斯酒店建筑的一种标准“图式”。比如阿拉丁大酒店的商廊被称作“沙漠长廊”（Desert Passage），这条围绕赌池及表演中心的购物街，拥有 130 多间商店，是目前拉斯维加斯最大的一条精品名店街，造型上除了充满中东意味的神秘景致外，天空喷洒的蓝天白云，依旧每个小时日出日落的轮替，让购物者在游览的同时，还有不同的景致可供欣赏。除此之外，其中一座长型水池上空，每个小时还会打雷闪电兼下雨，替不太下雨的拉斯维加斯沙漠环境制造一些凉意。步行于其中，听着背景音乐中夹杂的海浪声和海鸥的叫声，你仿佛回到了一个古老而神秘的中东世界。的确，这就是一个美国的阿拉伯故事，它是按照一千零一夜的古老神话转译而成的一种现代商业景象（图 3-40）。

(*a*) 鸟瞰图

图 3–40　美国拉斯维加斯的酒店商廊（一）

（*b*）室内街景

图 3–40　美国拉斯维加斯的酒店商廊（二）

3.3　基于等级分化的精英文化营造

消费文化视阈下当代商业建筑的文化语境是社会等级区分的物质载体，能够提供多元的阶级场所、行为逻辑、品牌差异等区分标靶，使文化资本的富裕者继续保持这种优越性地位的持续存在，并以文化资本等级在数量上的差距为基础，进一步区分资本的优劣，也就是进一步表达消费文化的差异逻辑。鲍德里亚深刻地阐释过这种文化资本的富裕者千方百计保持这种等级存在的原因，他认为：人们通过拥有不同的文化资本，对应形成了不同社会人群的文化品位和社会占位，文化资本转化为了人们拥有的总资本中的社会资本和经济资本。当代商业建筑的文化分化主要是通过消费方式的身份认同来实现的，包括两个互逆的过程：一是风格化，强调自我感，其本质是一种群体疏离感，通过消费方式定义自己不属于任何群体和阶层来定位身份而表达出与个体间的差异。二是时尚化，强调群体归属感，通过消费方式将个人融入某个阶级、阶层和群体来定位身份，强调群体间的差异化。

3.3.1　风格化的表达

精英阶层的文化资本是通过各种符号定义的，为了保持这种文化资本上的优越性，“精英”们不遗余力地使用深奥和先锋的文化符号，以区别于普通大众。这些显示身份的符号信息包括感官上的、心理上的、象征性的、幻想的风格化标签，它是社会区分的标志，也是精英阶层赖以维持的文化资本。当代商业建筑中的风格化表达是针对消费社会区分和差异逻辑的表征，在设计中，应注重的是环境所代表的文化符号意义，包括象征高品位、高科技、高权威等精英文化的内涵。

3.3.1.1 上流生活的效仿

消费社会的精英们彰显自身社会地位首先是表征在对上流阶层的生活方式效仿上，他们与封建的教会和贵族一样，通过对文化艺术活动的投入，使其成为显赫自己身份的文化资本，为了保持自己的上流阶层地位，他们会不断更替生活方式。鲍德里亚认为：商品生产的逻辑与消费的逻辑是一致的，而物品——符号的生产和消费是一种风格、声望或者权力的表达；是与社会的等级体系相一致的。当代商业建筑就为精英阶层展现上流生活方式提供了载体，通过对上流不同生活氛围的营造来定义人们的阶级分野，同时带动了一种“跟风”似的阶级效仿，促进了当代商业建筑的差异化实现，更不失为一种有效的营销策略。

1）尊贵服务的享受

人们对上流生活方式的效仿离不开商家人性化的尊贵服务。对与资本主义的“有闲阶级”来说，可以通过这样一种服务机制来换取身份认同，即有闲阶级通过与众不同的服务享受展示自身的社会地位。尊贵的服务是基于对奢侈商品的空间与时间向度的绝对控制的基础上的，当然它也就成为地位较低阶层的膜拜对象。随着“信用”制度的完善，产生了各类具有高附加值的“消费卡”，如金卡、会员卡、VIP 卡、钻石卡等，它们是上流生活方式的身份象征、是阶级分野的标志、是消费欲望攀升的动力，它们几乎蔓延了人们的整个消费生活。所以，现代的消费者与其说是个性表征的消费，还不如说是对所持有的“卡”所映射的一种符号价值服务的消费。与这些消费卡所对应的，就出现了各种品牌“会员店”、“旗舰店”或是“VIP 俱乐部”等零售商业机构，其魅力就体现于人们对上流生活方式的效仿和追求，此类店铺装修典雅、豪华并结合上层服务礼仪，与品牌文化相得益彰。在日本表参道的路易•威登旗舰店的五层，是被称为“塞克斯俱乐部”的贵宾区，这个高档会所以炫耀奢侈、高贵为主题。在温馨的沙龙里，贵宾可以不受打扰地浏览新品并订货。白色皮革的巴塞罗那椅和白色皮革编织的地毯营造出宁静的贵族气氛。最神秘的要数吊在顶棚上的白色方盒子，只要轻按开关，很快就从天而降一个简易试衣间，它的白色、半透明的亚麻面层在灯光的映衬下呈现一种朦胧感，与 LV 品牌店常用的“面纱”主题相得益彰（图 3-41）。

2）奢华创意的营造

当代商业建筑上流社会的氛围营造，通常运用稀缺的装饰材料、精致的细部处理、典雅的空间设计手法，使环境带有贵族气质，给消费者以尊贵的身份象征，营造出上流阶层奢华的生活方式。西班牙马德里的 Plaza Norte2 购物中心，以中世纪宫廷文化为装饰主题，打造具有强烈的视觉冲击力的室内装饰效果。内部商业空间采用围合布局，看起来更像是个超大的起居室，整个购物中心通过奢华的材料来体现商品的价值——古典的灯饰，精雕细琢的罗马壁柱，以及用大理石打造的独具创意的方尖碑雕塑群，都为来此购物的人们烙上尊贵的印章。奢华的创意同样被运用到室内购物街的各个品牌旗舰店中，不仅为各种商品的展示创造奢华背景，同时为购物者带来了皇家贵族式的奢华体验（图 3-42）。

图 3-41　日本表参道路易·威登旗舰店的 VIP 俱乐部

图 3-42　西班牙马德里的 Plaza Norte2 购物中心

在迪拜阿拉伯购物中心的设计中，建筑师综合运用古典希腊复兴、国际时尚、意大利地中海风情等设计风格。在步行街屋顶的设计中，利用长达 18 米、直径 36 米的玻璃穹顶天窗覆盖在主题为“米兰风雨商业街廊”上，如此创意来自意大利米兰的艾曼纽二世拱廊。商业街内遍布的滤光器穿过木制的浮雕在青铜的雕塑下得到弥补，恍如置身于大马士革或开罗的阿拉伯露天剧场中。购物中心错综交错的花岗岩岩石地板延伸至整个地面，将所有的建筑风格有机地统一起来。近 27870 平方米的石头步道，由来自亚马逊河流的 21 种不同类型的花岗石铺砌而成，而色泽丰富、纹理独特的巴西花岗石和另一种意大利蜂窝类花岗石则全部由国外进口。该项目无论从设计元素的多层次变化，还是其整体的奢华创意风格都是独一无二的（图 3-43）。

图 3–43 迪拜的阿拉伯购物中心的奢华装饰

3.3.1.2 科技含量的呈现

鲍德里亚在《物体系》一书中详细阐述了他的商品生产的符号学理论，他认为商品生产其实也是社会差别的生产。那么在消费社会的精英文化中，生产的社会差异主要体现在生产力的科技主宰上。随着科技的进步，在当代商业建筑中科技含量的呈现主要强调的是通过高新技术手段、高科技材料、信息技术与零售商业的结合，烘托出不同凡响的、令人耳目一新的商业氛围，这种差异逻辑也更具迷幻性和新奇感。

当代商业建筑的高技呈现首先可以应用到外部空间，通过新型的表皮材料、创新的建造技术，或是采用信息媒体技术手段打造具有风格化内涵的商业氛围。东京御本木银座 2 号店，是日本当代前卫建筑师伊东丰雄[1]2005 年设计的一家珠宝旗舰店，他在设计中应用了一种被称为“有限元素分析方法”的结构分析技术，创造出一种新型的管状结构系统。这样的大胆尝试基于对材料进行多次的力学实验，创造性地将双层的金属板包裹在建筑的外立面，看上去像为建筑蒙上白色的面纱。在钢板中间的空隙中通过横向的连接构架将柱子、墙、钢板等元素，并往里灌入 200 毫米的

1 伊东丰雄（Toyo Ito, 1941~），日本当代建筑师，曾获得日本建筑学院奖和威尼斯建筑双年展的金狮奖。代表作品有仙台媒体中心、风之塔、八代市立博物馆等。

混凝土，使建筑的外围结构连接成为一个完整体系，这不仅使外立面具有任意开凿洞口的自由度，也使建筑的室内成为开敞的无柱空间。建筑的外立面造型看上去像一张开着不规则空洞的蜘蛛网，这就得益于结构的合理性为表皮创造的开放性自由度，实际上，伊东丰雄对表皮的设计创意来源于用 7 个三角形分割外墙面板后所形成的类似晶体的几何结构，使整个建筑看上去具有轻盈又精细的气质（图 3-44）。

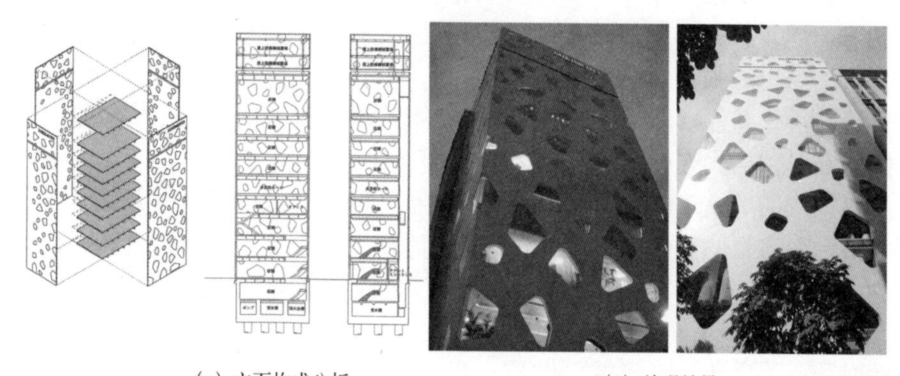

（a）立面构成分析　　（b）外观效果

图 3–44　Mikimoto Ginza2 日本银座旗舰店

当代商业建筑的高科技呈现还可以通过将建筑设计方法中的高技派和信息化手段巧妙地与零售商业空间融为一体的方式，来强化精英文化中的高科技主题风格。按照库哈斯的“奢侈理论”的说法：“商业是精致的，艺术是粗糙的；所以高技也可以是粗糙的，它不再是高级材料的流光溢彩，而是一种能够给顾客带来新奇的刺激和全新感觉的生活方式体验。”在他设计的洛杉矶普拉达体验店中，通过大量的店内技术方案的应用和互联网的建立，阐述了普拉达品牌的尊贵与高科技的有机结合。这些方面的综合应用创建了一个整体的服务结构，使得普拉达旗舰店的展示空间不仅增添了独具特色的新亮点，而且还强化了名品旗舰店独具的风格化魅力。体验店的设计不仅融入普拉达品牌理念和当前“绿色”普拉达旗舰店的连锁网络，同时与当地城市格调和文化氛围也相得益彰。旗舰店的体验中心提供了一个多样化的高技术措施：在实现商业零售功能的同时，加载了一系列高端功能的空间类型，如诊疗所——提供专业化个人护理和服务的场所；档案室——现在和过去产品系列的详细目录；交易层——快速变化的信息、新技术应用以及电子商务方面的总结备案；图书馆——与时尚体系发展息息相关的内容和知识区域；台阶——开展多功能的活动空间。普拉达洛杉矶旗舰店对技术至上理念的诠释还表现在店内的一些展示细节上：进门的第一感觉是相同尺寸的斑马木饰板折叠起来，形成一个对称的“山形”的大波浪来支撑架高的铝制盒式结构，一直下降到地下层，然后又逐渐升起，通过波浪旋转形成舞台。营业时间，台阶上展示鞋子；到了晚上，观众可以坐在台阶上欣赏演出；建筑的第三层完全布局成为“情景空间”，开放式平面布局用于变化展示的布置，提供了除了用悬挂杆和衣架之外的展示服装的方法，也就是拓展橱窗空间的想法。在旗舰店中，为了迎合品牌的前卫，还添置了很多高科技设施，如表面颜色可以调控的试衣间，试衣间的门是用整块液晶屏幕构成的，可以根据内侧的开关控制，在无人使用时是透明的，有人时便不再透明。更为叫人称口叫绝的是在试衣间里您可以通过条形码的扫描，找到你想要试穿物品的详细信息，如颜色、尺码、店内库藏等，并能够以最佳的搭配效果帮助顾客选择与试穿物品搭配的其他款式商品。店内还有个被人称为“魔镜”的试衣镜更加高技，其实它是一个长条形的等离子屏，通过对面的摄像机，顾客可以清晰地看到试穿物品与自己各方位的效果，然而当你转身的时候，由于显示屏的图像延迟，会让人感受到一种幻影般的科技体验（图 3-45）。

图 3–45 美国洛杉矶普拉达体验店室内空间细部装饰

3.3.1.3 典雅空间的追求

雷姆•库哈斯在其主编的《哈佛设计学院购物指南》一书中，以新闻记者惯有的大张旗鼓作风，提出了在消费社会，消费空间无孔不入的激进观点。他借用商业广告最常见形式，解释消费空间的流行化，比如“巴塞罗那馆 = 商店”“机场 = 卖场”“教堂 = 卖场”“教育 = 购物”“博物馆 = 卖场”“军事 = 购物”“麦迪逊大街 = 卖场”“购物 = 生态”“购物 = 终极人类行为”等。从这些等式中我们得出结论：向来被视为博览建筑专利的典雅空间形制开始与消费空间不谋而合，随着高雅文化与通俗文化的消融，当代商业建筑也开始展现自身典雅风格的“空间秀”。

1）私密性空间的建立

典雅的空间形制表征在博览建筑中，是一种对空间极大占有欲的炫耀，让人们能够有欣赏、品评的足够空间。这与资产阶级的“有闲阶级”(The Leisure Class）是以远离生产性质的劳作，并有权享用奢侈品，以炫耀消费赢取地位和荣誉如出一辙，主要是因为两者都包含浪费的成分：时间、空间或财物上的浪费。而在当代商业建筑中，购物者对于与其私人环境完全不同的独特空间非常敏感，尤其是在人口密集的大都市中，拥有一个属于自己的空间本身就是一种弥足珍贵的奢侈。所以，在彰显精英文化当代商业建筑中，设计师对典雅空间的诠释就是要不仅为产品提供足够的展示空间，而且为顾客提供宽敞的私密空间，让购物者充分感受优越的生活方式。在库哈斯设计的普拉达纽约旗舰店中，巨大的建筑内部空间宽敞、明亮。其典雅空间的品质主要体现在“波浪式”的下沉空间，一进店铺，顾客就可以随波浪形下延至地下一层，其铺饰材料是从热带美洲产的木材，给人很惬意的舒适感。与波浪相对一侧的地面呈楼梯台阶状，在楼梯台阶上展示着各种品牌商品，购物者可以随时坐在台阶上试穿自己喜欢的商品。楼梯对面是光滑波浪表面，中间隔着两倍于楼梯的地方可以机械折叠起来，成为开放式的表演平台，在大型表演和时装秀时，观众可以坐在阶梯上观看，就像在剧院中观看时装秀一样。库哈斯设计这个体验中心的初衷就是通过对典雅的空间的塑造，让不同的顾客找到自己喜欢的私密空间（图 3-46)。

（*a*）室内局部透视

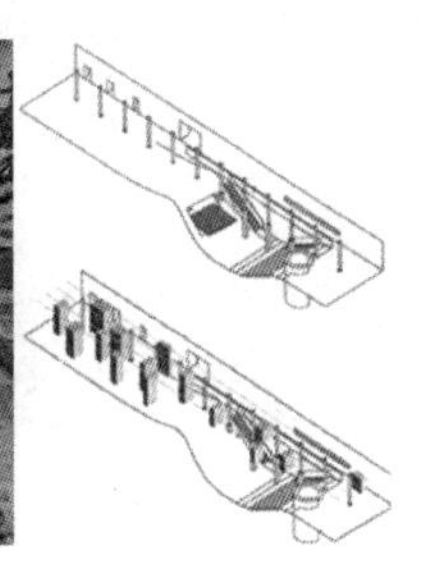

（*b*）轴测图

图 3–46　Prada 纽约旗舰店的典雅空间效果

2）展厅式空间的遐想

琳琅满目的商品堆积已经不是当代商业建筑精品购物文化的商品展示方式，精英文化要求当代商业建筑具有展厅式的典雅空间型制，更像博物馆中展示珍贵展品一样，使商品带有一种贵族气质的符号价值，并通过充满个性的展示摆放，体现商品的高质量和高品位，更增加消费者的信任感。日本表参道上的 Comme Des Garcons 旗舰店，是一家与众不同、极为注重商品展示的服装商店，顾客漫步在展览馆一样的、没有任何装饰的宽敞白色房间中，感受极富美感的亲切典雅氛围。简洁的白色家具强化了空间的流动性和稳重感，商品与装修风格搭配的十分协调，进而表达商店所信奉的理念：完美的质地、精湛的设计、时尚的风格；外立面用简洁的钢琴曲线形的玻璃幕与室内的家具形成鲜明的形态对比，更诠释了一种感召力和灵动性。假如人们在一种完全自然的方式下，悠闲自得的在宽敞明亮、充满灵气的空间中欣赏服饰和饰品，了解设计理念、品牌和企业的历史文化，有谁能够甄别出如此精致的品牌旗舰店与现代的艺术展览馆之间的差异呢（图 3-47）。表参道上另一家品牌旗舰店 TOD'S 的展示空间，则更像是展示博物馆的珍贵展品一样布局，通过利用菱形的展台、流线形的沙发，配合不规则的漫射光源，营造出非凡、独特的展示流线和充满张力的展示空间，也为品牌的尊贵与高雅气质刻上了烙印。室内展示充分利用整个店面空间，使购物者移步换“景”，这种“景致”其实是利用灯光的不同照度、颜色、形式配合墙面、展台等元素的变化形成的幻象。室内空间还利用高差的变化打造出层次丰富的夹层展示区，并恰到好处地将人们的视线吸引到了精致的楼梯一侧，使人不由自主地产生到楼上购物的欲望（图 3-48）。

图 3–47　Comme Des Garcons 旗舰店

图 3–48　TOD'S 旗舰店

3.3.2　时尚化的解读

斯多特和伊丽莎白•埃文在《欲望的通道》中提出：“今天没有风格，有的只是种种时尚……没有规则，只有选择。”这充分说明了在消费社会，时尚对于消费文化的重要意义。在传媒的推波助澜之下，时尚文化不但是个性化、差异化消费的需求；同时还是一种把个人行为变成符号的普遍性规则。当代商业建筑作为消费文化空间形式的现实表象，就要通过将时尚理念作为当代商业建筑的文化主题，使之成为传播时尚资讯、引导时尚潮流的场所。

3.3.2.1　流行符号的装饰

当代商业建筑介入时尚文化首先源于流行符号的不断制造和传播。波普艺术大师安迪•沃霍尔把自己比作是制造流行符号的“机器”，这是基于流行符号是一种稍纵即逝的“短暂”时尚；是最能激发人们欲望的潜在感官系统符号。在当代商业建筑中，采用人们喜闻乐见的流行符号进行装饰、点缀，成为时尚文化在商业空间中传播的主要途径，通俗、浅显、华丽的流行符号不但能够引起人们的关注和共鸣，更是体现当代商业建筑与时俱进的时尚标榜。

1）作为流行符号的载体

流行符号是借助大众媒介的形式传播的，所以带有直观性、形象性的审美特点。进入消费社会，流行符号更是界定品牌与身份的象征，图像与符号具有强大的力量，能在不知不觉中左右大众的生活方式与消费动机。当代商业建筑通过流行符号的装饰，而越发具有可售性，色彩醒目、内容滑稽的流行符号充斥着人们的视觉神经，也刺激了人们的购物欲望，引起人们的联想，达到了情感的共鸣。与此同时，商业设施也成了展示这些时尚流行符号的载体，在当代商业建筑的设计中，要求设计师紧紧把握流行文化发展的脉搏，以通俗易懂、大家喜闻乐见的符号来进行装饰。成功的品牌符号凭其深远的企业文化和具有冲击力的感官效应被人们所熟知，成为当代商业建筑装饰的流行符号，无论在建筑的公共空间还是营业空间，抑或是建筑表皮都随处可见，成为当代商业建筑表现时尚文化最有效的叙事方式。美国纽约苹果第五大道旗舰店就将表达品牌符号的LOGO与象征品牌高技与简洁的玻璃幕相结合，形成入口空间。这种流行创意既表达了设计师简约、高技的设计概念，又为消费者提供了有关品牌社会占位的标签，更重要的是通过这种视觉符号的传媒引导，无止境地激发了人们的消费欲望（图3-49）。而美国内华达州的奇迹英里店由詹斯勒建筑设计事务所承担，设计的概念是将整个商场由“摩洛哥转换成摇滚”，用现代流行文化的外表进行装饰。商场醒目的标志由较大的字母“M”组成，并采用最流行的符号来演绎商场主题，包括采用流线形的墙面、色彩华丽的吊顶图案，对于商场的细节，建筑师还通过墙纸的签名图案、家纺、波普艺术图案建立了一个积极活跃的商业氛围，各种材料的运用、平面图形的指示、奇异结构的插入，形成独特的叙述性语言，使空间具有高度形象化、叙述性的风格（图3-50）。

2）自身流行特质的呈现

当代商业建筑流行符号的装饰还要注意建筑自身流行风格的打造。一是要具备新奇、独特的形象，将建筑自身看作是展示时尚的特殊“商品”来吸引消费者，它自身形象的流行化还直接决定了商业场所之间的相对竞争能力。二来是当代商业建筑自身的时尚是建立在建筑结构、形式、内容传达信息之上的。当代商业建筑可以充分利用技术措施，在建筑内部形成具有吸引力的空间高潮，使消费者在购物过程中能通过主观的探索，不断挖掘内部空间的潜在功能，形成能动的时尚空间，满足社会生活对消费场所差异化、个性化的要求，体现自身特性，塑造形象竞争力。坐落在北京使馆区的三里屯 Village 就是将流行的符号当作打造活力的催化剂，让传统与新潮、本土与国际、高雅与休闲、惊喜与安逸，在这里交辉，激发出前所未有的时尚火花。主创建筑师隈研吾[1]致力于运用自然材料，如石、木、竹等，为建筑进行装饰，打造时尚、流行的建筑风格。三里屯 Village 给人的第一印象是极具实验性的几何美感，通过不规则的几何外形和大胆饱满的建筑用色，赋予每幢建筑独特的外观和流行色彩。尝试性的大量采用玻璃及塑料管材，打造一种更具实验性的流行外观，在这里，19 幢通透色彩斑斓的玻璃建筑汇集了众多富有创想和极具活力的流行建筑符号，激发了购物者追求流行时尚的风潮，更演化成了当代商业建筑自身的流行符号特质（图 3-51）。

图 3–49　采用品牌 LOGO 装饰的美国纽约苹果第五大道店

图 3–50　美国内华达州的奇迹英里店内的流行符号装饰

1　隈研吾（Kengo Kuma，1954~），日本当代建筑设计大师，享有极高的国际声誉，建筑融合古典与现代风格为一体。代表作品有《十宅论》《负建筑》等。

图 3–51　北京三里屯 Village 的流行风格

3.3.2.2　艺术氛围的衬托

消费社会，随着人们审美情趣的提高和眼界开阔，当代商业建筑满足消费对象（建筑的使用者）的简单使用需求是容易达到的；再提升需求，即要求具有一定享受功能；最终到了欣赏功能层面，就会要求一定的艺术文化背景。从使用功能到享受功能，再到欣赏功能，构成了一种文化与艺术上不断提升的需求。所以，用艺术创作的方式营造主题化的商业空间环境，是当代商业建筑面对文化趋同的竞争，形成了差异化的有效战略举措之一。

在商业环境中引入艺术文化活动能赋予商业环境文化内涵，使商业环境提升到新的高度，更好地树立品牌形象，从而吸引消费者，使购物这一简单的活动转变为令人兴奋的体验。那么当代商业建筑的艺术氛围衬托就是通过对艺术装置的设置，并将故事叙述、情景片段、超现实图案等作为艺术素材集中表达一种与环境相适应的凝情成意、触物成趣的艺术体验。奥地利维也纳的哈斯—豪斯商业中心，是由擅长细部石刻工艺和材料运用的著名的建筑师汉斯•霍莱茵[1]的代表作品。商业中心通过随处可见的雕塑设置来烘托艺术氛围，这种艺术设施的展示与传达，能够使顾客在购物之余享受艺术价值所产生的精神碰撞与情感共鸣。在五层通高的中庭上空，一尊双臂张开，仰面向上，渴望自由的雕塑成为整个商业中心的视觉标识。玻璃屋面洒下的柔和灯光宛如浩瀚的星际；简洁、透明的艺术楼梯成为与艺术雕塑交相辉映又一景观元素；空间的界面为了配合雕塑的艺术性也设计成了波浪式的弧形，在通高的步行商业街上一个红色的拱桥在大面积素

1　汉斯•霍莱茵（Hans Hollein，1934~），奥地利籍世界著名建筑大师，1985 年荣获普利兹克建筑奖。

色背景下与弧形的墙面和谐的交叉，增强了空间的艺术气息（图 3-52）。这种将艺术品与商业零售的结合恰如其分地证明了当代商业建筑的空间形制向高雅艺术的典范——物馆空间的转变，人们在接受艺术熏陶的同时完成购物活动，使空间中充满艺术品渲染的知识性、艺术性、趣味性，唤起消费者的注意与青睐。

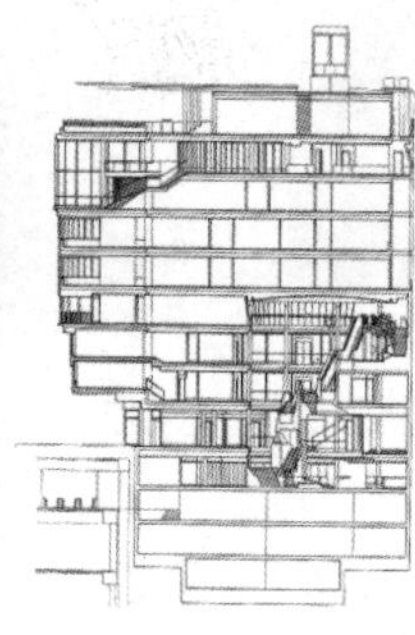

图 3–52　奥地利维也纳的哈斯—豪斯商业中心

艺术的范畴在无限制扩大，并非只有展出或出现在拍卖行的艺术品才可以称得上是艺术，它来源于生活而又是生活的抽象提炼，一个精美的橱窗；一把设计独特休息座椅；一个漂亮的指示牌；甚至是一处令人心情愉悦的空间装置，都可以称其为艺术。所以，通过艺术创作的方式来营造主题化的空间环境不失为一种有效的招揽顾客的手段。香港的国际金融中心商场就是力图打造这样一个将艺术和文化融入日常生活空间的地方。它最大的特点是摆脱了传统意义上的摆设范畴而开始进入创作领域，其入口上方彩带状的艺术雕塑是日本艺术家为其量身定做的，也成了购物中心独特的视觉识别元素；购物中心里哪怕是一个小的花器，都不是随意买来摆放，而是某位艺术家精心创作的佳品。当人们行走在购物中心中，可能会发现有雕塑家舞动着刻刀；街头艺术家打开画板；轻扬的音符飘过头顶；溜冰场上孩子们兴奋地微笑，无处不让你感觉到这流动着的艺术气息，让人宛如走入艺术殿堂（图 3-53）。又如香港的香奈儿旗舰馆也印证了利用艺术元素与商业空间相结合而取得成功案例。这一旗舰馆是扎哈•哈迪德[1]为了庆祝“香奈尔流动的艺术世界巡回展”而精心打造的商业设施。在这里，哈迪德的游牧式建筑空间手法得到了充分的展示，她邀请了各地的艺术家用一种“流动”的方式在影像、雕塑、装置和幻灯等方面，展现出了艺术触觉和品牌价值观之间的关系。所以，这座建筑并非传统意义上为了销售功

1　扎哈•哈迪德（Zaha Hadid，1950~），当今国际最顶尖的女性建筑师，被称作建筑界的“解构主义大师“，2005 年荣获普利兹克建筑奖。

能而修建的，这就更加开拓了空间与艺术相结合的自由度，哈迪德为了帮助香奈儿企业宣传其品牌文化和精神，将品牌的Logo、经典装饰式样最大限度地融入建筑空间中（图3-54）。

图3–53　香港的国际金融中心商场的艺术装置

图3–54　香港 Chanel Mobile Art 的室内展示空间

再如Prada纽约旗舰店室内空间的墙面上和顶棚上，悬挂着色彩艳丽的波普艺术拼贴的图案。顶棚是用一种竖纹的半透明聚碳酸材料制成，板上方布置五颜六色的灯管，灯光漫射到光滑的铝制构件上，再通过顶棚投射出来，给人舒适、柔和的感觉；墙面则由机动展板构成，展板的图案随季节或时事变换——如需作展览或发布会或者演出活动时，这些展板就被制作成宣传广告或舞台布景。这种将大众艺术作为整个空间的装饰元素的方式，除了在视觉上可以削弱了大空间的尺度感以外，还可以使空间与人们的行为进行交流，更可以通过贴切的艺术风格表达品牌的时尚文化（图3-55）。商场不再是一个博物馆式的空间，而是一个鼓励互动的场所，大多数顾客更愿意享受顺着波浪而下的戏剧性体验，到达想象中最富魅力的地下层。建筑师雷姆•库哈斯颠倒了室内购物空间的价值，把街道引入商店中，并将大多数的零售空间放在楼下，使这里成为真正的时尚天堂。

图3–55　Prada纽约旗舰店室内艺术装置

3.3.2.3　品牌个性的打造

品牌符号无疑是消费文化展现差异逻辑的标榜，品牌个性既可以赋予当代商业建筑时尚的标签，也可以为商业空间的消费增添附加值。在消费社会中，人们对商品符号价值的追求使得商品的象征意义成了消费的主体，承载它们的物质实体则沦为了附属功能，而恰恰就是商品的这种象征塑造了表现时尚先锋主义的品牌文化。所以，在当代商业建筑设计中，需要设计师对品牌文化进行精心的考究，使美好的文化体验成为消费的一部分，用更丰富、更特别的品牌个性来提升品牌文化，吸引并留住品牌追随者。

文化等级的分化不仅反映在空间的装修情况、材料的高贵、陈设的富丽堂皇上，也反映在品牌的文化和档次上。商业项目运作是一个资源整合的过程，项目定位越高档，则所面向的品牌也会越高端，这些品牌的要求相对越高，进行整合的难度也会相对加大。同时，建筑与环境的档次也要与定位相匹配。定位高端的店铺可以通过现代、独特、新奇的空间设计，来强化购物中心建筑本身的特征，充分发挥建筑对零售品牌的提升作用。对于定位中低档的店铺，建筑空间的品质同样要很高，良好的购物环境会使他们愿意再次来消费，设计风格要偏向大众的喜好。由于目前我国大众的消费能力有限，高档品牌，尤其是奢侈品牌面向的人群较窄，因此，我国的当代商业建筑更多地采用中高档次的定位。在拥有一部分高档品牌的同时，引入数量不断增长的“中产阶级”可以承受中档价位的零售业，这既降低了招商难度，又扩展了目标消费者群。品牌文化从结构分析的角度可以分为三个层级，分别是表达品牌价值观理念层、表达品牌销售方式的行为层和表达品牌形象的物质层。品牌旗舰店是宣扬品牌文化的重要媒介，那些由时尚品牌企业打造的，作为品牌文化标志和物质象征的商业大楼或专卖店俨然已经成为最前卫的建筑理念、最新颖的建筑材料、最先进的建造技术的象征。在日本表参道上就驻扎着若干世界顶级品牌的旗舰店，每个店铺都在利用自身华丽的外表和独具风格的室内展示空间表达对品牌个性的诠释。因此，从店铺对于品牌个性的彰显的角度分析，也可以按照品牌文化的层次划分来进行，这些旗舰店从核心到外延也可以分为三个层次——理念层是店铺表达的品牌精神；行为层是店铺体现的销售方式；物质层则是店铺对品牌形象的直观反映（图 3-56）。

赫尔佐格—德•梅隆[1]建筑事务所是世界公认引领时尚的先锋建筑设计机构，它们追逐时尚，认为时尚并非如一部分人认为的是“肤浅的”，相反，“时尚是塑造我们感觉的实践，时尚表达了我们的时代”，并把时尚作为自己建筑思想发展的源泉和动力。他们对品牌时尚的理解并没有被动地接受商业化的栓结，而是通过巧妙的材料构思将时尚内容转译为纯粹的建筑形象，对材料的把握以及精心的设计使当代商业建筑获得新的价值观，这个价值显然同时超越了原本的建筑学价值以及商业符号价值。在奢侈品牌普拉达(Prada)日本东京青山体验店的设计中，他们主要强调建筑垂直空间的层次感，外立面的幕墙由数以百计的菱形玻璃框格组成，使它的形态也会随着个人的视角而改变。从而令顾客在这个六层的玻璃体大楼内挑选服饰，就像在一个虚幻透视的晶体里环游一样，给人以瞬息变幻的视觉感受。建筑师利用奢华的构建和通灵剔透的空间效果来表达“低彩作风”的普拉达时装，以至于有人认为那些商品的陈列对人的感官刺激无法和这座建筑相比。如今，体验店铺本身已经确定无疑地被组织进了奢侈品牌的消费文化之中，这不仅代表着品牌消费美学化的趋向，也反映了建筑实体消费化、流行化的现实（图 3-57）。

---

1 雅克•赫尔佐格和皮埃尔•德•梅隆（Jacques Herzog，1950~；Pierre de Meuron，1950~），两位均是出生于瑞士巴塞尔的先锋派建筑大师，2001 年二人共同荣获普利兹克建筑奖。代表作品有泰特现代美术馆、德特福的拉班舞蹈中心、迈阿密艺术博物馆、北京奥林匹克运动场等。

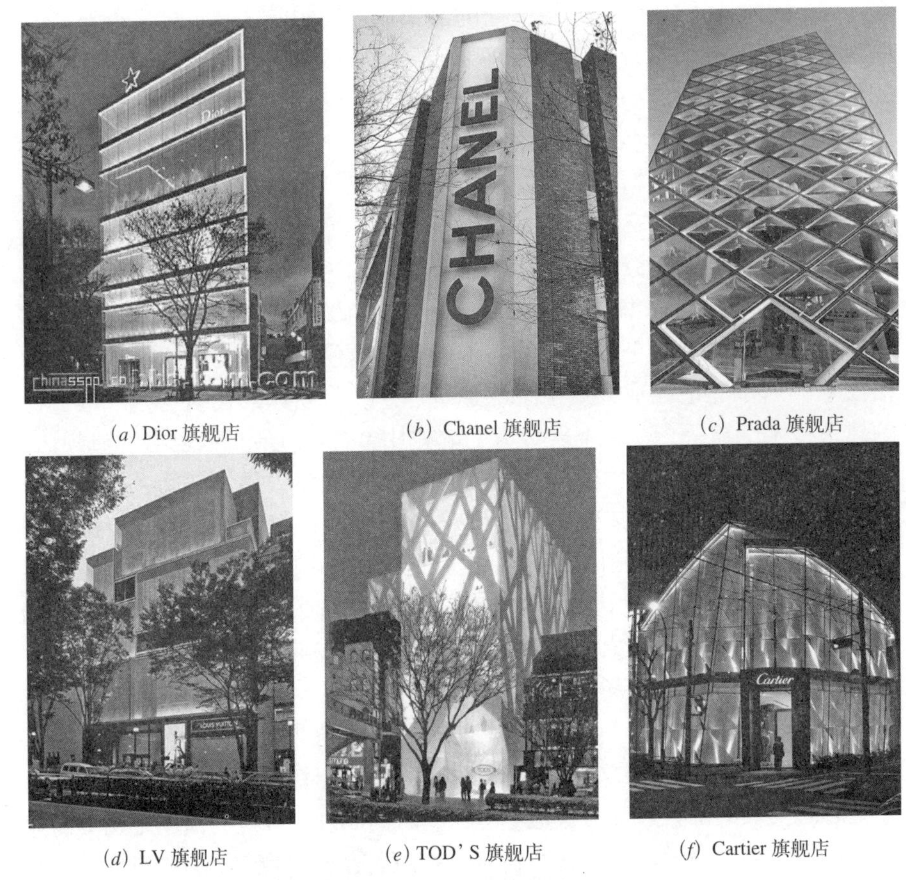

(*a*) Dior 旗舰店　(*b*) Chanel 旗舰店　(*c*) Prada 旗舰店

(*d*) LV 旗舰店　(*e*) TOD' S 旗舰店　(*f*) Cartier 旗舰店

图 3–56　象征差异逻辑的奢侈品牌旗舰店

图 3–57　普拉达日本东京青山体验店

品牌的个性表达还可以体现在建筑室内外的色彩运用上，通常的做法是将店铺的室内外主题色调与品牌相结合，或提取品牌经典的色调用在建筑的装修上。例如日本表参道的香奈儿旗舰店的外立面色彩并没有按照传统意识下讲求奢华的理念进行装修，而是设计师通过考察了品牌的精髓以后，采取最简洁、本质、最能表达品牌精神的色彩打造的，即将黑白线条作为建筑外观的典型搭配主色，这与香奈儿品牌最经典的黑白斜纹软呢相衬的主题有异曲同工之妙（图 3-58）。而日本东京银座的古奇品牌旗舰店则是通过对品牌商品的细致研究，从中提炼的商品最常用的具有金属酷感的金银色彩基调，对其外立面进行打造的，金色和银色相间的外墙围护材料与精致的长条玻璃幕在自然光和内部照明灯光的反衬下交相辉映，使建筑打造成品牌的一件特殊商品，格外吸引人们的眼球（图 3-59）。再如位于纽约市中心区的博柏丽旗舰店是以诠释其品牌精神而量身打造的专卖店，博柏丽的英国古典高贵的气质在此有了全新的注释。设计师通过不同寻常的色彩搭配、独特立面装饰、意想不到的材料的交互碰撞等设计手段，创造出独一无二的、时尚高贵的商业氛围。设计结合时尚风格用钢结构和玻璃，营造了一种崭新的时尚图解，通过划分网格的变化和灯光的映衬，显示出来自英国国宝级品牌的高贵、典雅气质；黄色花岗石的墙面和细腻的竖向矩形窗使店铺完全融入纽约市区缤纷的都会景观中（图 3-60）。

图 3-58　表参道香奈儿旗舰店

图 3-59　东京银座古奇旗舰店

图 3-60　美国纽约博柏丽旗舰店立面

第四章　当代商业建筑的空间体验

蝴蝶虫要从茧中钻出来，不是因为身体变大了不得不如此，而是想换个环境，找一种新的体验。消费社会是体验经济占主导的时代，人们被商品包围的同时得到一种情感释然是消费文化更为高级的表征形式。消费社会，建立情感化的体验是空间功能展开的基础。当代商业建筑的情感体验往往是一个动态复合的过程，不只是为了体验空间而体验，也不只是如何取悦于使用者或满足哪一需求的体验，而是要与空间中的活动功能、生活事件融合在一起，产生有意味的艺术目的体验。这种体验中的感觉意向是一种个性体验，是一种丰富的、复杂的，同时又融入了一定文化认同感的集体体验。当人们在当代商业建筑中进行购物活动时，他的心灵和想象力在消费商品之前应充分调动起来，不只停留在消费商品本身的感受，购物者的情感体验应超越消费的本身。所以，当代的商业建筑要靠体验来换取一种情感认同，消费者在从购买的商品以及购物的整体过程中获取美感、陶冶心情、获得社会认同等方面的要求越来越高，甚至有些时候购物可称得上是“以物换取情感”为目的的行为。所以在当代商业建筑中也要建立与之相应的体验过程：体验的诱发—体验的展开—体验的升华。

4.1　基于叠加效应的空间功能配置

当代商业建筑的功能构成从确定走向了多元，这种功能的多元产生了具有聚合力的叠加效应，也成为诱发空间体验的基础。在体验过程中，空间的功能设定和尺度表达直接关系到体验传达和展开，同时也是体验意境烘托的前提基础。所以，当代商业建筑体验的功能传达应与一曲优美的乐章如出一辙，有前奏、有承接、有高潮、有尾声，形成生动而富于韵律的空间序列。在商业空间中体验的诱发离不开非购物活动的穿插与并置。这就需要在空间的配置中，要恰到好处地融入影剧院、博物馆、游乐场、餐馆、展示厅、运动馆等设施，以创造更多的购买动机。并且通过这些设施和与之相关的信息传达，增加人们进入店铺的机会和人们在商业空间中的逗留时间。所以，空间功能的有机配置是为消费者与商品之间建立新的欲求渠道，通过对消费者体验行为的激励和组织，形成若干随机性购买欲求，从而使消费者完成具有高附加值的购物体验。

4.1.1 空间功能的设定

交混、复合是当代商业建筑在消费社会功能配置中最常见的表达方式。功能综合化的商业建筑在空间功能的设定上与以往的商业建筑相比，具有叠加效应，能够激发多元化的空间体验。这归功于有计划、有组织、大规模激发欲求的商业建筑空间功能的进一步娱乐化。它通过休闲娱乐设施的大量聚集以及多种行为之间的相互激励式体验，建立更多的和更为复杂的欲求，实现更多的购买动机。所以，当代商业建筑中各功能空间位置必须根据各自的功能特点及相互关系来进行系统的设定。其中，零售购物空间是体验的尾声和升华；非营利性空间是体验的前奏和高潮；而餐饮娱乐空间是体验的承接和催化。

4.1.1.1 业态组合机制

当代商业建筑中业态结构是叠加效应产生的基础，合理的组合机制能够在一定程度上提高店铺的销售额。在消费文化影响下，当代商业建筑的业态组合机制发生了根本性的变化，由于业态复合化程度较高，又不同程度地加入了餐饮、休闲娱乐等设施，所以要通过对业态的运营特征、业态对空间的特殊要求、业态的布局原则和业态组合的比例四个方面深刻分析，来探讨复合化的当代商业建筑的业态组合机制。

1）业态运营模式对组合机制的影响

经市场调研，当代商业建筑的业态运营模式主要有三种：只租不售、部分出售和售后返租。

（1）只租不售型

这是国际购物中心的普遍运营管理方式，现已经逐渐成为我国当代商业运营的主流模式，它的运营特征是统一管理、分散经营、物业整体持有、产权统一、便于统一管理和营销等。只租不售意味着对物业的长期持有和长期经营，需要专业的零售和地产管理经营经验，一般是全国性连锁经营，如万达广场、大商新玛特、北京华联等连锁商业集团均在国内有10余年商业地产开发经验，并且在全国的连锁店铺也均为只租不售型。经笔者调研考察，只租不售的当代商业建筑对商业组合机制的影响主要表现在为树立一个整体的社会形象，来面对消费者，使消费者对企业文化、商业品牌有较高的认知度，其对空间环境的品质要求非常高，并应有统一整体的形象；在购物空间中注重人们视线的流动性和空间体验性；在小品的配置上更加具有人文气息等。

（2）部分出售型

由于资金要求、项目运营风险等因素的干扰，一些当代商业建筑出售部分商铺似乎很难避免，不过在售与租方面要取得平衡。这样开发商可以保持对经营的控制力，使未来的业态发展不会因产权的转移和分散而失控。这种出售部分商铺的方式则要求商业空间要保证未出售部分的空间的整体性和连续性，以确保店铺的正常运营；并在空间的装修风格上应保证二者的统一、互补，使消费者能够完成通畅的购物体验。调研得知，通常店铺的出售面积最多只能占到整体面积的20%，一般以建筑的地下和顶层空间为宜。

(3) 售后返租型

售后返租即开发商与买方在签订合同时约定，店铺的经营权交由开发商，或开发商委托某一机构统一经营。这种商业地产运营类型是在资金不足的情况下，为保证商业地产项目在经营上的整体性和一致性，最大可能发挥出规模效益，所采用的一种方式。经过市场调研，开发商在以很高的价格销售出去后，对于反租的经营已经不太关心，他们用所得的高售价作为逐年偿还买家的租金，最终将导致项目的失败。所以，售后返租型的当代商业建筑对空间的要求较低，一般是以订单形式来设计，或者通过不同的业主要求随意进行空间分割，并且规模和目标定位往往不明确，这样也为设计工作带来了先天的缺陷。

2）业态类型对组合机制的要求

不同业态的类型对空间有不同的具体要求，它们对卖场的位置、面积柱网、层高、负重、滚梯位置、停车位的面积、货架的陈列、设备、结构、安全疏散，甚至于对店铺的主题定位都有要求。如百货企业要求在首层位置；大型餐饮最好有独立的出入口，餐厅厨房的配比要足够，餐饮店对上下水设计、卫生防疫、环保都有特别的要求。对于层高，如果做生活超市，需要5米；做建材超市，至少要8米；而做仓储式超市则至少需要9米；如果建电影院，要考虑使用大银幕，则至少要10米层高。在荷载方面要求也不同，建材超市，局部可达到5吨；普通的超市和书店为1吨，做普通的百货商场，荷载有400~500公斤就可以满足要求（表4-1）。

不同业态对空间的要求 **表4-1**

技术指标	百货业与生活超市	家居建材店
经营楼层选择	1～4层（亦可酌情考虑）	1～4层
需求面积	15000～20000平方米	25000～40000平方米
单层面积	5000平方米左右	5000平方米
层高需求	首层≥5.5米，二层以上≥5米	首层≥9米，二层以上≥8米
楼板承重	-0.5~1吨/平方米	≥5吨/平方米

续表

技术指标	百货业与生活超市	家居建材店
店内垂直交通	自动人行扶梯2～3部/层，货梯2部	自动人行扶梯2部/层，货梯1部
停车数量	500个车位	150个车位/10000平方米
物业交付装修标准	简装	毛坯
交付租金形式	扣点	纯租金
租赁年限	10～20年	15年

在某些情况下，作为主力店的百货商店、超级市场和综合商店常常对平面会有特殊要求，这也直接影响到整个商业地产项目的平面布局。大百货店要考虑平面的效率以确保商业集客力；而且，由于一些特殊设施的存在，如大型超市的生鲜储存库会有特殊要求，特别是制冷的用电量很大；一些娱乐行业（如电影院、溜冰场、大型互动游戏厅等设施）的安全疏散也比较复杂。所以，当代商业建筑还需要事先对其进行设计并合理规划，采用招商先行，与主力店进行技术对接，才能避免对空间的二次设计所产生不必要的浪费。另外，不同类型的业态对于装修也有不同要求，需要根据具体情况采用不同的解决方式。有些租户希望事先装修好，而连锁店则希望自行设计装修，以维持统一的形象。

3）业态组合的布局原则

业态布局是确定店铺内各租户的位置，包括自身位置和相对位置。业态组合的基本布局原则是尊重租户的要求，平衡租户之间的利益，尽量满足所有租户的需求，同时还要满足店铺自身的需要；妥善安排好各租户的楼层位置，以促进互惠共赢，共同繁荣。

在当代商业建筑中，有四种主要业态类型需要相互聚集。第一类是男士用品商店，男装、男鞋、运动用品应集中布置。第二类是女士用品和儿童用品店，包括女装、女鞋、童装、童鞋和玩具等，这样便于在购物之前对商品款式、价格和颜色进行比较。第三类是食品零售店，包括肉店、鱼店、熟食店、面包店等，聚集不仅给购物者带来方便，而且还能有效地增加销量。第四类适合聚集的是个人服务店（包括干洗店和银行等），这些服务设施需要靠近停车场和入口，并尽可能集中布置，且与其他租户相对分离，让购物者出入方便。体验式的休闲设施，咖啡、休闲、娱乐、电脑这类游戏设施可以兼容，但不是所有业态都可以互相兼容，而宜分散布置。如服装店和快餐外卖、冷饮商亭就应分开，因为这两种类型的业态，购物者的步行速度完全不同，把服装和食品分开有利于组织人流；而珠宝店和音像制品店也适合分散布置，这样可以延长购物者对珠宝或音像制品的兴趣，而不会被其他商品吸引注意力。

4）业态组合比例的更新

确定业态组合的比例（即业态结构比例），是当代商业建筑开发的关键环节。它是指店铺的经营管理者对租户的合理配比，有效地聚集消费者并实现人流的合理流动，以求为目标消费者带来丰富的空间体验，同时也为店铺带来最佳的长期收益。

消费社会，人们的消费正由“需求型”向“享受型”转化，餐饮、休闲和娱乐业态的增长迅速。为了适应日趋激烈的竞争环境，许多当代商业建筑积极调整结构，增加非商品零售如餐饮、休闲、娱乐设施的比率；扩大商品范围，商品经营日趋多样化；组合不同零售业态，进行行业合作。市场定位上，更多考虑居民休闲娱乐需求，逐渐从商品流通以购物为主功能向休闲娱乐消费功能转移。同时，引进各种服务项目，加强购物与文化的结合。特别是在居住人口相对集中、生活氛围较为浓郁的区域，具有家庭化、生活化的消费特征，对休闲及餐饮业态有较大的需求，例如北京的蓝色港湾购物中心就选址于使馆区和CBD双重高端消费人群的区域，周边也有大量的中高档住区，它在业态组合方面突出自身的特点：主力店、次主力店所占比例为40%，国际名牌占3%，餐饮占15%，娱乐占20%，精品店占22%。

4.1.1.2 零售购物空间

复合型当代商业建筑的零售购物空间具备了多层次的社会触点，是塑造当代商业建筑空间体验的物质基础。消费社会的整个概念和发展似乎完全依赖于人们持续的购物体验，购物过程是消费社会的理念诠释。就当代商业建筑的购物空间而言，它承载着商品的符号价值、承载着人们的需求与欲望，也承载着人们的购物体验升华。人们通过在商业购物空间的价值交换，将梦想、价值乃至身份都映射到体验的过程当中。所以，零售购物空间既是体验的终端，又是体验的升华。当代商业建筑的零售空间一般采用“主力店+Shopping Mall”的业态组合模式，来提升整体零售空间价值。

1）主力店的布局

主力店是吸引客流的灵魂，也是顾客实施物质性购买活动的主要场所。主力店的设置能够提升项目的地位，增强体验式商业的整体凝聚力，赢得顾客再次光顾的机会。因此，主力店的位置是非常关键的，它不仅需要较大的经营空间，还要强调平面布局的灵活可变性，以适应商品布置的频繁变化。主力店的空间构成主要是根据零售单元的组织形式而定的，本书所研究的当代商业建筑的购物空间基本都是各种形态的零售单元的复合构成(图4-1)。当代商业建筑通常采用“哑铃型”的布置方式为基础进行演变——

将人们经常光顾的主力店如零售业态中的百货超市、百货商场、家居中心、品牌旗舰店；娱乐餐饮业态中的特色餐馆、影院、运动馆、文化馆等置于建筑体的尽端或楼层较高的位置，形成顾客的水平与垂直拉动（图 4-2）。装修较为新潮、强调个性化体验的专业店则置于建筑的中间位置，这样可以使人流通过专业店到达主力店，从而盘活少有光顾的店铺，形成更多的购买动机（图 4-3）。当代商业建筑中主力店的功能布局是在传统百货业的布局基础上延伸、衍生的，其组成同样可以分为引导、营业和辅助三个部分，但由于消费文化对购物互动体验的强调，辅助部分引入了大量的娱乐、餐饮功能，而引导和营业部分的区分界限也逐渐模糊，甚至形成无引导直接进入主力店的模式，而且三个部分的布局也由原来的各自独立变成参差交融，并越来越紧密地联系在一起。

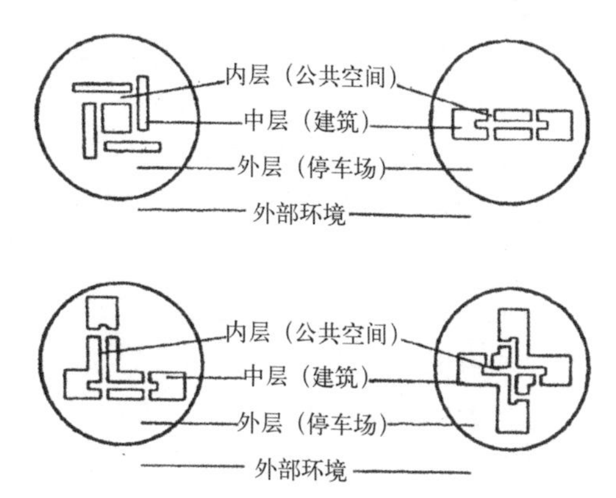

图 4-1　主力店的典型布置方式

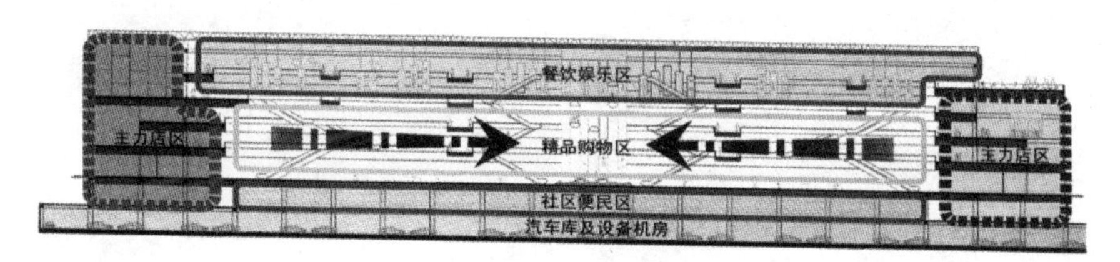

图 4-2　主力店对专业店的水平拉动

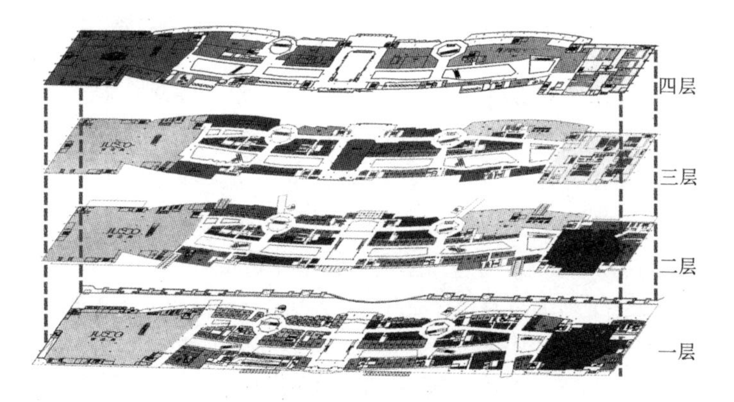

图 4-3　保利水城购物中心主力店与专卖店的布局

2）专业店的布局

从图 4-3 中可以看出，专业店一般与商业街（Shopping Mall）结合，形成线形空间，为创造良好的购物体验奠定基础。富有吸引力和感召力的专业店既能使顾客得到丰富的精神与物质体验，又能把人流从一个主力店吸引到另外一个主力店，如改造后的北京新东安市场的专业店就采用北京原汁原味的传统风格打造，以“老北京”风情为特色的大型购物中心，它采用中国历史符号，再现明、清两代建筑风貌，内设中华老字号一条街、文化街和小吃街，包含老北京手工艺制作、老北京艺人表演、老北京传统风味小吃等多种混合功能业态，让每一位光顾者都能够体验到老北京清末民初时期中国传统庙会街头的情景（图 4-4）。如果把当代商业建筑看作是人的机体的话，那么以专业店领衔的步行街就是这个机体的中枢神经系统，引领消费者经过所有的小商铺的门口，如服装店、鞋店、珠宝店等一般按分类成群布置，要求主要人流穿过其中，并尽量使得人流通畅均衡。香港又一城的专业店沿建筑中心地带展开，通高的采光步行街使购物者混合了幻想、零售、主题公园、影院、溜冰场等公共生活，将其打造成一座真正的“城中城”。这种以专业店步行街为主，其他辅助功能交叉串联其中，代表了当代商业建筑和城市建设中一个主要而有意义的动向——“创造市民多元生活体验”的新转变（图 4-5）。

图 4–4　新东安市场老北京风情专业店

图 4–5　香港又一城步行街专业店

为了使购物体验更加丰富多彩，从而产生叠加效应，制造更多购物动机，主力店与专业店的布局从当代商业建筑的营销理念上来讲，要错位发展，强调彼此的互补原则。作者在研究大量美国购物中心与中国当代优秀商业建筑的实例的基础上，经过实地调研，掌握大量一手数据和资料的基础上，总结出一套当代商业建筑的主力店与专业店平面布置的典型特征，一般是以公共空间为内层核心空间，主力店与专业店以及其他附属空间对其进行围合或穿插，形成整个零售购物空间。从不同的空间体验特征分类，常见的布置形式可以分为四种类型：即“一”字形布局、“L”字形布局、“十”字形布局和环绕型布局（表 4-2）。

当代商业建筑主力店布置形式　　表4-2

模式	图示	体验特征	举例
一字形		这种空间一般与城市道路平行，可以获得较长的沿街铺面，垂直与水平交通明确，不易产生死角	美国霍顿广场购物中心、加拿大伊顿中心
L字形		开间与进深较大，柱网布置灵活，面积使用率高，空间分隔自由，有利于商品陈列，但方向感不明确	美国三角形城市购物中心、成都尚都服饰广场
十字形		有利于经营管理的灵活性，可根据商品特点设置独立空间，减少彼此的干扰，但空间较为封闭、窄小	加拿大西埃德蒙顿购物中心、美国桑塔•莫尼卡购物中心
环绕型		有利于强化空间核心感，营业空间绕其设置，便于确定方向，成为空间识别的参照点	美国Mall、广州正佳广场

4.1.1.3　非营利性空间

当代商业建筑中非营利性空间是随着消费文化流行才此消彼长的，它包括步行街道、中庭、休息空间等。因为它天生具有的公共意象，一般可以结合绿色景观、文娱设施、展示设施等，而成为当代商业建筑中购物体验的高潮和催化剂。非营利性空间在当代商业建筑中所占的比例越来越大，这也应得益于消费文化倡导的共享、开放空间的最大化原则——即有较开敞的空间场域和较灵活的空间场景布局，满足了消费社会赋予当代商业建筑的复合性体验行为的需求，提高购物活动的效率、舒适性，成为消费者体现自我价值的公共领域。

1）庭院空间

当代商业建筑的庭院空间除了满足传统的交通和集散的功能外，其魅力还体现在：它是各个功能空间的交汇点；是统摄全局的交通枢纽；是具有向心力的共享空间；是吸引人逗留的最佳场所；更是感受购物体验的点睛之笔。庭院空间不仅可以为消费者提供憩息、观赏和交往行为的场所，还常常是商场举办各类活动的中心，如产品发布会、节日庆典、动态表演等，使中庭形成一个多元化的活动空间。同时，庭院空间也是主题营造、体验发生的主要场所，这主要是因为庭院空间是商业空间形象的一个精彩高潮，在这里，通过建筑师和室内设计师的精心打造，可以形成独特而别具风格的景观中心，而悬空的廊桥、绿化小品、灯饰、上下穿梭的景观电梯等成为景观的布景要素，为大型商业空间注入了新的活力。

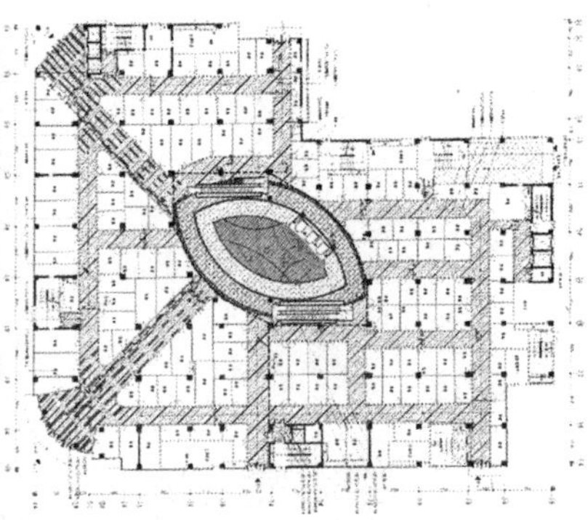

图 4–6　成都尚都服饰广场的围合式中庭

消费社会的当代商业建筑为了更好地营造多元的体验氛围，一般都设置不同功能的中庭空间，主要有围合式中庭、过渡式中庭和开放式庭院。围合式中庭是商业空间中最典型的中庭形式，也是开放度最高的场所空间。一般情况下围合式中庭的形态是宽大的直通屋顶的“内院”，各层零售空间向中庭开敞；顶部通常为大面积的采光屋面，能对建筑群体起到强烈的聚合和整合的作用，使空间成为有向心力和凝聚力的整体。例如成都尚都服饰广场，梭形庭院空间相贯一器，位于建筑的中心位置，四周环以走廊，在庭院玻璃顶下悬挂了各种艺术装饰物，形成富有活力的商业气氛（图 4-6）。过渡式中庭一般与建筑的入口空间结合，作为与城市连接的过渡空间，它也是各部分功能空间的“连接键”和“胶粘剂”。因此，具有缓冲交通压力、疏散人流、强调入口标志性等功效。例如泰国曼谷 Siam Paragon 购物中心的过渡中庭结合门厅布置，其通高的玻璃幕墙成为购物中心的入口标志。中庭还引入扶梯、观景电梯作为空间中的布景要素，不仅丰富了空间形态，而且形成“看”与“被看”的交互体验（图 4-7）。

开放式庭院是当代商业建筑中的露天内庭院，为人们提供一个能够直接与自然接触的共享空间。内庭院一般与一些非经营性的休闲设施相结合，如公园、步行道、广场、儿童活动场地等共享空间；以及绿化、地面铺装、座椅、水体、雕塑、灯饰、体育与游乐等小品设施，形成人们游憩、娱乐、交谈等活动的中心场所，同时开放式庭院还可以与建筑结合形成典型的“灰空间”形式，既可沐浴阳光，亦可遮风挡雨，同时还为演艺、集会、展示等商业活动提供了空间。日本川崎西塔拉购物中心的开放式庭院呈圆环状布局，四周是通过建筑的跌落形成的台阶式的景观平台，配以小桥、流水和绿化等景观元素，显得温馨宜人；广场的中心是一个音乐喷泉，购物之余，人们可以悠闲地围坐在四周欣赏五光十色的水景和参与演绎活动（图 4-8）。

图 4–7　泰国曼谷的 Siam Paragon 购物中心的过渡中庭

图 4–8　日本川崎西塔拉购物中心的开放庭院

2）步行街空间

步行街是当代商业建筑发起购物体验的动脉，也是最吸引人的空间体验场所。与传统的商业街相比，当代商业建筑的步行街空间除了起到交通连接的作用以外，更加注重人们行走时的体验情趣的产生。所以，步行街空间设计应具有趣味性、标志性和递进性的特征，建筑师为了消除“线”性的单调性，并根据步行街界面的形体变化，结合交叉、转弯、收放、弯曲等设计手段，使消费者能动的逛遍商场，同时通过沿线的景观、色彩、材料等主题元素的吸引，达到惊喜再现，体验延续的空间效果。

步行街空间从类型上可以分为封闭型的和开敞型。封闭型步行街也称为室内步行街，其优势在于可以使步行活动不受外界气候的干扰，且用地节约；加拿大伊顿中心的室内步行街既是建筑中的主要交通流线，又是空间体验的高潮。在这条长 274 米、宽 8.4~16.8 米、高 27 米的玻璃拱廊购物街中，以轮船甲板为体验主题，顾客从各层的环廊放眼望去，均有不同的景观效果。在步行街中结合错落有致的绿化小品、熙攘的人群、斑驳的光影、横竖交织的交通设施、动静结合的水体布景和层次丰富的过街廊桥，打破了直线型街空间的乏味感，并将零售空间有机地组织在步行街两侧，给人以递进式的步行体验。值得强调的是悬吊在玻璃拱顶上的飞鸟艺术模型，春夏季鸟头指向北、冬秋季鸟头指向南，这种根据季节变化飞行方向的创意，赋予了步行街空间的生命力和趣味感（图 4-9）。

（*a*）平面图　　（*b*）步行街透视

图 4–9　加拿大伊顿中心室内步行街

开敞型步行街也称为露天步行街，其优势在于空间开敞，通风良好，气氛自然，能耗较低，还可以将树木、花草、水体、雕塑、座椅等景观布置其中，环境更加宜人。例如捷得事务所设计的美国圣地亚哥的霍顿广场，采用独特的对角线式开敞型步行街，具有趣味性的步行街道的形成不仅为人们提供了一条贯穿街区的捷径，同时又令游走其间的人们体验到狂欢式的商业氛围。凸凹开阖的空间、鲜艳的建筑色彩、飘扬的彩旗、各种垂直交通的设置、高低错落的屋顶、曲直有致的界面使霍顿广场的步行街空间处处洋溢着欢天喜地的节日气氛。在步行街中，还安排了街头艺人的表演活动，令整个购物体验更加充满了活力和动态，诱惑人们不由自主地进入购物中心的商店当中（图 4-10）。

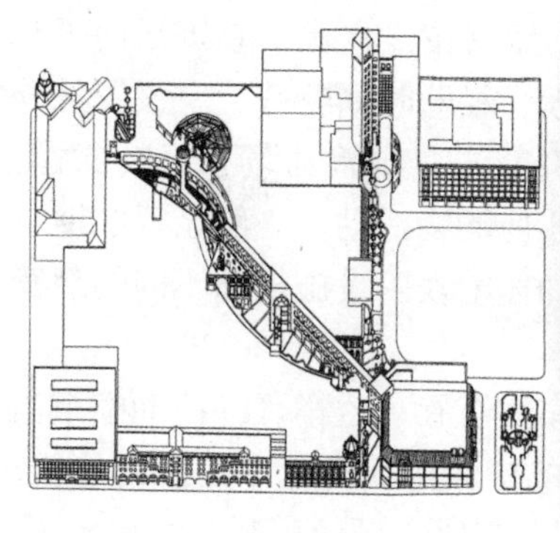
(a) 轴测图

(b) 步行街透视

图 4-10 美国霍顿广场室外步行街

4.1.1.4 休闲娱乐空间

消费文化强调的空间体验是在当代商业建筑中更多地提供一种激发身体知觉和情感潜能的媒介，而不是终端产品。当代商业建筑的进一步综合化将原本和购买并无直接关系的休闲娱乐空间与购买活动穿插、交织与并置。这就催生了当代商业建筑功能服务类型的转变，推动了更多的创新的休闲文化，引导并激发了人们的欲望与需求。消费文化视阈下，人们的购买行为是在商业空间中尽情体验在休闲娱乐活动带来的有关身体、精神意识、感官等愉悦的同时，通过行为间的相互激励，形成更多的和更为复杂的欲求倾向，从而实现最终的购买目的（表 4-3）。

当代商业建筑中的娱乐设施的引入　　表4-3

项目名称	营业面积（万平方米）	主力店与其他娱乐餐饮设施概况
上海协和世界	60	纽约时代广场、伦敦HRRODS百货、古罗马斗兽场、巴黎香榭丽舍大街、东京银座等主题街区
成都熊猫商业中心	47	百货公司、大卖场、生态商业步行街、海底世界，集商贸、餐饮、娱乐、运动、旅游、文化展示于一体
深圳星河Mall	23	大型百货与超市、食街、娱乐天地、家居广场、多功能影院、酒吧街、儿童世界、风情步行街等
北京金源Mall	68	新燕莎集团、居然之家、易初莲花、星美院线、华强集团、纸老虎文化广场、红人运动俱乐部等

根据当代商业建筑的等级、规模、服务范围的不同，休闲娱乐设施包含餐饮设施、文娱设施、康乐设施三种类型。其中，餐饮设施（如餐厅、咖啡厅、酒吧等）宜置于醒目的位置，且可以与中庭、步行街相结合集中

布置；而文娱设施（如影剧院、会议中心、图书馆、文化中心等）由于与商业环境功能差别较大，且瞬间人流量较大、经营时间特殊，宜设置独立的出入口，便于分时关闭、分区管理；康乐设施（如溜冰场、保龄球馆、游泳馆等）需要较大场地，且保证不干扰其他购物活动，一般设置在地下一层或二层。在当代商业建筑当中，这三种休闲娱乐设施根据不同的经营特点，常见的布局有以下三种方式：

一是布置在建筑的顶层、地下空间或穿插布置，这样可以拉动整个当代商业建筑的垂直人流，使购物者在上下的穿梭中获得更多的购物体验。香港又一城就是通过增加娱乐设施、餐饮服务来吸引源源不断的顾客光顾，充分体现了消费文化的受众机制。购物中心顶层都设有咖啡厅、餐厅，且在地下一层设置大型欢天喜地溜冰场、儿童娱乐设施等，将人们彻底从购物的疲惫中解放出来，感受一份闲逸和乐趣。混合了幻想、商业、娱乐和公共生活，包括商店、主题公园、影院、溜冰场等功能。又一城的商业文化主题是打造成一座“城中城”，这种商业空间的综合性开发代表了当代商业建筑和城市建设中一个主要而有意义的动向，它代表着大型商业建筑向“创造市民多元生活领域”的新转变（图 4-11）。

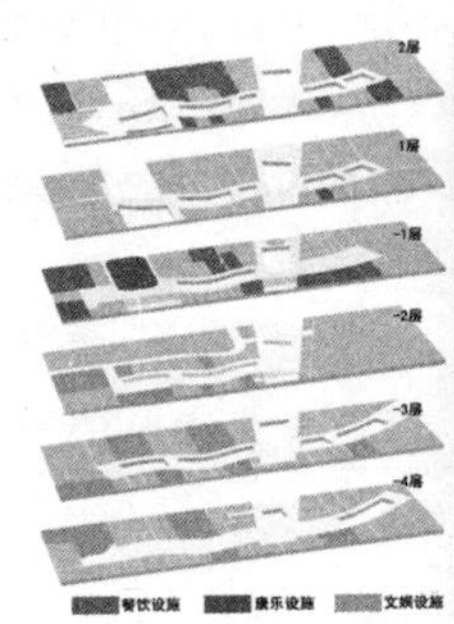

(*a*) 分布示意图

(*b*) 餐饮娱乐空间

图 4–11　香港又一城中的休闲设施

四川成都的熊猫商城汇聚了熊猫主题公园、海洋表演馆、动感电影院、海底世界、空中花园以及各种风味的小吃街等餐饮娱乐项目。在布局上，熊猫商城将餐饮设施放在较高的楼层，动感影院因为需要较大的空间和层高，被置于顶层的一端，而海底世界布置在地下，其他的娱乐空间被引入到建筑的不同楼层，达到穿插互动，激发购物欲望的良好效果（图 4-12）。

二是贯通布置，即将餐饮娱乐空间与中庭、广场、商业购物空间直接贯通。这种布置方式有利于集聚人气，更便捷引领消费者产生愉悦的购物体验。美国布兰登商业中心的餐饮空间就布置在开敞的玻璃顶中庭之中，营造了温馨、浪漫的商业气氛，人们在购物之余可以在此享受美食、休息和交谈，充分体现了商业空间体验的人性化（图 4-13）。而伊斯坦布尔 Kanyon 购物中心则将演绎空间布置在由建筑围合而成的室外开放中庭当中，建筑的外廊成为看台，人们可以随着购物的动线移动，体验到不同角度的舞台空间（图 4-14）。

（*a*）分布示意图

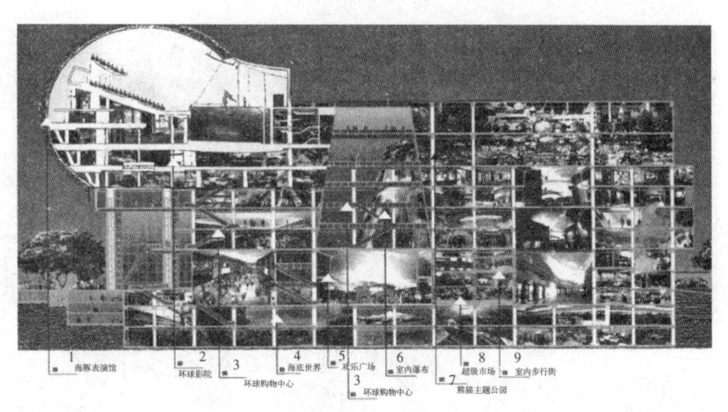

（*b*）剖透视

图 4–12　成都熊猫商城的餐饮娱乐空间布局

图 4–13　布兰登商业中心的餐饮空间

图 4–14　Kanyon 购物中心演绎空间

三是围绕中庭、广场布置，或环绕在购物空间的外围，与购物空间并置。这种方式可以大大提高餐饮娱乐空间的使用效率，并获得良好的景观效果，同主力店规模相当或更庞大的休闲设施的设置，会营造出非同凡响的凝聚力，这种以餐饮娱乐功能为主题的当代商业建筑在消费社会成为主流，人们更愿意将它称为“休闲娱乐中心”。加拿大西埃德蒙顿购物中心就是迄今为止已建成的世界上最大的购物中心和娱乐中心，占地达 520 万平方英尺（超过 100 个足球场，相当于 48 个街区）。其中包括世界最大的室内娱乐公园、世界最大的室内水上公园和世界最大的停车场；除了800多家零售商店、11家百货公司、110家餐厅以外，还拥有一个标准溜冰场、一个人工湖、20间电影院和13家夜总会等。这些娱乐设施大大地激发了人们的欲求，增加了人们光顾的次数，也促进了零售商业的良性发展（图4-15）。

图4–15　加拿大西埃德蒙顿购物中心的娱乐设施

4.1.2　空间尺度的表达

空间功能配置的叠加效应有赖于空间尺度的配合，消费社会，当代商业建筑空间尺度的表达是产生良好购物体验的前提和基础。这种表达其实质是从三维向度来营造有生命力的商业空间，把当代商业建筑引向有机状态，将商业空间作为有机的生命体来培育。相应的，适当的店铺规模、面积的合理分配、“大”、“小”尺度的和谐共生才能为人们营造出一个舒适的体验平台。

4.1.2.1　店铺规模的确定

当代商业建筑的规模与其区位和经营类型有很大的关系。一般地讲，选址于郊区的当代商业建筑规模最大；选址于市内非商业中心区的规模次之，而选址于市内商业中心区或居民区的规模最小。各种经营类型的当代商业建筑规模究竟多大，从目前来看，并无绝对标准和成熟的测算模型，总的原则是，根据经验或实际调查和预测购物中心商圈内的消费水平、消费者结构、城区环境、业态分布、购物习惯及地理位置等因素来确定店铺的规模（图 4-16）。

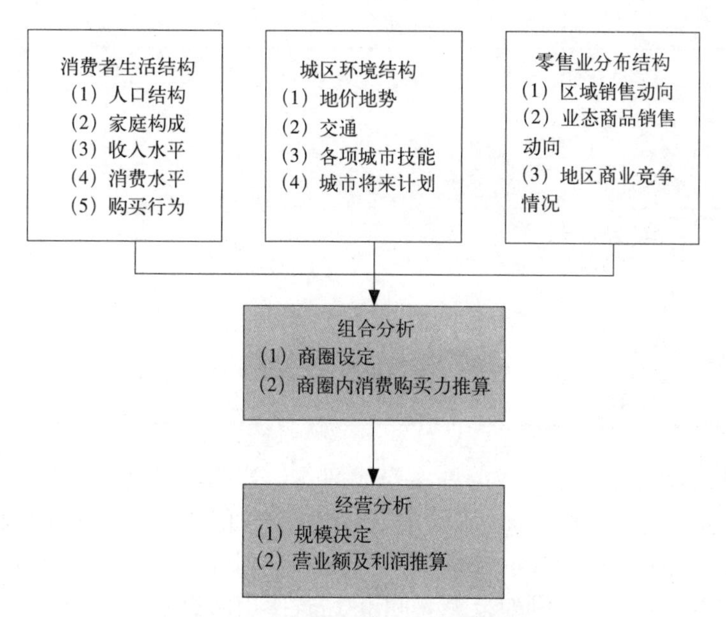

图 4–16　当代商业建筑的规模测算流程

当然，一些当代商业建筑发展较成熟的国家成立了行业管理机构也对购物中心的规模提出了“指导或参考性标准”。例如日本购物中心协会就提出了如下标准：（1）购物中心的零售业店铺面积总和在政府指定的都市为 3000 平方米以上，在其他地区为 1500 平方米以上。（2）在基本租用者之外的租用者之中，应包括 10 家店铺以上的零售店。（3）在有基本租用者的场合下，其中从事饮食、服务业的所占有的面积应当不超过该购物中心总面积的 70% 等。

借鉴日本行业管理结构对购物中心规模的指导标准来分析，当代商业建筑需要一定的规模，但又不能太大，国外购物中心面积一般在 10 万平方米以下。在美国，购物中心按照服务范围和规模大小可以分为四类：超级区域型购物中心、区域型购物中心、社区型购物中心和邻里型购物中心（表 4-4）。处于成熟期的 20 世纪 90 年代，美国本土购物中心的数量达 42000 多个，但面积超过 100 万平方英尺（约 9 万平方米）的约 1%；63% 是 10 万平方英尺（约 9000 平方米）以下的邻里购物中心，2003 年 47104 个购物中心平均可出租面积 1.158 万平方米，即便是号称全美最大购物中心——Mall of American 的面积也只有 250 万平方英尺（约 23 万平方米），但其每年能接待 4000 万的顾客，超过了美国迪斯尼乐园和大峡谷。

购物中心以服务范围和规模大小的分类　　表4-4

分类	主力店构成	平均可出租面积（平方米）	出租面积变动范围（万平方米）	用地面积变动范围（万平方米）	最小服务人口（万人）	服务半径（公里）
邻里型	超市	5000	0.3~1	1.2~4	0.3~4	2.5
社区型	初级百货店或超市，大型折扣店	15000	1~4.5	4~12	4~15	5~8
区域型	1~2个大型百货公司或超市	45000	3~9	4~24	＞15	15
超级区域型	3个以上大型百货公司或超市	90000	5~20	6~40	＞30	20

但在我国近几年建成的许多当代商业建筑的规模动辄达几十万平方米，在福布斯评出的全球十大购物中心中，中国的购物中心项目占了四席。由于规模过大，运营成本居高不下，许多购物中心开业后入不敷出，陷入了非常尴尬的误区。例如金源 Mall 的建筑使用面积达 55.7 万平方米，据北京市商务局调查显示，自 2005 年 10 月开业以来，金源 Mall 除美食中心、居然之家、星美院线等经营相对好一些，其他 418 家知名品牌专卖店均经营较差，远未达到预计目标。规模过大，也给交通组织增加难度，使流线过长，让消费者感到疲惫。经过对经验与教训的总结，北京自 2007 年开业的几家当代商业建筑根据其选址的不同商圈分别对市场目标定位、运营模式、业态规划和规模进行了调整，在营销模式上，各大商场不约而同地选择了只租不卖的方式，这样有利于商场的统一管理，避免了购物中心大面积出现销售再返租的自杀式商业模式。商场内部分区与品牌布局的手法也日趋成熟。大主力店与小商家之间整体的布局设计，充分考虑了各品牌之间的相互竞争与共赢，各种不同业态的合理搭配，使得各种商业资源得到最科学的分布。成为国内优秀的体验式商业建筑实例（表 4-5）。

国内几家当代商业建筑的规模　　表4 5

名称	零售商业建筑面积（平方米）	层数
北京新光天地	120000	地上6层，地下4层
北京世贸天街	80000	地上4层，地下3层
北京西单大悦城	100000	地上5层，地下4层
北京金融街购物中心	89000	地上4层，地下3层

4.1.2.2 面积配比的优化

当代商业建筑的面积配比在市场营销学中也称业态比重，是衡量商业理念变革的最直接的数字标准，也是当代商业建筑设计的重要参考依据。当代商业建筑的面积配比较传统商业模式有了很大的革新，因为在消费文化的催化下，当代商业建筑提倡的是“休闲＋购物”的体验模式，随着休闲娱乐设施的大量引入，以及仓储、物流机械化程度的提高，当代商业建筑的面积配比也相应地更新。我国传统的《商店建筑设计规范》(JGJ 48—2014) 的面积比例分配已经不合时宜，必须进行变通与补充才能指导当代商业建筑设计（表 4-6）。

商店建筑面积分配比例 **表4-6**

规模分类	建筑面积（平方米）	营业（%）	仓储（%）	辅助（%）
小型	<3000	>55	<27	<18
中型	3000~15000	>45	<30	<25
大型	>15000	>34	<34	<32

注：该分类方法将库房部分列为仓储面积，并将引导部分归入辅助面积。

从表 4-3 传统的面积分配比例中我们可以发现一个规律，那就是建筑面积越大，其用于纯经营的面积所占的比例越小，而且当代商业建筑面积一般都远远高于 15000 平方米；而且不同程度的引入餐饮、主题公园、文化场所、运动设施等经营项目，其所呈现出的面积配比规律与传统的大相径庭。作者经过对国内多家当代商业建筑的调研得出：在面积配比中，营业面积与辅助面积的比例随着建筑规模的扩大有上升的趋势（表 4-7）。

国内几家当代商业建筑面积分配比例 **表4-7**

名称	建筑面积（平方米）	营业（%）	仓储（%）	辅助（%）
北京新光天地	180000	54.9	20.5	24.6
广州天河正佳商业广场	420000	58.5	19.7	21.8
武汉摩尔商业城	200000	59.2	20.8	30
深圳星河MALL	230000	56.6	12.9	30.5

在进一步的调研分析中，我们针对性地对当代商业建筑中的不同业态的营业面积进行对比罗列，发现营业面积与商业业态类型关系密切，效率型的业态，如百货超市、家居中心、便利店等的营业面积可达到

65%~70%；而休闲型的业态，如大型购物中心、品牌旗舰店、专卖店等的营业面积一般为 55% 左右。在目前的实际运营中，商家还会通过利用减少诸如仓储空间、办公、员工餐厅等面积手段继续增加营业面积。经作者调研考证，营业面积不宜大于 70%，因为营业面积过大将影响到整个当代商业建筑的使用和管理，设施配套将无法布局，也给疏散带来极大的压力。所以，当代商业建筑的面积配比应合理、恰当地组合，盲目地靠扩大营业面积来追求利润，往往会出现适得其反的效果。经作者归纳总结，按不同业态的当代商业建筑分类，其面积的合理配比可以参考表 4-8。

当代商业建筑面积分配参考比例 **表4-8**

分类	营业（%）	仓储（%）	辅助（%）
超市类	65~70	<12	<28
专卖店类	50	<15	<25
购物中心类	55~60	<20	<25

餐饮娱乐设施所占比重的增加是当代商业建筑面积配比更新的源动力，在当代商业建筑中，以 Shopping Mall 为代表的购物中心，其休闲娱乐及餐饮业态比重约 10%，零售业态比重约 90%，如北京金源时代购物中心；而以 Lifestyle Center 为代表的生活方式中心，其休闲娱乐及餐饮业态比重约 25%，零售业态比重约 75%，如北京蓝色港湾 Solana、赛特奥莱。这种业态模式已经成为当代商业建筑发展的主流趋势，并已展现出了极强的生命力，得到了消费者的追捧。通过作者的实地调研考察，总结归纳出这两种商业模式的面积分配比例（表 4-9）。

Lifestyle Center与Shopping Mall业态比重对比 **表4-9**

业态比重	服务功能				零售业态			
	餐饮（%）	休闲（%）	娱乐（%）	总比重（%）	主力店（%）	GAFO（%）	其他（%）	总比重（%）
Shopping Mall	3~5	2~3	3~4	约10	30~40	40~50	3~5	约90
Lifestyle Center	12~15	5~6	5~8	约25	6~10	60~65	3~5	约75

注：GAFO是指北美行业分类体系中对家具家装用品店、家电、电子产品店、服装、服饰店、运动休闲音像用品店、综合性商店的总称。

4.1.2.3 公众尺度的衍生

当代商业建筑的公共空间是承载消费体验的主要场所，它为城市生活提供一个交混的空间体验，其空间尺度的合理配置是塑造良好的“商环境”，烘托空间活力和感染力的前提基础。任何尺度衡量的标准都是人的感受，当代商业建筑公共空间的双尺度营造有赖于人们对不同情感和使用的诉求。一方面强调以维特鲁威和达•芬奇的人体尺度作为空间构成的原点，在不同功能的公共空间中融入人性尺度，使咄咄逼人的商业气氛有效软化；另一方面则注重公共空间的自内向外的辐射力和快速、高效的生活节奏，通过地上、地下商业空间与城市体系的整合与互渗，达到将原本城市尺度的元素纳入到自身体系中的可能。那么，从这种意义上考察当代商业建筑的公共空间尺度，应该是既注重静态、和谐、亲切的“人文尺度”；又强调通过“机械”设施以享受现代化的便捷与效率的“城市尺度”，更直白地说，是在当代商业建筑中实现一种双尺度并置与交融。

1）“人文尺度”的营造

当代商业建筑的公共空间要满足有闲暇时间的消费者欣赏、闲逛的要求，营造出细腻的、耐人寻味的、具有亲切感的小尺度空间品质。对于这种公共空间的“人性尺度”体现，主要集中在当代商业建筑的步行街空间中，因为人们运动节奏变得舒缓了，步行街成了放松心情、追逐趣味、体验生活的休闲性空间。此时，具有亲和力的尺度让人们的心理认知时间缩短，而简单的形态构成因其太过明了，总给人索然无味的感觉；这就需要大量细部小尺度加以配合，给人以耐人寻味的美感。如德国柏林波茨坦广场 Arkaden 步行街的两侧，就布置了近人尺度的绿化小品、雕塑、广告以及休憩座椅，为单调的步行街空间增添了人性化的小尺度设施（图 4-17）。据心理行为学分析，人的行走距离在 300 米以内时，感觉比较容易被接受，超过此距离限度时，则需要休息与补充体力，所以无中间停歇处的室内购物街长度不宜超过 300 米。但在体验式的当代商业建筑的步行街中，由于人们在商业街中购物的路线并非直线，而是曲折反复的，并将他们的注意力分散或专注于一种感兴趣的活动，他们往往不容易感到疲劳，从而可以行走较长的距离，这是感觉距离相对缩短的缘故。所以专家认为，在街道空间尺度设计中要充分考虑人们的心理特点，丰富行走路线及空间景致的变化，从色彩、质地、坡度、地面铺装等小尺度方面来使人得到充分的放松，缩短感觉距离，从而延长人们在商业街内的停留时间，并且还要根据人的实际体力来设置充足合理的休息设施，休憩座椅的宽度不宜超过 120 米。如新加坡的 Element Mall 步行街长度超过了 400 米，但在步行街的中央布置了雕塑式的休憩小品，并根究中国风水原理中的五种自然元素——金、木、水、火、土来对应表达不同段落的步行街主题（图 4-18）。据调研数据表明，成功的体验式商业步行街为了获得顾客预期的满足感和惊奇感，中间布置小品设施的步行街应该是 9~16 米宽；次要步行街和拱廊宽度可以做到 3~6 米，除保证正常人流的顺畅通行外，还能承受高峰期的瞬间人流，使街两侧都有足够的步行空间，便于浏览商品。体验式的步行街为避免视觉单调，长度超过 60 米，宽度方面应该有变化，可以是材质不同、地面高差变换，或是利用形体的凹凸或景观布置在空间序列上的变化来塑造。如德国杜塞尔多夫的 Sevens 物中心步行街就是通过高差和层高的变化，以及局部收放的处理手法来消除因步行街过长而引起的乏味感（图 4-19）。

图 4–17　德国柏林波茨坦广场 Arkaden 步行街

图 4–18　新加坡 Element Mall 步行街

图 4–19　德国杜塞尔多夫的 Sevens 物中心步行街

另外，步行街的高宽比是当代商业建筑在接受了消费文化洗礼，步入体验时代的又一尺度革新，适宜的步行街高宽比可以延长消费者的购物时间，从而有充分的时间参与体验，产生购物动机。日本建筑理论家芦原义信认为，步行街的高宽比以 1:1 较为适合。小于 1:2 时感觉较为开敞，但商业气氛开始减弱；大于 2:1 时感觉较为压抑。当代的商业建筑步行街空间也一直沿用此比例关系，但是在设计时，由于商业空间的多元复合，而使尺度比例更加具有弹性变化。如广州正佳广场步行街主干道宽 13 米，次干道宽 3.5 米。步行街局部可以通过玻璃拱顶引入自然阳光，此处的高度在 15 米左右，而没有自然采光的次要街道和二层步行廊道，高度在 5.5 米左右，人们通过迂回辗转的空间变换、休憩和小品设施的合理摆放、热带园林的立体式搭配，感受到一种惬意温馨的心理体验，给人以围合感和安全感（图 4-20）。

2）“城市尺度”的契合

复合型的当代商业建筑越来越呈现出“购物 +N 种功能”的模式，这种多功能的复合，就需要一种超大的“城市尺度”来协调各部分功能关系。在与停车场、交通设施（如地铁站公交站）相连通的中庭或联系空间，不仅是当代商业建筑的标志性空间，又是承担组织交通的枢纽空间，在此通过的人流一般选择乘坐扶梯和电梯，具有快速交通节奏的特征，人们对场所信息的捕捉只限于视觉，所以简洁、具象的超大尺度形态更易被感知。如香港的朗豪坊的入口空间就是一个震撼人心而又充满了光和空气的巨型尺度共享空间，高度近 60 米的中庭与屋顶花园相连，整个零售商业部分通过两部直插入“峡谷”的直达通天电梯（分别连接了 4~8 层和 8~12 层）联系在一起。直达的通天电梯将人流直接吸引到零售部分的最顶层，然后通过“回转购物廊”螺旋而下，使得上部 4 层零售商业犹如一条盘旋而成的连续街道。这样的创造性的超大尺度设计，不仅仅使购物的过程轻松而又愉快，同时，也使所有的店铺都能沐浴阳光，且被顾客一目了然的确定位置，提升了经营的均好性（图 4-21）。另外，在当代商业建筑中还有一种通过式中庭，可以吸纳城市人流穿过其中，到达另一个街区，其巨大的尺度既可以保证人流的顺畅通过，又能为人们提供驻足欣赏、休憩、参与的公共性空间。如德国柏林的索尼中心除了提供购物职能外，还是城市步行系统中的重要节点，人们通过超大尺度的中庭空间直接穿过中心的三角形街区，在中庭中，人们可以参与电子演示体验、喝咖啡、欣赏艺人表演或购买纪念品，其真正起到交通和购物体验的双重职能（图 4-22）。在这种大型尺度分析中，最重要的就是中庭

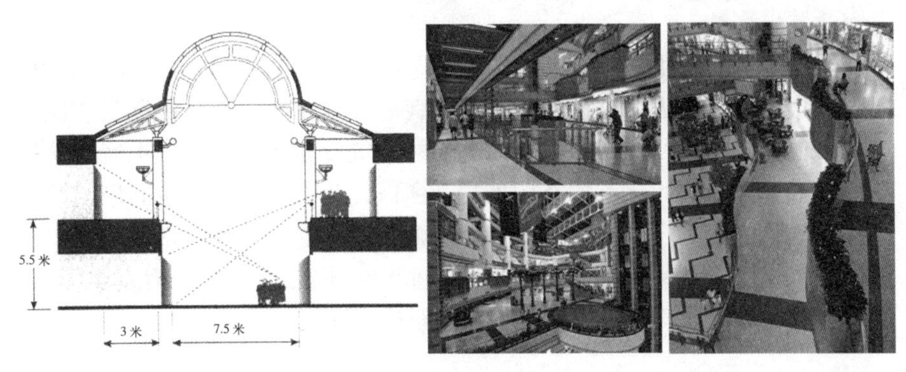

图 4-20　广州正佳广场的步行街空间尺度分析

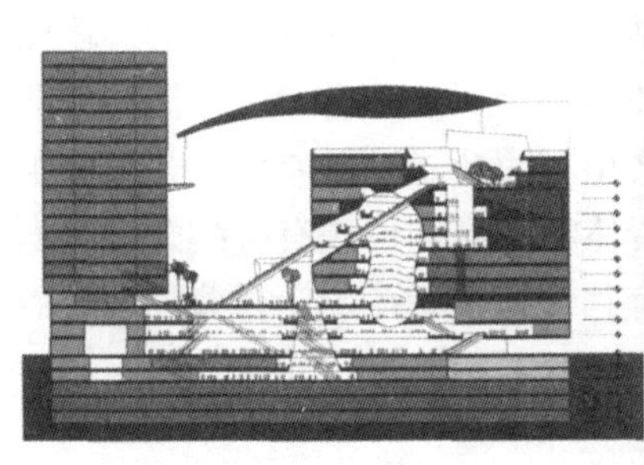

图 4-21　香港朗豪坊巨大的中庭空间

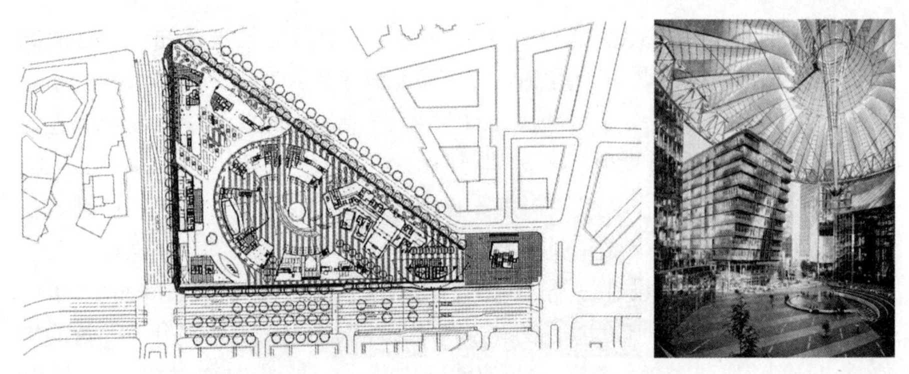

图 4-22　德国柏林索尼中心中庭空间

的高宽比。过高过窄的空间会使中庭看上去像一个孔洞，给人以压抑感，而过于低矮的中庭又不具有亲和力，显得空旷。因此，作者建议中庭空间的高宽比在 1:2~2:1 之间较为适宜。

4.2　基于情境交融的空间序列架构

情境交融的商业空间环境不仅需要提供随意、自然、流畅、无拘无束、温暖、亲切、富于人情味的气氛；更要满足顾客在消费过程中自我意识的充分展现和情感的释放，获得物质和精神上的双重体验。这种丰富体验的获得有赖于商业空间序列的合理架构。所以，当代商业建筑空间应该演化为一种体验交流的场景序列，为人们的购物过程提供多样丰富的空间环境和情感体验，使顾客能够参与、融入空间场景当中，在交流、互动中引导、激发、感染人们的购物行为，留下轻松而难忘的记忆。

4.2.1　空间序列的有机生成

当代商业建筑的多元复合化决定了空间层次内在联系的复杂性。那么在以购物活动为中心，不同程度地融入展览、游乐、餐饮等功能的一体化当代商业空间中，如何使各功能空间的组合更具活力和生命力；提高商业空间使用的效率；形成“整体大于部分之和”的功能激励效应。其核心机制是通过空间的叙事主题编排、韵律节奏体现和空间模式有机组合等方面协同完成的。这种空间序列的有机生成有利于消费者产生情感共鸣，进而获得完美的购物体验。

4.2.1.1　空间的叙事编排

消费文化促使了日常生活情节与商业空间的联姻，将空间的组合机制以某个体验主题为线索，进行剧情式的叙事编排，把空间有机地组织、串联起来，并通过各种媒介传播给大众，使空间更有活力，更有建构场所感的可能。商业空间与其承载的生活情节是一个整体，空间的要素之间存在一种共生关系，一种建构在空间体验之上的、有艺术感染力的空间秩序。这种空间秩序是基于一定的内容题材及其主题（如文学故事、历史文脉、宗教礼仪、游览历程、节日庆典、生活习惯等）来安排组织空间要素，是建立在同一主题的重复出现的逻辑关系，可以通过心理描绘、联想等途径来体验感受的场所感，而不只是基于视觉形式（色彩、材质、形状等）上的视线呼应与连续而编排的关系。

1）生活事件的融入

生活事件与空间序列相互依存，互为条件，但两者并非是一一对应，而且购物者的活动与次序也又都是由其自身控制。生活事件是当代商业建筑情感系统中的主线，没有生活事件，情感体验就无法展开。要唤起购物者真实的购物体验，就要对封存的记忆和记录的情节进行重拾，如我们前文提到的北京新东安市场地下一层的“仿清代一条街”、上海新天地的“石库门里弄改造”等除了是对历史文化的珍视外，也是对生活事件的追溯。迪拜的伊本•白图泰购物中心通过对阿拉伯中世纪最著名旅行家伊本•白图泰“环游世界”的经历作为空间的叙事蓝本，将伊本•白图泰一生曾游历南欧安达卢西亚、北非马格里布、埃及、西亚波斯、南亚印度和东方中国这六个各具特色的古国文明作为空间序列组织的线索。为此，伊本•白图泰购物中心以这六种风格各异的文化为灵感，构建了彼此相连的六座富有鲜明地域特色的仿古宫殿建筑，并在内部商铺的装修上着力再现上述国度的中古市井街巷，巧妙地实现了现代消费商品与古典店铺环境的完美结合，加之随处可见的世界古代著名科技发明复制品与东西方文化交流历史文物，使消费者在历史与现代交融的文化氛围中获得移步换景般的独特购物体验。作为城市人文景观的重要组成部分，文化内涵正在成为迪拜各购物中心凝聚自身品牌市场感染力中最活跃的因素（图 4-23）。

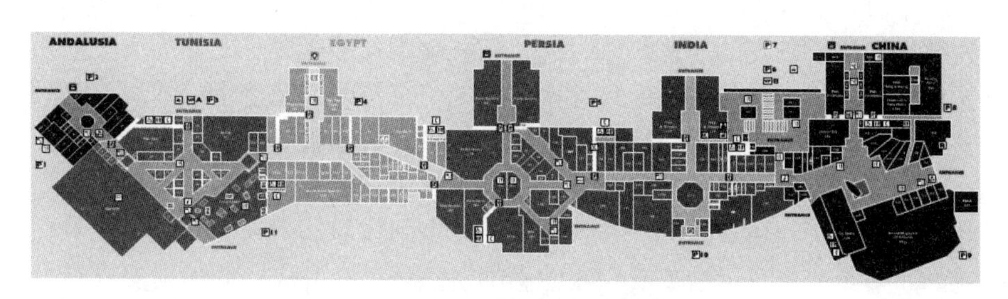

图 4–23　迪拜的伊本· 白图泰购物中心

再如位于香港新界的青衣城是面积 4.6 万平方米的主题式购物中心，商业空间引入了海洋和航海的概念，将豪华邮轮作为空间设计的主题，宽阔的流线型走廊两侧都镶嵌着邮轮的符号；色彩缤纷的旗帜仿佛邮轮升起的桅杆；特别是建筑中庭墙壁和顶棚上海浪图案的营造，将普通的购物空间烘托成跌宕起伏的宏大叙事场景，触动着人们的心灵，使人们在购物之余可以享受一种悠闲的置身邮轮的感觉和海洋度假惬意。为了更好地将主题升华，购物中心还迎合香港当地消费者的怀旧情愫，将商场内的步行街空间打造成极富特色的“旧墟”市集,云集了香港著名闹市街区的缩影——庙街、中央街市、湾仔街、灯笼街和雀仔街，这不但将空间序列恰到好处的编排起来，而且在灯光和装饰效果的配合下，使人触景生情，回想起昔日香港湾仔码头的情景（图 4-24）。

(*a*) 1~3 层平面　　(*b*) 表现海洋主题的室内空间

图 4-24　香港青衣城购物中心的海洋主题叙事

2）欢腾情节的烘托

当代商业建筑是城市传统文化中“节日”功能的最适合的继承平台。在消费文化语境之下，当代商业建筑成为节日欢腾叙事的最好表现形式和注解，人们在当代商业建筑内部购物的过程，仿佛参加了一次集体释放的欢腾节日，置身其中，心理上的诸种负担、压抑和郁结开始化解和消释，能够尽享属于自己的一段快乐时光。而狂欢气氛的形成可以分为节庆型和无约束型。节庆型是在商业环境中，植入节日符号，塑造节庆气氛，以激发人们在欢腾气氛中购物情绪与冲动。而自助式销售则属于无约束型的基本形态，也是现代综合商业建筑普遍采用的销售方式。日本大阪的喜庆门商业中心就是利用欢腾的节日叙事来编排空间体验的。人们走进商业中心就如同来到了一个尽情享受狂欢情感的游乐场，在喜庆门的屋顶安置有大约 20 种游乐设施，即使雨天也可尽情享乐；还有 4 座复式剧场和最新的游戏机，以适应青年人的需要。此外，大约有80个具有浓厚节日气氛和个性魅力的商店和特色饮食店，能够体验到“异国风情”的魅力。空间序列的编排是靠一个完整的历时经历来完成的，所以喜庆门是靠“游乐”这种线索，带领购物者完成购物体验，室内的任何一处都可以看到玩具，同时购物流线也造成迷宫似的曲线，让人们在购物的同时可以体验到海洋景象的空间，欧洲、美国的港口城市的空间；喜庆气氛浓郁的色彩明快的空间；能够仰望蓝天的半室外空间等带来的立体式游园的乐趣（图4-25）。由此

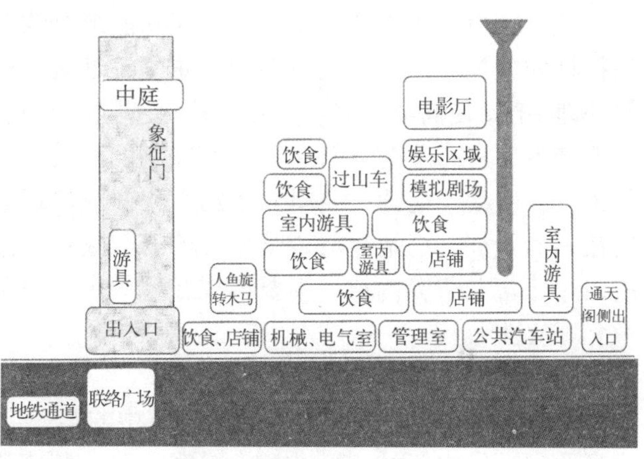

（*a*）平面功能布局

（*b*）娱乐设施

图4–25　日本大阪喜庆门购物中心的欢腾情节

可见，当代商业建筑欢腾情节的情感体验，是伴随着消费文化唤起的消遣性购物而发展升级的。人们在商业空间的感性需要并不以宣传某种思想为要义，而是以诉诸娱乐性、消遣性和休闲性为旨归。也就是说，商业空间的欢腾体验是以人们直观的快感和情趣为目标的。所以要求商业空间的序列架构不再是传统规整、呆板的模式，而是带有游戏性、意外性的体验模式。

4.2.1.2 空间的韵律体现

空间的韵律主要是指在保证空间功能组合的合理性与交通流线顺畅便捷性的前提下，综合运用对比、重复、过渡、衔接、耦合等一系列空间处理手法，使商业空间形成开合转承、虚实分明、错落有致的空间关系，从而产生一种有节奏、有起伏、有秩序的流动意识，使购物者的体验更加丰富、生动、连续。空间韵律是当代商业建筑的空间本身具有消费主义色彩的表征，更是空间体验展开的有效途径。这就需要在空间的组合逻辑中蕴含着节奏韵律，主要体现在空间中各组节点的塑造和空间的开敞和开放性上。

1）高潮迭起的空间节点

空间的节点一般是指当代商业建筑中的某一空间高潮，一般与中庭、广场、门厅等空间结合，并配合景观小品、装饰挂件、灯管效果灯元素共同塑造空间特色。无论采用何种的空间形式都应具有有机的逻辑结构关系，使空间流动起来。这就要求空间的节点首先具有联系机制，能够将空间序列有机组织到一起，并以它为核心展开；其次是要求空间节点具有引导机制，组织空间的人流活动，起到聚散核心的作用；最后是要求空间节点具有特色机制，有引起人们可关注的特色对象，可以是空间构成的某一元素，如灯饰、界面、铺地等；也可以是人工景观，如水体、座椅、雕塑等；还可以是公共活动，如文艺表演、商品宣传等。例如位于北京东方广场的东方新天地，其空间序列是以一个贯通东西的室内步行街为纽带，在相应的位置设立了五个主题性的中庭空间作为主节点，分别为“缤纷新天地”、“都市新天地”、“庭苑新天地”、“寰宇新天地”和“活力新天地”。其中主力店与小型专卖店穿插布局在收放有致的步行街两侧，并且在购物中心出口与步行街相连接的部位以及主力店前的集散空间分别设置了与主节点呼应的次节点，形成“主节点—Mall—次节点”模式的动态空间韵律（图 4-26）。

2）开放流动的空间逻辑

空间的韵律还体现在空间逻辑的开放性与流动性上，即空间中的各种要素之间存在着一种内在关联，这种关联不只是物质功能关系，更主要的是一种情感链，以营造一种让人参与事件活动的氛围。所以，要使空间具有开放流动性，就要突破视线和行为的限制，使不同空间相互融合、开敞、穿插，则令若干局部空间之间相互贯通。开放与流动相结合，还可以让购物者在行走的过程中，能体验到不断变化的视觉、听觉感受，获得热烈、明朗、舒畅、自由的气氛。英国布里斯托尔的卡博特广场就是利用场景的开敞与流动带给人们心旷神怡的情感体验——建筑围合的广场内多条步行街面向中庭展开。“开放”的空间效果使内广场成为购物中心中最突出、最具统摄力的空间。在此，建筑师综合运用空间对比、烘托的表现手法，打造控制全局的空间高潮，从而使空间具有强烈的内向聚合力，对吸纳和引导人流有着重要的作用。广场中的扶梯、电梯、小品、叠水都成了视觉的焦点，人们在此汇集且行走，场景也随之流动，加之外围走道的贯穿，各层空间因此连通。整个中庭上空由曲面的玻璃采光顶构成，形成一气呵成的穹宇屋面，无论白天漂浮的云彩，还是晚上闪烁的繁星，都与广场内川流不息的人流形成鲜明的对照，这种相对动态的开放与流动的空间塑造使购物者自身也融入到了空间当中，成为空间组成的因子，为空间氛围平添了生气和活力（图 4-27）。

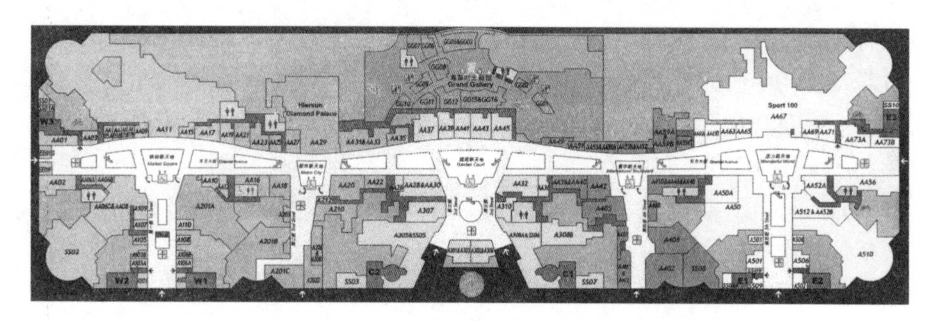

图 4–26　北京东方新天地首层平面图

图 4–27　英国布里斯托尔的卡博特广场

4.2.1.3 空间的组合模式

当代商业建筑的空间体验是在多功能复合的商业空间中完成的，所以其空间的组合模式具有多变性和复杂性，并随不同的规模、不同的定位、不同的文化主题等条件而不同。实现不同的空间组合模式激起不同的情感体验是当代商业建筑空间组合机制的原则所在。所以，当代商业建筑的空间组合模式要从其空间的基本关系入手，以空间构成的基本法则为依据，结合不同消费群体的定位，对复合功能进行整合，营造特色鲜明的空间体验。经笔者对大量资料的总结，当代商业建筑的空间组合模式按照不同的空间序列关系可以分为：聚合型、串联型、网络型三种。

1）聚合型

聚合型是以某一空间为主导，其他辅助空间在周围聚拢的模式。可以分为主从模式和辐射模式两种：主从模式是主体空间和从属空间共存，以从属模式衬托主体空间的设计手法。主体空间在功能地位上是处于核心地位，如中央广场、共享中庭等空间；其周边的辅助空间从不同方向对其进行聚合。没有从属空间的支配，空间将会平淡无奇，但过多的从属空间又会形成杂乱无章的感觉。所以，建筑师在采用主从手法进行空间布局的时候，要做到合理有效的配置、对比鲜明的空间效果、整体有机的序列架构。如德国柏林的拉非特购物中心通过一个上下贯通的圆锥形中庭，将其他辅助空间统摄在周围，形成聚合之势，并通过环形的开放步行空间使空间序列恰到好处地耦合在一起（图 4-28）。辐射模式同样是以一个空间为中心，其他空间沿辐射线路展开。与主从模式不同的是其辐射的路径比较长，构成多条放射状的步行街系统。这种模式有利于不同空间主题的交叉使用，使购物者有清晰的方向感，获得更多的购物体验，但由于路径较多、较长，不利于店铺的均好性。如美国北方公园商业中心，是一种完整的中心辐射模式（图 4-29）。

2）串联型

串联型是采用一条路径将各类空间组合在一起，路线简明、主题突出。路径可以是直线、曲线或折线；被连接的各类功能空间可以被路径串联贯通，也可以并联于路径两侧。从路径的形状我们可以分为线型和环绕型。线型路径的特点类似鱼骨形布局，将沿路店铺有致的排列，可以通过线路的辗转开合，营造意想不到的空间效果，适合于面积在 2 万平方米左右的购物中心。美国 Brandon Town Center 以一条曲线式通道为主轴，两旁分布着主题餐厅和商店（图 4-30）。环绕模式是路径在某个空间外形成环路，商业空间沿环路布置；环绕模式能够使空间的使用率提高，使店铺对于景观的共享更均衡，中心感强；适用于中大型的购物中心或综合体。土耳其 Akmerkez Etiler 购物中心的主要空间组织方式是一个三角形环路，每个角上各设共享中庭（图 4-31）。而广州天河正佳商业广场则以圆形环路串联周边商铺，布局简洁明了，另外打通了中心区的通道，使去往任意服务中心都很便捷（图 4-32）。

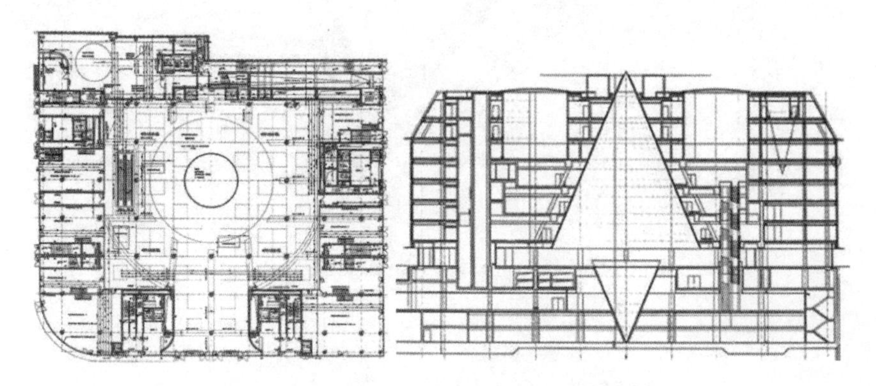

图 4–28　德国柏林拉菲特购物中心平剖面

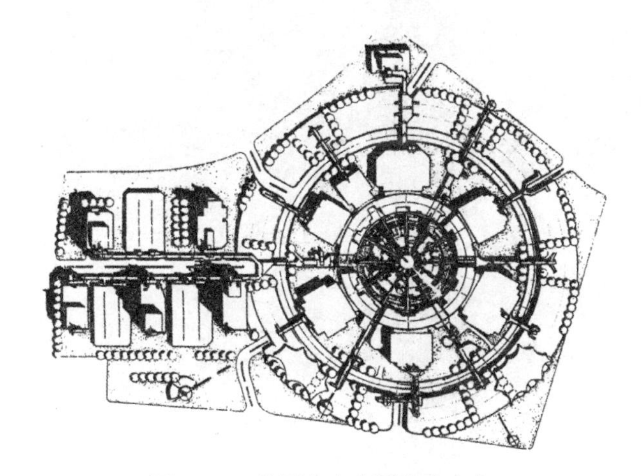

图 4–29　美国北方公园商业中心

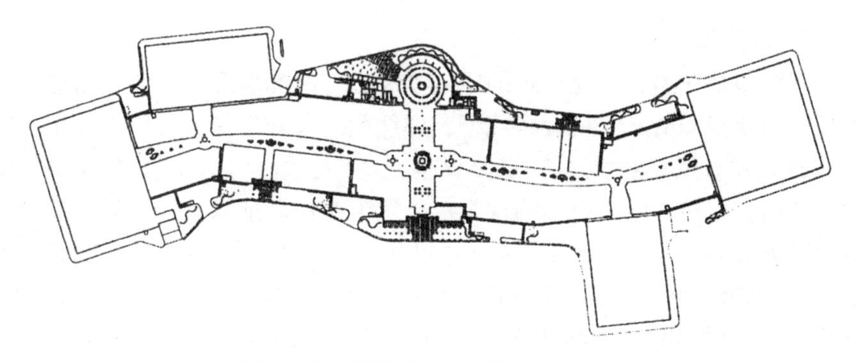

图 4–30　美国 Brandon Town Center

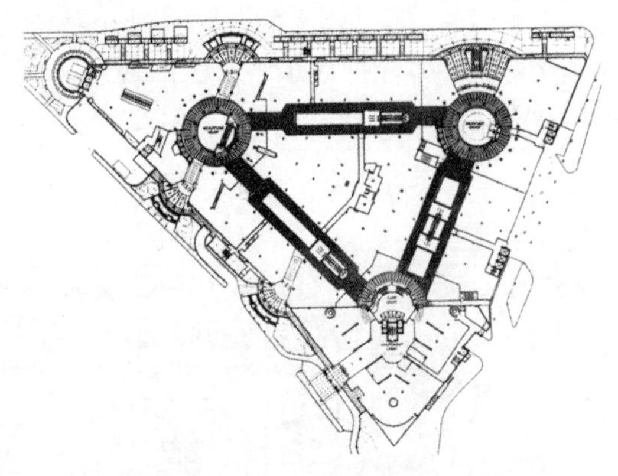

图 4-31　土耳其 Akmerkez Etiler

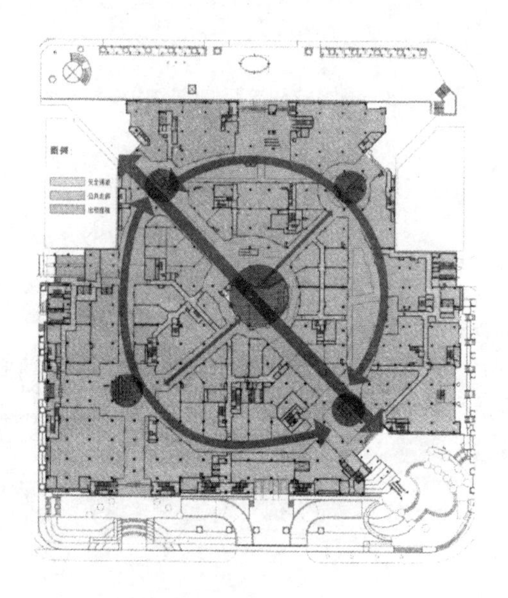

图 4-32　广州天河正佳商业广场

3）网络型

网络型是在当代商业建筑的空间功能较复杂的情况下，并且用地较为宽松，商业空间的布局就会将线型、环绕型、聚合型等多种模式并用，形成网络布局。网络模式不一定仅仅是正交的、规则的；也可以倾斜、中断、位移、旋转，以使空间的视觉形象发生变化，增强空间趣味，适用于多个主力店群构成的超大型区域购物中心。例如目前世界上最大的购物中心——Dubai Mall 占地面积约 46.5 万平方米，相当于 50 个足球场的面积，它是由 15 个 Mall 中 Mall 和大约 1200 多家店面组成。其中，包括世界最大的水族馆、最大的黄金市场、奥运比赛规模冰场、6 层楼高的巨幅屏幕影院、探险公园、沙漠喷泉等。空间布局围绕最主要的两个核心主力店 Galleries Lafayette 和 Bloomingdale's 展开，以 1/4 圆弧为主导的环路步行街向内外辐射，通过采用局部错开、中断手法，形成复杂多变的立体网络。购物中心的主力店被置于建筑的尽端，布置了较大的经营空间，为了强调平面布局的灵活可变性，以适应商品布置的频繁变化。各类专业店如服装店、鞋店、珠宝店等一般按分类成群布置，要求主要人流传过其中，并尽量使得人流通畅均衡（图 4-33）。再如菲律宾 Pasay 市的亚洲购物商场是迄今为止亚洲最大的零售购物中心，世界排名第四位。其建筑面积 38.6 万平方米；空间布局为“两轴多中心”的模式，其中由四大功能主题商业区构成，一个大型的中央商场，两侧的停车大楼（包含百货公司、超市），以及朝向海湾的娱乐地带。整个空间序列布局规则中富有变化，采用直线与曲线的步道相穿插，并结合多中心的开放空间咬合、渗透，为购物空间平添了大量的活泼情趣（图 4-34）。

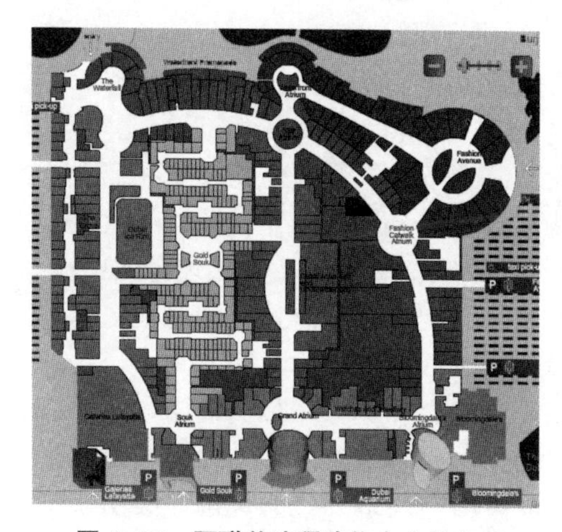

图 4–33　阿联酋迪拜购物中心的空间网络型布局

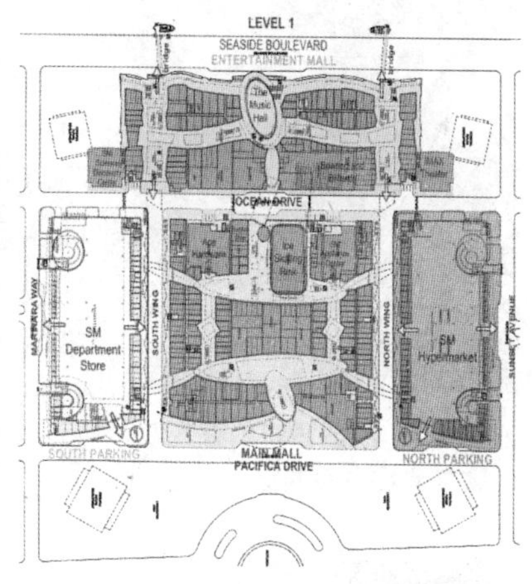

图 4–34　菲律宾亚洲购物商场的空间网络型布局

4.2.2　空间序列的场景塑造

空间序列的场景塑造是借用戏剧布景的理念，打造在空间序列中的体验方式，是以舞台剧营造场景化的空间叙事方式。在这个过程中，空间的场景改变了传统商业建筑一味追求零售空间按最大化而忽略空间氛围的“行业堡垒效应”，使人们能够在商业空间中享受到异域的、刺激的、互动的、漫游的、虚拟的购物体验。这就要求当代商业建筑对空间情调和氛围进行烘托；寻找能够激发商业活力的体验线索，然后以时间为主线，将空间中的声光、小品、界面、材料质感等物理环境因素从主题功能中分离出来，创造以时间为参数的连续场景。这种结合舞台布景技术的处理手法，通常从场景的道具协同、声画渲染、界面催化三个方面来唤起与购物者的情感共鸣。

4.2.2.1　场景道具的协同

道具是舞台剧中的概念，在这里为了使商业空间更具消费主义特征，是消费者获得丰富的情感体验，我们将不同景观设施的融入的空间场景的方式称为道具的协同。这里的“道具”与舒尔兹在《场所精神》中提出的“物”具有相同的所指，是一种有形态、质感、颜色、位置客观存在的景观设施。恰到好处的道具协同营造，可以突出商业空间的生态功能、文化功能、人性化功能，从而激起人们的心理需求和参与感，增添环境体验的情趣。在当代商业建筑中道具的协同主要表征在绿化景观、水体景观、展陈设施、造景小品四方面。

图 4–35　英国谢菲尔德麦多霍尔购物中心的绿化景观

1）绿化景观的调节

绿化景观是空间场景中的“软雕塑”，具有一定的观赏价值，同时有利于净化空气、降低噪声、调节小气候，使购物者在商业空间中获得身心的舒适感和愉悦感。绿化景观的设置亦内亦外，是建筑生态化理念的标榜。室内的绿化景观一般结合座椅、花池、标志物等设施，以低矮的灌木、藤木为主，为场景增添一丝绿意和趣味。如英国谢菲尔德麦多霍尔购物中心将绿化景观与休憩座椅相结合，形成室内空间室外化的氛围，吸引了消费者在此交谈和休闲（图 4-35）。而深圳海岸城则将绿化景观设施作为步行街的布景元素，既界定了空间，又调节空间小气候，达到了事半功倍的景观功用（图 4-36）。对于室外的绿化景观来说，种类更加多样化，从高大的乔木到低矮的灌木再到草本和地被植物均可以成为景观元素；总体设计上以点、线、面为原则，以水平、垂直与屋面相结合为宗旨，形成三维立体式的绿化景观系统。如美国芝加哥老苹果园购物中心庭院通过对不同高低、品种植物的修建，形成了一个生态型的绿化

图 4–36　深圳海岸城室内绿化景观

景观公园，周末这里成为人们消遣与游园相结合的院落式购物中心（图4-37）。再如新加坡的怡丰城就将一个超大型的绿化公园置于建筑屋顶的不同层高上，打造了三维立体式的绿化体系。怡丰城是日本自然主义派建筑大师伊东丰雄作品，伊东丰雄将活动和流动的概念，融入空间与钢筋水泥结构里，他认为：我要让游人在 Shopping 的时候，感觉如在海上扬帆一般。怡丰城一层设有两个绿化广场，连接港湾有长约 300 米的绿化两道。二层屋顶设有喷泉水流的户外中央庭园，供人憩息。三层的屋顶设有户外剧院及四个奥林匹克式泳池，空间开阔，供工人游戏和欣赏海景（图 4-38）。

图 4–37　美国芝加哥老苹果园购物中心庭院绿化

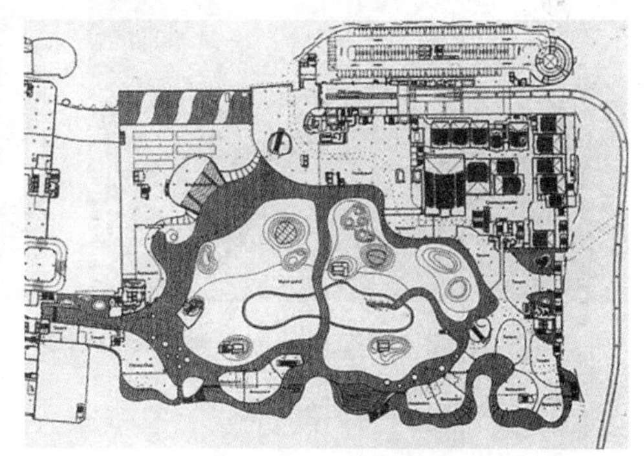

图 4–38　新加坡怡丰城屋顶绿化公园

2）水体景观的引入

水体景观是空间场景体验的灵动因子，也是景观系统中不可缺少的造景元素，在当代商业建筑中包括自然水体景观与人工水体景观两类。自然水体景观主要指商业设施附近的河流池塘等，商业空间序列可以沿河布置，也可以将水作为景观引入空间场景之中，增添人们的购物情趣。如美国佛罗里达州滨水购物中心是一个围绕中庭水景布置的购物中心，沿湖面布置的开敞的商店将优雅的水景和自然的气息最大限度地引入室内，奔流的瀑布、参差的岩石、沿岸的绿化……休闲而优雅，为人们提供了一个休闲的场所体验（图 4-39）。相比之下，人工水体景观是当代商业建筑内外环境中最为活跃气氛的造景元素，它可以为商业环境增添灵动感和情趣。按照水体的形态可分为静态和动态两种：静态的水体静谧幽雅，如水池、水渠等；动态的水体活泼喧闹，如喷泉、叠水、水幕等。当代商业建筑内的水体景观可以与多种小品和雕塑相结合，作为场景的视觉中心景观。如葡萄牙 Dolce Vita 购物中心椭圆形中庭，四周环以宽敞的步行商业走廊，并配以茶座、绿化景观设施；在水景的中心处设置了能够随着背景音乐节奏喷水的动感水体，更加活跃了整个空间场景的气氛（图 4-40）。

图 4-39　美国佛罗里达州滨水购物中心的庭院水景

图 4-40　葡萄牙 Dolce Vita 购物中心中庭水景

3）展陈设施的配合

“我买故我在”这句话十分犀利地道出了在消费社会条件下购买活动的生命意义建构价值。正因为如此，与个人价值表达和建构相关度越高的商品就越有可能成为冲动型或随机型消费的对象。这也就决定了商业空间里的商品也就更有可能在展陈上具有更强的地位，更有助于引起顾客对于商品的注意和了解，刺激顾客的购买欲望，增加购买机会。消费文化影响下的当代商业建筑中的展陈设施的设计可以归纳为两点：其一可以表现为占据更大的销售空间与消费者产生更多的交流机会，并以个性化的展示方式强调体验的差异。当代商业建筑不会吝惜以更多的空间来容纳那些与价值建构意义关联性较强的，且附加值较大商品，并通过独特的展陈方式诠释品牌的优势地位与个性所在。如美国纽约的卡洛斯•米雅丽旗舰店的展陈设施呈现出流动性、有机性和雕塑性的美感。自由曲线形的雕塑造型蔓延、伸展于整个室内空间，继而变形为展台、座椅、拱门或窗洞，使整个空间就像一个连续而完整的有机体，诠释着品牌的个性（图 4-41）；其二是通过直观、夸张的展陈设施来凸显商品的特性，使顾客在体验中产生一种大众化共识。这种状况极大地影响到具体购买商品环境的秩序安排，从而也影响到对具体购买环境塑造的总体构想。美国巴斯体育用品商店通过模拟各种极限运动场景（如登山、垂钓、探险等），将人们的购物思绪转变成直观的购物体验，这种高度拟像、仿真的陈列方式不但有效地满足了商品展示的要求，更重要的是有效地把潜在的购买者组织到消费中去，感染人们的购物热情，留下轻松而难忘的购物体验（图 4-42）。

图 4–41　卡洛斯· 米雅丽纽约旗舰店

图 4–42　美国巴斯体育用品店

4）造景小品的烘托

造景小品是空间场景的核心视觉焦点，是空间体验的情感主题。它主要包括：雕塑、标志物、休息设施、指示牌、电话亭等。造景小品设施的设计除了要满足使用要求外，还应考虑一定的艺术性和审美价值的体现，起到活跃当代商业建筑内外空间环境的作用。美国达拉斯的北方公园商业中心以各种装置艺术作为最显著的体验主题。中庭设有用现代科技手段制作的雕塑艺术，贯穿一、二层楼；室外由微地形的草坡形成高低变化的绿化景观，并配合具象、生动的雕塑小品、精致简约的休息座椅、精心修剪的绿化植被，使各个年龄段的消费者都能在这里与自然互动，同时将人们“逛商场”的概念转化为“游公园”的体验，令人向往，并乐此不疲（图 4-43）。在当代商业建筑中，建筑构件与景观细节上的巧夺天工也为空间场景的塑造增添了情趣，并能够提升场景空间的艺术价值。细节的刻画是吸引在商业环境中游逛的顾客兴趣的有利途径，这是因为以步行速度行走的顾客对环境的细部刻画是很敏感的；而且细部的内容也为消费者提供了可消遣的信息符号。所以，消费者对环境的体验更多的也是来自细部，细节的表达不仅是空间场景中突出的亮点，而且可以体现空间场景的文化底蕴和人文关怀，进而表达出主题个性，协同其他景观设施共同打造和谐、生动的购物体验（图 4-44）。

图 4-43　美国达拉斯北方公园商业中心雕塑景观

图 4-44　当代商业建筑中的各种生动的细节设计

4.2.2.2　场景声画的渲染

声画是当代商业建筑空间场景渲染的高端技术辅助工具，也是以消费文化为主导的空间消费主题。它是通过对购物者视听感官的刺激，产生心理的愉悦，从而延长购物时间，完成美妙的购物体验。当代商业建筑声画的创造，需要从声音与听者两方面要素出发考虑，对于声音而言，当背景声大于 60 分贝时，人们几乎无法交谈，而当背景声小于 45 分贝时，环境音开始占据主要视听。所以理想的空间背景音乐应在 45~60 分贝之间，并根据场景需求合理控制音量的大小。而对于听者而言，人们对于自然声的喜好程度要高于人工声，因此在商业空间场景的声画创造过程中，应该努力降低噪声和引入有质量、有意义的声音，例如鸟鸣、流水声、波浪声和风铃声等。

当代商业建筑场景的声画渲染首先可以通过声音与场景的立体分离来营造，主要表现在声音与场景的对立产生悬念和幻想等艺术效果。这种声与空间场景的相对独立组合，能使场景在时间与空间的变换中具有令人意想不到的趣味性，并对购物者产生流动性提示。如在台北爱美丽购物中心中，设计师巧妙地将观演空间设置在建筑的中心位置，购物者环绕其进行购物体验，在观演空间与购物空间形成了犹如峡谷一样的中庭,人们在不同位置、不同层高，都会有不同的视听效果，声音成了一种悬念，也成为购物者寻路的虚拟标识，更营造出一种四维空间位移的场景体验。所以这种从无声经有声到声画结合的天人合一的美妙境界都归功于声画的相对脱离及其组织艺术，艺术界称之为声画蒙太奇（图 4-45）。

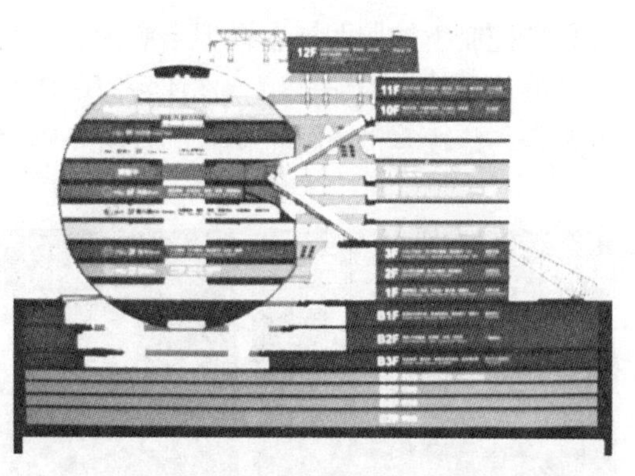

(*a*) 剖面图

(*b*) 室内透视

图 4–45　台北京华城的声画蒙太奇

声画渲染还可以通过利用声景元素和景观元素的结合，来创造良好的声画场景。声、光、电本身只是种物理现象，但人们却能够从中感受到它们的情感。这是因为人们在日常的生活中，积累了很多视觉、听觉、嗅觉、触觉的经验，一旦与空间场景的声画渲染发生碰撞时，就会激发人们内心的某种情绪，感悟出种种情感体验。美国的拉斯维加斯凯撒宫购物中心就是一个将声光技术成功地应用到空间场景中的典范。购物中心由一条曲折的线性步行街贯穿，其中布置各具特色的空间节点，节点的中心位置布置了各种与高科技声画技术相结合的古罗马雕像群，如耸立在节日喷泉广场中央的欢乐之神与酒神的雕像，每隔一小时，由机械控制的、能够活动的“酒神”就会在音频动画的奇特效果下动着嘴唇和肢体与环绕其周边的其他传说的古罗马神像举杯共饮，喷泉周边的广场上设有吧台和咖啡座，购物闲暇的顾客可以围坐在喷泉四周，参与这神圣的诸神盛宴。在罗马大会堂的中心节点处，是模拟的亚特兰岛的水景雕塑，会说话的人形雕像结合了最前沿的投影、动画和水景技术，给顾客留下难忘的试听享受。并且在通长步行街拱形顶棚上，利用高科技控制下的照明技术模拟出蓝天、白云、黄昏、夜晚、闪电等自然景象，在音响背景效果的配合下，你还可以听到打雷、下雨、海浪、甚至海鸥鸣叫的声音，给顾客带来时空倒置的视听奇观（图 4-46）。

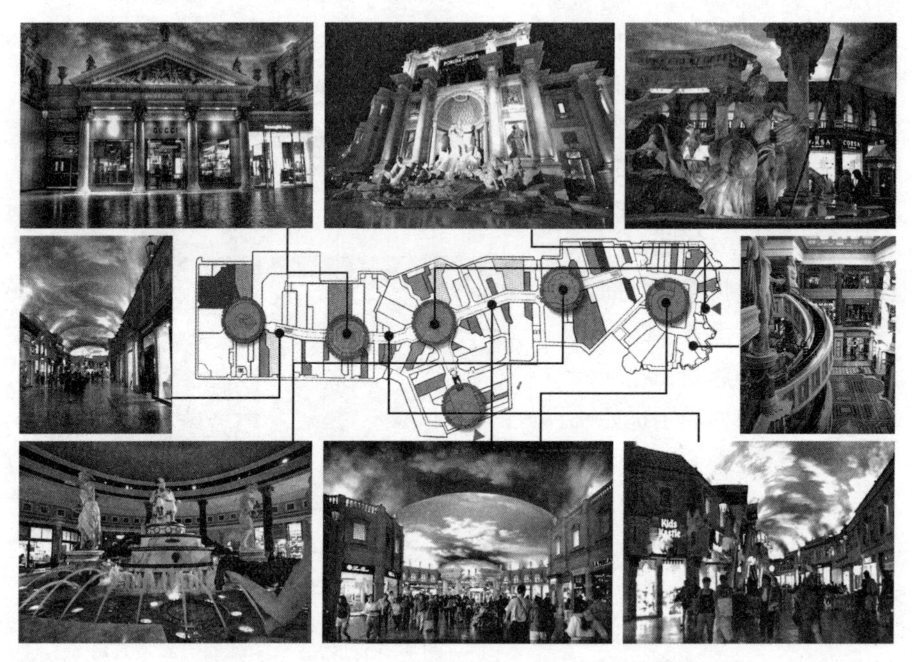

图 4–46　拉斯维加斯凯撒宫购物中心的声画应用

4.2.2.3　场景界面的催化

界面是商业空间场景的重要组成元素，也是情感体验的过程中不可或缺的主题化布景元素，起到烘托环境氛围、催化积极体验的作用。在消费文化强调具有个性化商业空间的今天，当代商业建筑的界面更是凭借其大面积的装饰与布景成为消费文化彰显的重要工具，催生了“空间的消费”的形成。场景是由三维的空间组成，所以界面也包括顶界面、侧界面和底界面，三者的综合应用、巧妙搭配是当代商业建筑空间场景主题突出、体验制造的重要表现手段。

1) 顶界面

顶界面是空间中纯视觉的部分，它具有对空间进行划分和调节以及表现环境视觉冲击力的作用。其布局应与平面相搭配，以充分界定空间、划分区域层次、引导购物流线为原则。当代商业建筑为了提供不同的场景空间体验，通常采用通透的顶界面处理方式，即主要用玻璃作为屋顶采光，营造洒满阳光的室外化的场景。加拿大 BCE 商业拱廊利用重复高耸的透明顶界面给人以轻松、愉悦的享受。建筑师通过对材料特性的把握、构造技术艺术的结合，将双层的拱形钢结构骨架巧妙地覆上透明玻璃形成顶界面，体现了具有力度的现代感和精致典雅的古典美的结合。拱廊在阳光的照射下映衬着斑驳的光影，同时也赋予空间流动的通透感和动态的韵律感（图 4-47）。当代商业建筑的顶界面也常常利用局部通透的做法，营造空间的趣味性，结合局部吊顶处理和挂件，既体现了个性与时代感，又可以发挥引导视线作用，对吸引购物者到楼上购物具有良好的推动力。如美国马里兰岛 Blloomingdale 中庭的顶界面是一个圆拱形，中心是透明玻璃打造的采光圆顶，在其四周高高低低地悬挂着类似音符的挂件小品，仿佛给顾客演奏着一曲光与影、动与静和谐共生的乐章（图 4-48）。当代商业建筑的顶界面还可以通过灯光的渲染和造型的变化，带来巨大的视觉冲击力，引起购物者的注意，新加坡怡丰城利用纯朴的木板打造了活力十足的扭转的艺术造型，从地面一直延伸的顶棚，富有动感的顶界面形式成为商场的独特标志。如新加坡怡丰城购物空间的顶界面通过流线型的吊顶与线性灯光结合形成带型体系，具有很强的指引作用，顶界面还通过局部镂空的做法为顾客的行进轨迹提供了标识（图 4-49）。

图 4–47　加拿大 BCE 商业拱廊顶界面

图 4–48　美国马里兰岛 Blloomingdale 顶界面

图 4–49　新加坡怡丰城顶界面

2）侧界面

侧界面对当代商业建筑空间场景的主题风格、空间的比例、开合与导向、体验的营造等有着重要影响。当代商业建筑内的侧界面可以通过虚界面和实界面来划分：虚界面诸如一根柱子、一尊雕塑等，具有强烈的围合性和标识性。这种虚界面虽不能明确空间的开闭功能，却能成为空间的限定要素，给人一个模糊的空间界限标志，它是场景灰空间制造的常用手法。如美国旧金山韦斯特菲尔中心就是以环形的柱廊来界定向心的中庭空间，尤其是中央的休息厅成为视觉的焦点，起到空间渗透与流动、引导人流的作用（图 4-50）。实界面一般是利用饰面的凸凹变化，将二维的界面转化为三维界面，强调可售性，并给购物者以延伸感和方向感。如迪拜的阿联酋购物中心，其内街的侧界面设计极为独特，将两旁具有乡土小镇特色风格立面进行拼贴，并创意性地与拱形顶棚结合。这种高室内空间室外化的手法使商业空间充满质朴的乡土气息和浪漫的小镇街头趣味（图 4-51）。再如上海的久光百货利用木格栅饰面与玻璃界面的强烈对比给人以人看人的剧场效应，斜墙和弧墙富有动感的变化，营造出轻松活泼的氛围，将围合的空间推向高潮（图 4-52）。

图 4–50　美国旧金山韦斯特菲尔中心柱廊

图 4–51　迪拜的阿联酋购物中心侧界面

图 4–52　上海的久光百货侧界面

3）底界面

底界面是一个笼统的概念，它主要包括铺地、绿化、水体等一系列底界面元素，它是空间体验诱发、展开的重要元素。就铺装设计来说，它应该保障人们视线和流线的舒适、流畅；同时为增加体验的连续性，在不同功能的区域采用不同的铺装形式，引起消费者的注意；另外，地面铺装图案的艺术效果也是强化商业空间体验的一种有效手段。如德国柏林的 Alexa 购物中心在步行街通道的地面点缀具有强烈视觉冲击的图案，既与室内的环境氛围相协调，增加了步行的趣味感；又起到提醒作用，为购物者指明方向（图 4-53）。再如美国的霍顿广场利用高差形成下沉式、地抬式的立体空间，不仅可以更明确地划分空间范围，而且可以构筑出层次更丰富、更聚人气的空间场景，营造出更生动的体验气氛（图 4-54）；在霍顿广场底界面的铺装设计中，设计师运用了不同冷暖性格的材质：木材、穿孔金属甲板、银铂环氧地板、金属格栅等，并非为了视觉的新奇，而是根据每天不同时间与太阳的关系而设计的，在阳光充足照射的地面，选择了暖性的木质与有机橡胶材料；广场铺地大面积采用的是穿孔金属甲板，以衬托周围四周色彩丰富的建筑立面；最吸引眼球的是广场一角黑白相间的象棋盘式铺地，它既为购物者提供了主要的游乐活动区，又使空间序列在此成为亮点，从节奏感和可参与性上更具有体验的深度（图 4-55）。

图 4–53　德国柏林的 Alexa 购物中心铺地

图 4–54　美国霍顿广场铺地的高差变化

图 4–55　美国霍顿广场的棋盘式铺地

4.3　基于线索驱动的空间动线设计

波兰社会学家齐格蒙特 • 鲍曼[1]认为，消费不只是一种满足物质欲求的简单行为，同时也是一种出于各种目的需要对象征物进行操纵的行为。在当代商业建筑中，行为可以物化成一种动态活动，是购物者心理行为表征在肢体，再反馈给心理的往复过程。从这个意义上说，空间体验是依靠购物者的持续的动态行为而产生并将体验升华的，我们将这种动态行为称之动线，动线组织能够驱动空间体验的实现。所以，当代商业建筑的动线设计不仅要有效地组织人流，为顾客提供便捷的交通流线；还要通过线索进行驱动，来引导使消费者完成连贯的购物体验。一般来说，动线设计分为外部引导和内部组织两方面，我们以空间体验为线索驱动，对当代商业建筑的内外动线进行分析。

4.3.1　开放化路径下的外部动线引导

当代商业建筑的职能变迁使其公共空间更加趋于向城市开放，使城市的部分人流吸引到开放空间当中，沿着设计的路径流动起来；在此过程中将优质的城市人流转化为购物人流，从而扩大商业空间的集客力。当代商业建筑的外部动线，是吸引消费者进入店铺的第一个环节，也是空间体验的前端和结束的关键节点，承载着人们购物体验价值的升华。随着城市一体化概念的

1　齐格蒙特 • 鲍曼（Zygmunt Bauman，1925~），英国利兹大学和波兰华沙大学社会学教授、著名社会学家。著有《现代性与大屠杀》、《立法与阐释者》、《现代性与矛盾性》等。

演进，当代商业建筑在城市交通中发挥着越来越重要的交通职能作用。所以，当代商业建筑的对外交通动线组织要以城市交通为导向，以立体分离为目标，以停车设施为指引，来保证当代商业建筑和城市功能机制协同运行。

4.3.1.1 以公共交通系统为导向

当代商业建筑进一步综合化的现实，使其纳入到了城市体系中的一个重要客体系统，它直接与城市交通系统相连接，成为城市领域和建筑领域间的一种“中间领域”(In-Between-Place)。所以，在开放化路径下外部动线体验的关键一环就是要真正做到以公共交通为导向的外部流线疏导，衔接好与城市交通网络的位置，协调好与城市公共交通系统的关系，组织好顾客的来店主要流线。

1）建立完善步行系统

由于当代商业建筑的集聚效应，通常成为区域的核心位置或者交通枢纽，这就需要在区域内建立完善的步行体系，以安全、快捷为体验原则，完成对周边人群的吸纳。这就需要当代商业建筑首先要对其所在的城市街区具有包容性，使其成为一个大型的供室内外流线均可辐射到的综合统一体。其次，通过交通的分离和等级配伍原则，将吸纳到此的人流进行有机的疏解与分流。最后，需要当代商业建筑对邻近的建筑进行开放性连接，可通过空中步道、传送带、扶梯、电梯等交通设施，使人流的来去方向具有多义性和随机性，有效地疏解人流。美国明尼阿波利斯的市中心就以盖威达商场为辐射核心，搭建了一系列的步行空中步道体系，从地下、地面和空中三个层次形成了人行交通的构想，并连接了IDS中心、西北中心、政府中心和复活广场等多个街区的重要建筑和开放空间。这一体系的成功建立一方面改善了城市的形象特征；另一方面缓解了商业中心的密集人流，也使商业店面的经济效益大大提高（图4-56）。

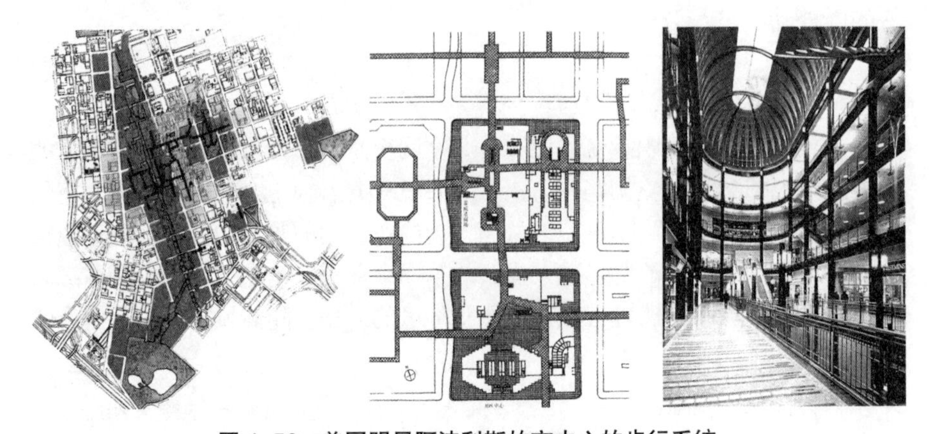

图4–56 美国明尼阿波利斯的市中心的步行系统

2）TOD 系统的支持

TOD（公共交通引导型开发）理论是在区域城市思想的基础上发展起来的城市设计框架，它借助快速交通工具，实现消费文化所倡导的便捷与高效的“商环境”（图 4-57）。在当代城市的公共交通运输体系中，随着轨道交通的四通八达，人们更愿意选择这种既便捷又灵活的交通方式，通过对周边设有轨道交通枢纽的当代商业建筑的来店手段调查得知（表 4-10），乘坐公共交通工具的顾客是其中的主力军，占 56%，对于超过 6 公里行程的购物者来说，公共汽车和地铁通常是首选的代步工具，其次是自驾车。所以，这就需要城市提供一个完善的 TOD 系统支持，首先要强调社区发展与公共交通系统的关联，使当代商业建筑沿着公共交通系统辐射的区域开发，实施公交引导型模式，TOD 模型中包括核心商业区、办公区、大型居住区等；其次依托 TOD 系统为纽带的当代商业建筑的发展潜力被大大激发，从而形成以购物中心为核心，围绕周围的写字楼、酒店、公寓等设施为其提供基本的客流保障的良性循环系统。英国的麦多霍尔购物中心就是借助与公共交通换乘枢纽的联系，而获得了强大的集客力，它通过架空廊桥与换乘中心相连，为购物中心带来了源源不断的客流和繁荣（图 4-58）。

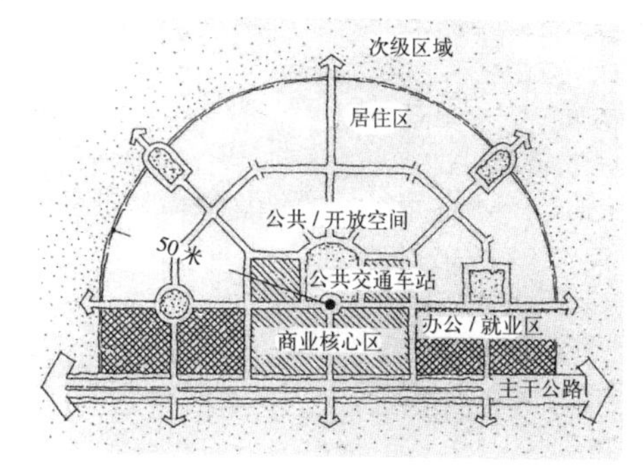

图 4–57　TOD 模式示意图

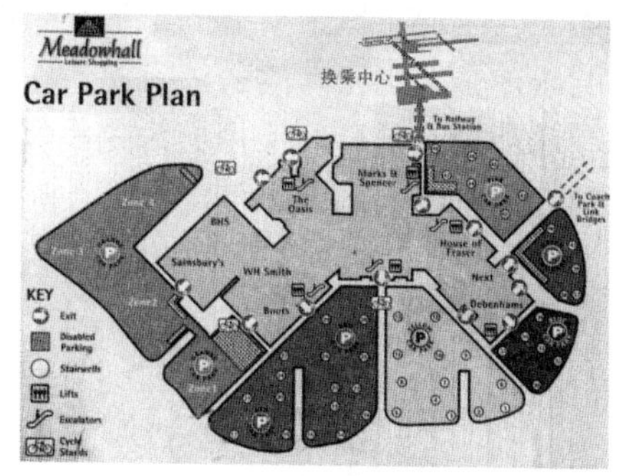

图 4–58　Meadow Hall 总平面

当代商业建筑顾客主要来店手段调查　　**表4-10**

交通方式	合计	公共交通工具	自驾车	出租车	步行	自行车
百分比（%）	100	56	30.8	4.2	5.3	3.7

注：该表数据是笔者对北京地铁附近的5家当代商业建筑进行问卷调查后综合得出。

3）入口的“疏解”与“分流”

当代商业建筑的入口是与城市公共交通体系分离的重要节点，更是购物体验开始与结束的重要节点，具有很强的开敞性、引导性和标志性。入口处的“疏解”就是将主入口与城市交通干道的相交点扩大为广场，作为城市空间与内部空间的缓冲空间，广场的尺度以能够平衡入口的商业体量作为衡量。入口处“分流”就是将总平面的交通组织有机地纳入到整个城市交通网络中，并利用地铁交通和城市公路交通增强商业设施的易达性。入口的位置应尽量选择靠近主要公共交通设施的附近，且周边与城市主干道或次干道相连，但避免靠近城市高速路、高架路。一般而言，主入口设计应在来往人数最多的路径附近、最集中的车站附近、最靠近主要路段的地方、最开阔具有视觉可见性的地方。出入口的数量不宜太多，原则上说，商业建筑应当在一个方位上只设置一个出入口，这样就能起到足够的商业氛围酝酿的作用，促使人流在商业建筑体内尽量流动，同时也促进了商业回路的形成。位于相互平行的城市主次干道间的规模较大的当代商业建筑，应当使购物人流及车流自主干路进入，员工、厂商及货物流从支路进入，从而实现不同性质的流线分离，并分散城市道路的节点流量，减少与城市交通的冲突（图 4-59）。位于城市主干道、次干道交叉处的当代商业建筑，购物人流、车流自主干道出入，员工、厂商及货流自次干道或支路出入，呈垂直方向上的分离（图 4-60）。位于两城市干道交叉口附近的，设置专用的半环状道路的当代商业建筑，应从两个方向来分散和疏散交通流，从而减少在城市干道上的节点流量（图 4-61）。为了减少商业建筑所吸引的人流、车流对城市交通的影响，可将建筑正面靠近道路一侧，应留出足够的场地作为出租车的暂停及小汽车等机动车的减速、停留、转换用地，一般场地的出入口处采用增加隔离物（隔离岛、隔离墩、栏杆）等方法来限制机动车辆的出入方位，进而控制它与城市交通流的交织角度和冲突点的位置。

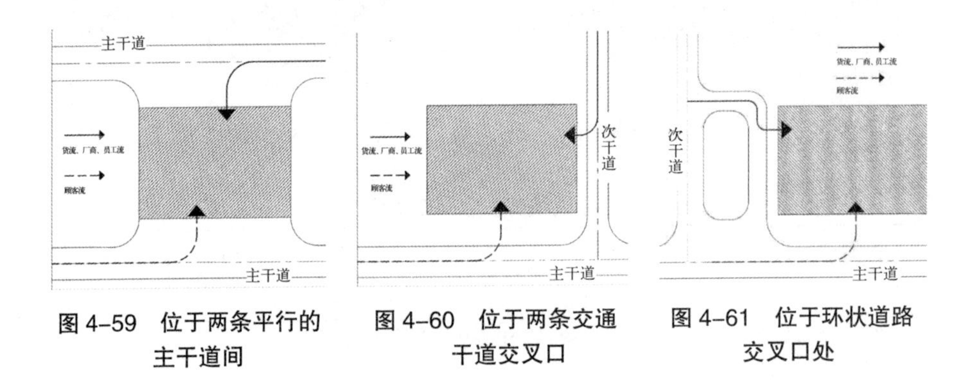

图 4–59　位于两条平行的主干道间　图 4–60　位于两条交通干道交叉口　图 4–61　位于环状道路交叉口处

4.3.1.2　*以立体交通分离为目标*

立体式分离的交通方式是当代商业建筑在消费社会所独有的对外动线引导方式，是解决功能复合化以后所带来的庞杂人流问题的最有效途径。

立体式的交通分离就是通过垂直电梯、地下通道、过街天桥及高架道路等交通设施将不同的人流与车流进行立体式分离，使人们感受城市一体化体验的动线引导模式，并有效地缓解当代商业建筑中的人流量过大和人车混杂问题。

1）层叠式立体化体验

层叠立体化的动线模式就是当代商业建筑与城市公共空间设施在垂直方向（剖面方向）上下叠置，通过下沉广场、高台广场、屋顶花园、空中客厅、地下步道、二层步道、高空天桥等交通元素进行连接。层叠式立体化交通发展的实质就是鼓励城市空间的垂直运动，并在垂直运动中加强当代商业建筑与城市关系的整合，从而起到改善商业环境质量，促进商业建筑人流合理疏散问题的解决。在当代的城市交通体系中，地铁建设从单一元素走向复合系统，地铁站也进入到当代商业建筑的空间当中，并拉动人流向地下空间发展，形成了步行商业街；并与地段内城市公共建筑的地下部分、地下停车场（库）直接相连；在地面以上，空中步道将城市建筑彼此连接为整体。地上、地面、地下三个层次通过建筑内外各种垂直交通设施相互扣结，彼此渗透，从而形成一体化的当代城市公共空间体系。如日本横滨皇后广场与城市竖向交通分为三个层级，分别是地下通道、地面道路和高架通廊，广场通过中央观光电梯、扶梯等交通设施与地下5层的城市轨道交通立体相连，并与广场横向的中央步道形成纵横相交的"T"形布局，使人们可以安全、便捷地通行，提高了出行效率，更丰富了人们的空间体验（图4-62）。再如，法国巴黎的莱阿拉商业中心采用中心地下广场式布局，地上二层，地下四层，约5万平方米的商业空间，其中地下步行道面积达2万平方米。商业中心的地下又是巴黎最大的地铁中转中心，通过地下步行道、扶梯、电梯与其上下相通。便利的交通和完善的设施成为商业中心最独特的人文景观，更使这里成为巴黎最热闹、最富有市井文化的场所（图4-63）。

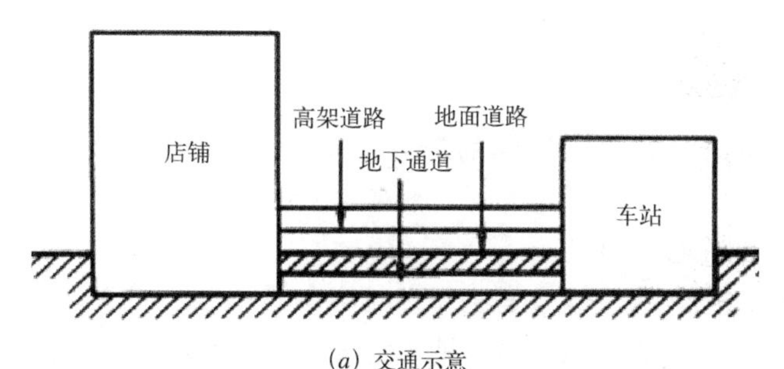

（*a*）交通示意

图4-62　日本横滨皇后广场立体交通（一）

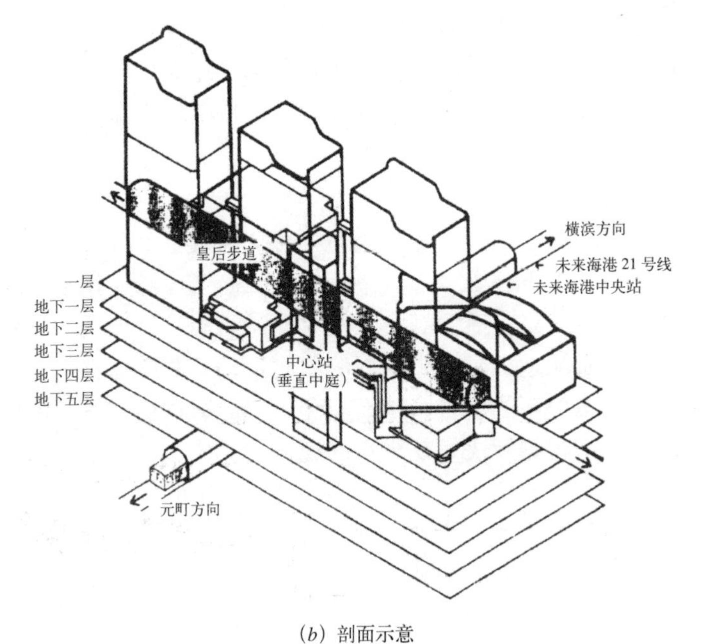

（*b*）剖面示意

图 4-62 日本横滨皇后广场立体交通（二）

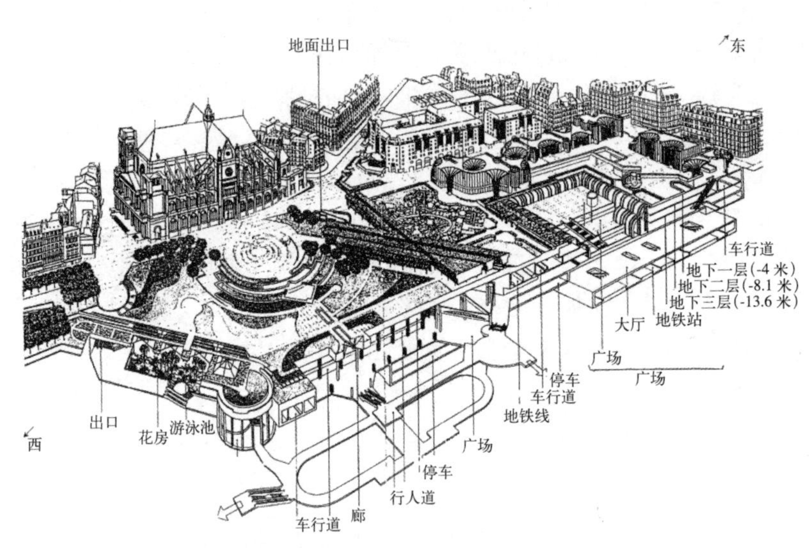

图 4-63 法国巴黎的莱阿拉商业中心立体式交通分析

2）三维螺旋式体验

三维螺旋式的动线体验是运用多向度穿插和层叠的手法来整合当代商业建筑与城市的交通体系。解决地下空间、地面空间与城市上部空间之间的职能联系和空间联系。商业空间中不仅存在不同系列的消费活动组，也存在消费活动和城市功能活动、公共活动互相交融形成的复杂活动。构成诸功能要素的立体位移意味着活动的立体位移，因此，三维螺旋状立体空间在形态上出现连续运动产生的活动轨迹立体化，同时形成激发媒介活动的立体媒介空间，这使商业空间的空间基面间不再仅以垂直交通连接，而是出现容纳连续运动和媒介空间的倾斜基面在三度空间中形成连续的面，出现类似于莫比乌斯环的三维空间螺旋结构形态（图 4-64）。并将屋顶平台、天桥层、地下层、地下夹层、停车场等不同层高的空间连接、流通，创造一套完善的“通道树型”（Access Tree）体系。例如由美国捷得事务所设计的日本大阪难波公园——“立体回游的森林”，以一种自然生态的生活方式使空中花园、屋顶绿树公园直接与城市街道相连，人们通过在弧形的外廊空间行走，可以欣赏到大树、岩石、悬崖、草坪、溪流、瀑布池塘和形状各异的露台，创造一种绿色生态的畅游体验（图 4-65）。再如无锡金太湖国际城的商业广场，利用桥型坡道和螺旋天街，模糊了建筑上下楼层的空间感受，不经意间游遍了整个商业广场，使购物变得轻松、快捷，富有趣味，充分提升了地下与楼上商业铺面的商业价值（图 4-66）。

图 4-64　莫比乌斯环模型

图 4-65　日本大阪难波公园

图 4-66　金太湖国际城

4.3.1.3　*以停车交通设施为指引*

消费文化的风靡与汽车时代的演进几乎是同步促进发展的，从这个意义上说，当代商业建筑就是汽车时代的产物。在消费文化的催生下，以开放式路径为引导的当代商业建筑最关键的一环就是解决好顾客的停车交通设施指引的问题，而且停车场又是联系城市交通与当代商业建筑的过渡空间，是当代商业建筑整体交通组织中非常关键的部分。所以，做好当代商业建筑的停车场规划与定位将是当代商业建筑外部交通引导的前提和基础。

1）多样化停车方式的布置

开放化的路径设计依靠完善的停车系统支持，在商业竞争日趋激烈的当代消费社会，停车场的便捷性、高效性成为商业设施吸引外部人流的重要因素。所以，在当代商业建筑的场地规划中，可根据项目的位置、布局、经济性等因素来权衡选择合适的停车方式。经笔者实地调研总结，当代商业建筑的停车方式可以归纳为地面停车和立体混合式停车两种类型。地面停车场具有可达性好、便于调动和使用方便、对路段动态交通影响较小等特点，对于大型车辆、短期聚集车辆、出租车和特种待命车辆尤为方便。一般适用于选址于次级商圈或城乡结合部，拥有较大占地面积的商业建筑，在场地条件允许的条件下，在室外设置一定数量的地面停车位是十分必要的。地面停车分为单边、两边、三边、环绕等类型（图4-67）。立体混合式停车一般指地面停车、地下停车、屋顶停车与立体停车楼等相结合的停车方式，具有占地面积小，空间利用率高，而且存取快捷，一般一次存取车时间不超过120秒，可以向空中发展，也可以向地下延伸，且不受外界恶劣自然气候影响（图4-68）。立体式停车还可以安装机械式升降设备等先进系统，以增加停车泊位数，适用于选址于城市中心商圈或CBD区域的商业综合体建筑。由于中国人多地少的国情不同于西方国家的地广人稀，所以，采用地上地下相结合的混合式停车场布局，特别是有单独的停车楼的停车方式，将是未来商业建筑发展的重点（图4-69）。

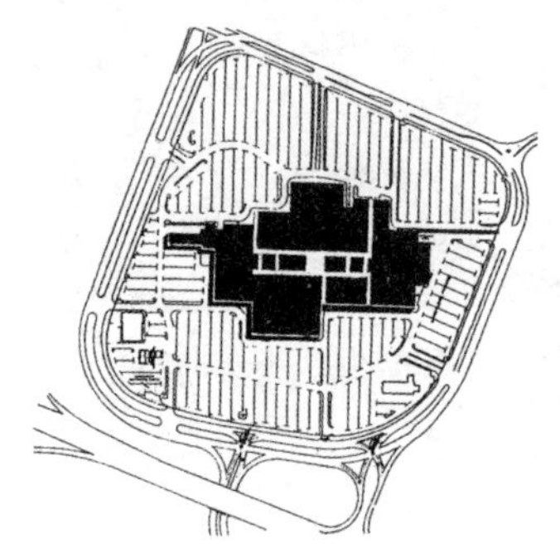

图4-67　地面停车方式示意

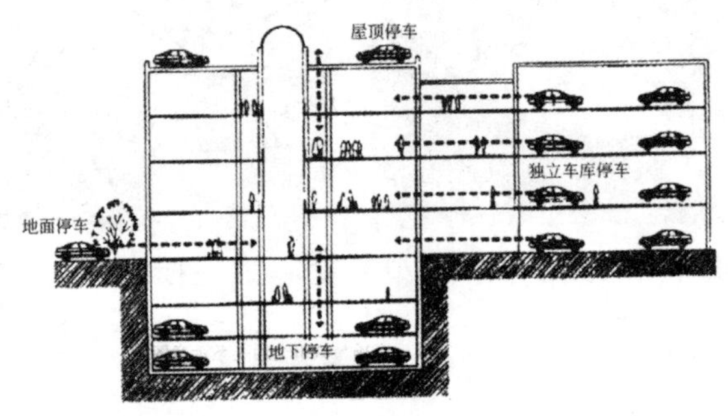

图4-68　立体式混合停车方式示意

图4-69　屋顶停车楼示意

2）场地内停车规划的引导

在当代商业建筑的场地规划阶段，停车场规划的基本原则就是要处理好场地内的不同使用功能的停车问题，使各种交通各行其道，互不干扰。停车场的设计应当实现两个分流：第一个分流应该实现停车场的外部流线与顾客步行外部流线分离，即人车分流；第二个分流应当实现顾客的停车场外部流线与商店搬运货物车辆的流线分离，即客货分流。首先，当代商业建筑的商品车流除应与步行人流分开外，还应与顾客流、职工流尽早分离，且将物流配送安排在非营运时段，避免相互干扰。值得注意的是，由于在当代商业建筑的商品大进大出，在其货运装卸服务区应留出足够的场地以满足货运汽车停靠、回转、卸货等要求。其次，出入口设置应满足为乘客提供方便快捷的服务，达到进车易、出车快的目的。此外，停车场的引导标识应做到系统化、人性化，为泊车顾客提供便捷、及时的停车场车位信息，顾客能够按照最便捷、最清晰、最明了的引导标识完成停车过程。一般当代商业建筑的停车信息的辅助诱导从外到内采用三个等级，即外围区域型诱导、主要交通节点诱导和场地内诱导。最后，考虑到当代商业建筑多元化的功能需要和功能空间具有错时高峰的特性，要求建筑师在停车场布置规划中尽量做到分区分时，以发挥停车场使用的高效化，这种方式也是当代商业建筑地下停车场规划最有效的布置模式。如北京大钟寺国际广场将场地的步行入口接近于城市主要人流方向，即公交及地铁车站附近。场地规划采用分设进入场地方式，将停车位与步行顾客人流路线分开，以减少步行顾客人流与顾客车流的交叉，确保安全因素，并提高各自的出入效率。在停车场的流线布置上，将货运装卸服务区与顾客停车场完全分离；并在服务区的入口设置明显的标识，防止顾客车辆误入（图 4-70）。

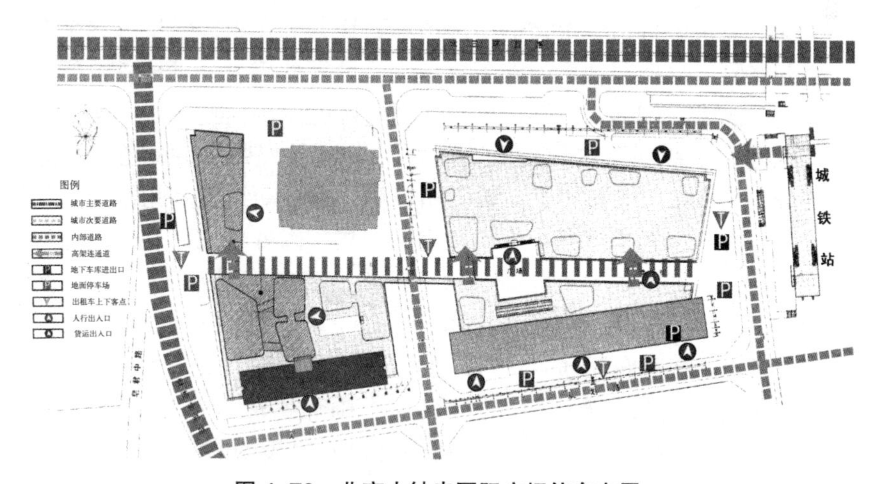

图 4–70　北京大钟寺国际广场停车布置

4.3.2　多义化路径下的内部动线组织

当代商业建筑的内部动线是空间体验的驱动器，随着多功能的多元复合，商业空间内部交通动线呈现多义化的倾向。主要是指通过多样化路径的设计将人流合理分流、各得其所，营造丰富的空间体验。多义化的路径设定与电影中的线索具有同质性，通过空间路径的设定连接各部分情节，使商业空间场景带有戏剧色彩，将顾客的活动带入高潮迭起的环境之中。本小节我们从当代商业建筑的主题化路径选择、多样化路径策动、立体化路径提升三个方面进行深入剖析，提炼出当代商业建筑对内交通动线体验的设计策略。

4.3.2.1 主题路径的选择

当代商业建筑内部动线的策动方式较传统百货商场更加灵活、多变，除了要满足正常的交通疏散问题以外，还要以提供完美的购物体验为前提，起到点缀、引导、活跃空间的作用；为空间增添动态的生机，成为服务主题。这也是产生体验的设计要素之一。在当代商业建筑内部动线组织中，往往引入不同的主题线索使路径具有导向性；再结合中庭、广场、造景小品等元素的烘托，提高动线的生动性、通透感以及顾客的可达性，实现特色鲜明的空间体验。

1）以空间特征为主题

以空间特征为主题的内部动线策动方式通常是以自然界事物特征为蓝本，将空间的诸多要素与要烘托的事物相关联，形成整体联动的流线组织方式。以空间为特征的主题路径往往通过在流线上产生的商业活动、路径周围的色彩环境、特定的空间形式等方面的因素表现出来，这种过程不仅弥补了现代城市中机械、单调的生活节奏，让人们在工作、生活之余有一种惊喜的体验，也使空间机能的效率最大化地发挥出来，满足了人们多样丰富的消费需求。例如，法国巴黎德方斯新区的四季商业中心以集中四季变化的空间环境特征而被命名为“四季”，空间按照四季的颜色依次分为四个部分：橄榄绿、土耳其蓝、紫色和金黄，水平动线也以此作为策动的主题，在顾客水平行进过程中无论在空间布局、内外装饰以及灯光色彩上都带给人们对应四季的空间体验。水平动线也相应地成为四段式：西区以“德方斯广场”为中心，中区用 100 多米长的“拱廊大街”作为纽带，东区围绕大旱冰场展开布置（图 4-71）。

再如，香港方圆购物中心通过引入中国风水原理中的五种自然元素——金、木、水、火、土来对应不同的零售区域，以策动消费者的水平动线。消费者在流动中体会空间的穿越、颜色的变幻、形体的灵动。购物中心的娱乐区定义为“火区”，红色和橙色的火焰成为区域的亮点，且有一个巨大的雕塑墙为区域水平动线节奏增加了韵律（图 4-72）。

2）以个性流线为主题

路径作为知觉方面的一个图式，人们对路线特征的认知往往是通过其不同寻常的个性流线所达到的。个性流线有助于人们判断自己的位置，且易让人识别；保证动线路径的景观性、流畅性、趣味性是创造特色化的空

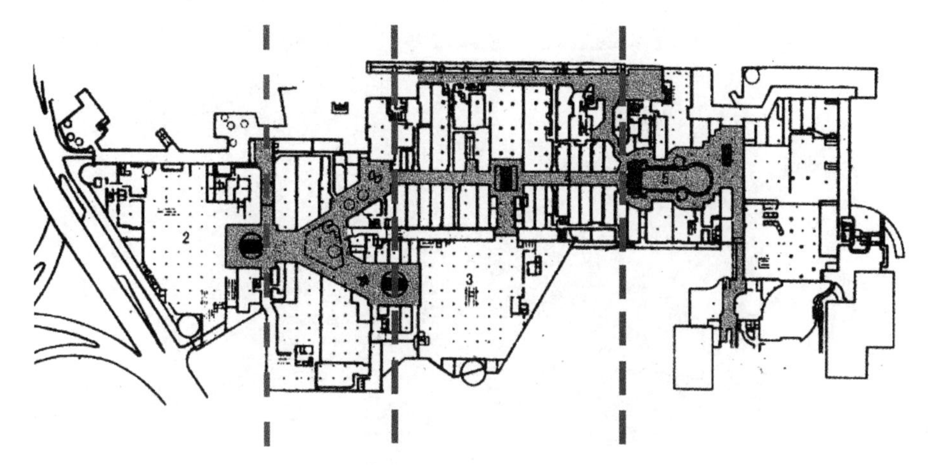

图 4–71　法国巴黎德方斯新区的四季商业中心

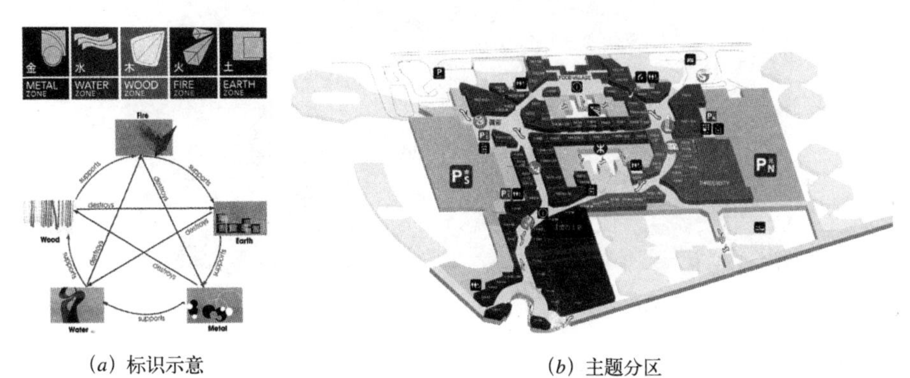

（*a*）标识示意　　　　（*b*）主题分区

图 4–72　香港方圆购物中心的水平动线组织

间序列场景的前提。当代商业建筑为了突出其购物体验的趣味性，一般采用以奇制胜的体验路径主题。如位于广东东莞的华南 Mall 就是通过以“水”为主题路径组织，秉承“乘船逛大 Mall，购物看风景”的水陆结合的动线组织方式，打造公园式的购物体验。场地内以一条人工水系环绕，并通过水系连接不同风格特色的主题公园式的购物区域，在这里购物者可以选择不同的水上代步交通工具，如威尼斯的刚朵拉、小型游艇、中国特色的龙舟等畅游整个区域。从购物中心的中心码头乘船，经旧金山、阿姆斯特丹、巴黎、威尼斯至热带雨林，最后回到热闹的加州海岸。这样的“步行 + 船行”的交通系统打破了千篇一律的步行街的单调性。由于水系的环绕，陆上的交通多用拱桥和空中廊道连接不同的主题区域，以保障水道的畅通。除了水陆两条特色化路径以外，消费者还可以选择搭乘无轨小火车或电瓶车，从中心区的观演台，沿香榭里大道到酒店前的圣马克钟楼，体验充满法国风情的香榭里大道（图 4-73）。

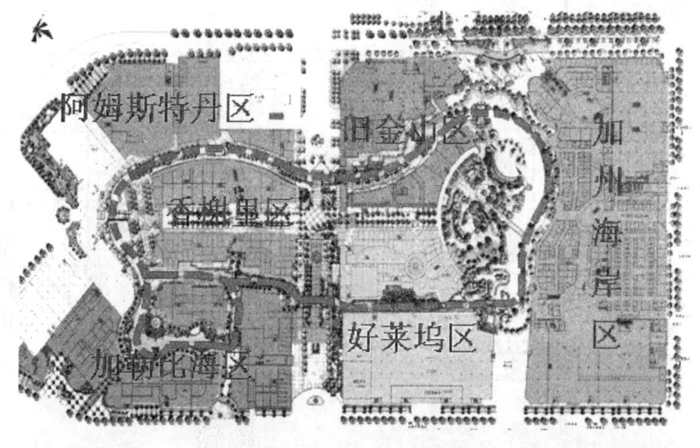

图 4–73　广东东莞华南 Mall 的水系路径

4.3.2.2　多样路径的策动

当代商业建筑的内部动线组织形式因其多功能的复合而越来越多样化。多样化的路径策动需要当代商业建筑能够在复杂的功能中体现便捷、适用的设计意图，并尽量让消费者最大限度地获得消费机会和空间体验。所以，在具有多条流线的复杂商业环境中，各路径之间应有不同的组织方式，来表达不同的体验特征。下面我们从多功能路径的组合和多样化路径的类型两方面来探讨当代商业建筑内部多样化动线的设计策略。

1）多样化路径的类型

传统商业建筑的水平动线组织通常是“步行街 + 中庭”的形式，而在当代商业建筑中，影响消费者行走路线的不仅是商品，还有色彩斑斓的店面、商品展示橱窗、适宜的温度、新鲜的空气以及隐约的音响效果等。所以当代商业建筑多样化路径的组织形式既应该以主力店为核心组织，又应该照顾到一些品牌的专业店，能够最大限度地发挥相互穿插、指引的作用。根据人们不同的体验特征，我们将当代商业建筑的路径策动形式分为曲线式、环绕式、放射式、错层式、复合式这五种类型（表 4-11）。

水平动线的组织形式　　表4-11

模式	图示	体验特征	实例
曲线式		这种流线组织可以获得较长的沿街铺面，垂直与水平交通明确，不易产生死角，一般用在用地较狭长的项目中	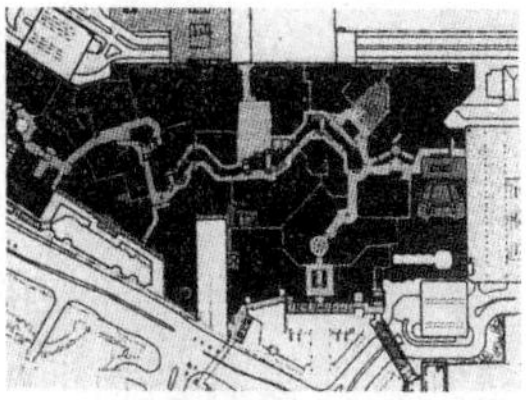 威尼斯酒店大运河商店街
环绕式	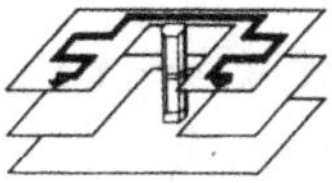	有利于强化空间核心感，营业空间绕其设置，便于确定方向，成为空间识别的参照点。是当代商业建筑流线最为常用的策动形式	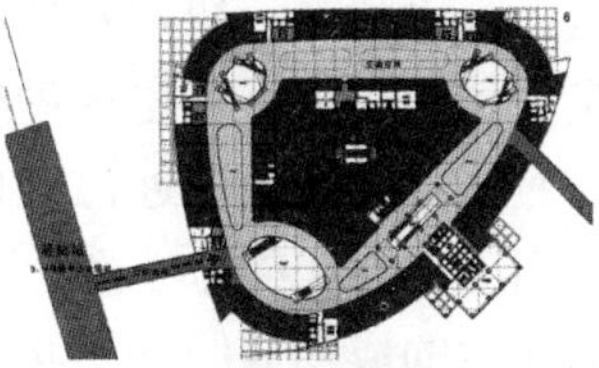 上海长峰商城
放射式	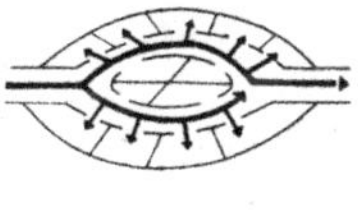	有很强的向心感，店铺的位置和景观具有均好性，也有利于经营管理的灵活性，可根据商品特点设置独立空间，减少彼此的干扰	 美国加州时尚岛
错层式	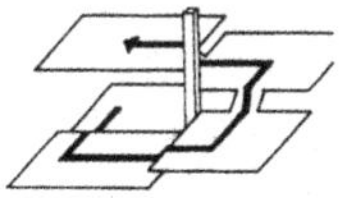	空间丰富，楼层之间以楼梯、坡道或自动扶梯相联系，购物的流线较流畅，呈不同高差错落的形状，可以减轻疲劳程度	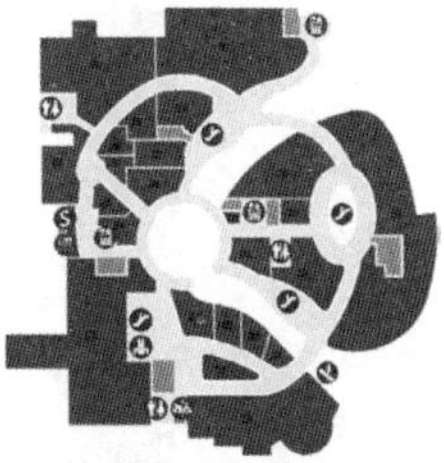 南京水游城
复合式	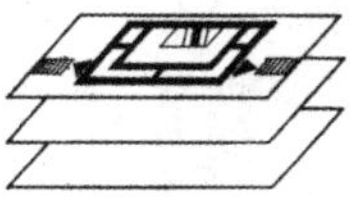	开间与进深较大，柱网布置灵活，面积使用率高，空间分隔自由，有利于商品陈列，但方向感不明确。适用于超大型店铺的流线布置	 上海港汇广场

2）多功能路径的组合

当代商业建筑动线路径的多功能化有赖于其功能的多元化，复合的功能空间也决定了路径的不同组合机制。多功能的路径组合设计应根据店铺的选址、定位和规模等因素综合考虑而确定，但必须基于一条简单原则，就是通过人们在路径中的动态行为，提高人们在场所中体验生活的品质。首先可以通过路径的开放性对流动人群的接纳而产生集聚效应，并将流动的人群转化为优良客户的方式。如日本福冈博多水城的路径设定是沿着运河展开，并极具创意地把对人类生活有影响的自然天象、效应、神话传说与生命形态作为路径节点的创作主题。运河城的五大体验区分别为星辰庭、明月街、太阳广场、地球道与海洋院。人们沿着运河两侧的开合空间流动时，配以喷泉、树木和雕塑，使区域中的场景如同一个完全与外部隔绝的世外桃源。为了强化这种线索体验，建筑师将建筑的颜色与场景协调，尤其是内庭的颜色接近棕红色。由于运河城周边是曲线道路，建筑师将所有沿街立面处理成与道路一致的弧线，且可以通过特有的拱廊往返运河两岸。运河城的成功应归功于其开放路径的流动效应，每天平均接纳 3 万人的数字就是最好的证明（图 4-74）。

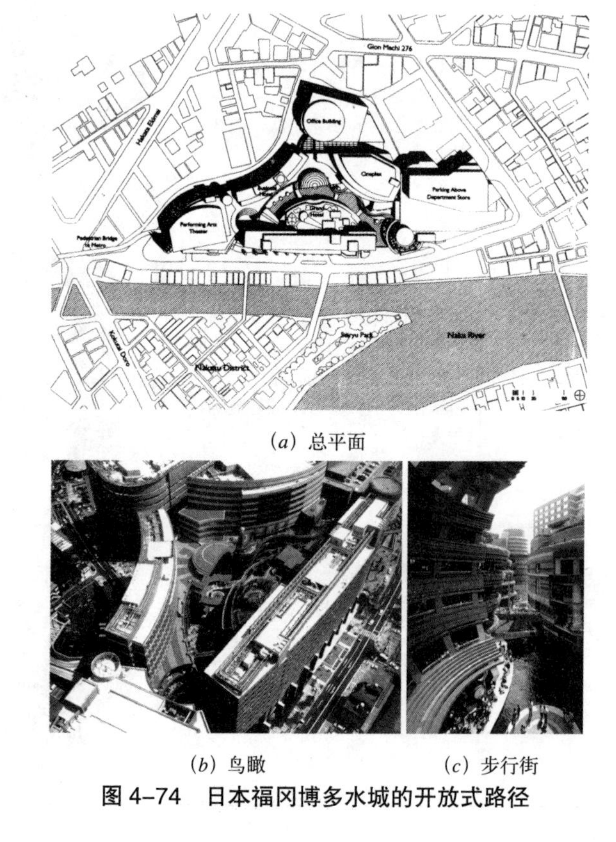

（*a*）总平面

（*b*）鸟瞰　（*c*）步行街

图 4–74　日本福冈博多水城的开放式路径

其次是通过对不同目的地的顾客流线的组织，来实现高效、便捷的流线特征。由于当代商业建筑的多元综合，人们一般是带着不同的目的来到店铺的，这就要求对于需要较大疏散功能的空间有单独的出入口，来提供通过最短的路径实现时间效率的要求。如深圳龙岗商业中心的动线路径设定就体现了多义化路径的有机组合优势。在复合多元的商业空间中，结合不同的来店顾客利用入口分置、导向明晰、使用便捷的路径导演出不同的路径结合不同的空间场景服务不同的空间区域与功能的效用。并且每条路径有相应的特征，不论是以美食文化为主题的美食城，以休闲保健为主题的康体娱乐中心，还是以表演娱乐为主题的电影城，都通过流线处理有机地组织成变奏式的情景效应（图 4-75）。

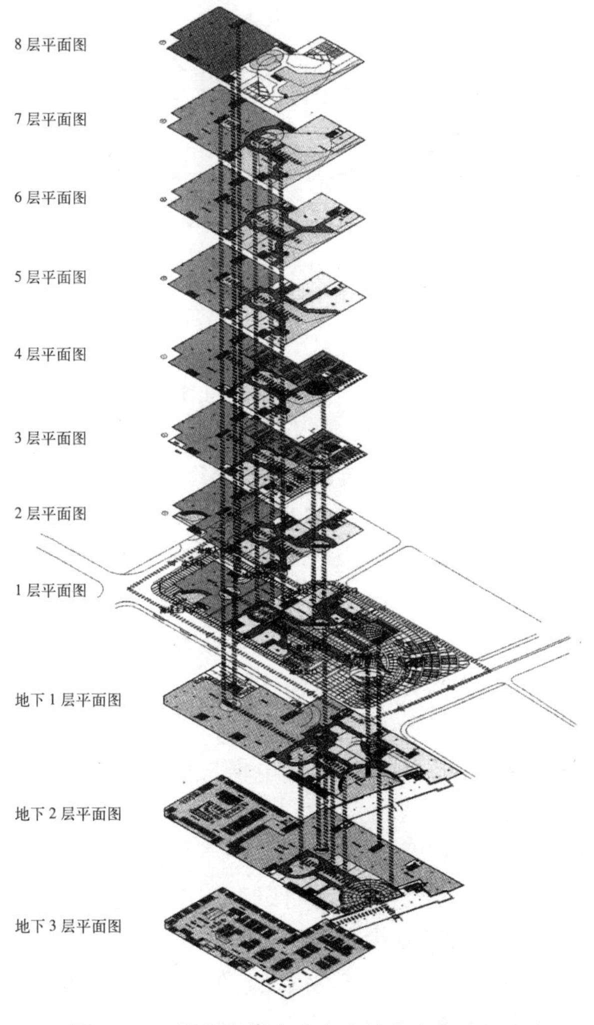

图 4–75　深圳龙岗商业中心的多义化路径设定

4.3.2.3　立体路径的提升

当代商业建筑立体化路径的主要目标是将人流向商业价值较低的楼层吸引，从而提升店铺的整体价值，同时立体化交通设施也是易于形成商场自身空间特色体验的布景道具。理想的竖向人流拉动策略是将目的性较强的核心店铺、旗舰店、主题餐厅、快餐广场、多厅影院、溜冰场等功能设于较高楼层或地下楼层，从而最大限度地吸引垂直向的人流，以实现楼层间价值共享(图 4-76)。立体化动线作为当代商业建筑楼层之间的引导系统，也是当代商业建筑空间体验升华的关键所在，其模式已经突破了原有的将顾客层层向上拉动的模式，而向更具体验色彩的模式转型，从形式上可以归纳为层叠式、螺旋递进式和枢纽式三种类型。

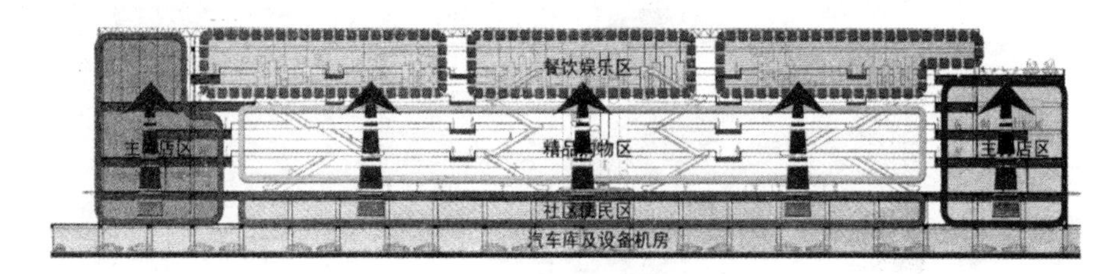

图 4–76　立体化动线的拉动示意

1）层叠式动线组织

层叠式动线组织是将当代商业建筑从高度上进行分区，将较高楼层转化为近地层的模式。有利于较高层商业店铺的经营，将顾客更有效地吸引到楼上，使购物体验自上而下的展开。香港 Megabox 的“天梯”就是利用扶梯将商场分成 2~6 层、6~9 层、9~11 层三个竖向的购物区段，大大缩短了购物者的水平流线长度,使购物体验更加具有目的性和随机性（图 4-77)。在日本大阪的 HEPFIVE 中，类似剪刀形交叉并置的自动扶梯成为商业空间中最具视觉冲击力的焦点，既起到了运载顾客的作用，又使顾客视线更通透（图 4-78)。电梯是当代商业建筑中运送效率最高的垂直交通工具，目前最受人们追捧的是位于中庭的观光电梯，具有景观效应和可识别性的双重职能。如日本横滨皇后大道的景观电梯与扶梯交相辉映，成为购物中心的标志性景观（图 4-79)。

2）螺旋递进式的动线组织

螺旋递进式的动线组织是使顾客可以直接连续上下楼，而不必兜圈子的动线组织形式，这样可以减少顾客上楼过程中在每一层的迂回逗留的时间，而且可以使购物体验更加具有连续性。如美国旧金山的 Westfield 购物中心在中央峡谷式中庭设置了层层递进、盘旋而上的螺旋式扶梯，将步行、景观电梯、楼梯等多元的立体交通方式通过错综复杂的空间设计，有机贯穿在一起。人们在盘旋的扶梯上行进，可以浏览到购物中心的各个方位的不同商品，从而增加了店铺特色的可识别程度（图 4-80）。

图 4–77　Megabox 的“天梯”

图 4–78　日本大阪 HEPFIVE 中的扶梯景观

图 4–79　日本横滨皇后大道景观电梯

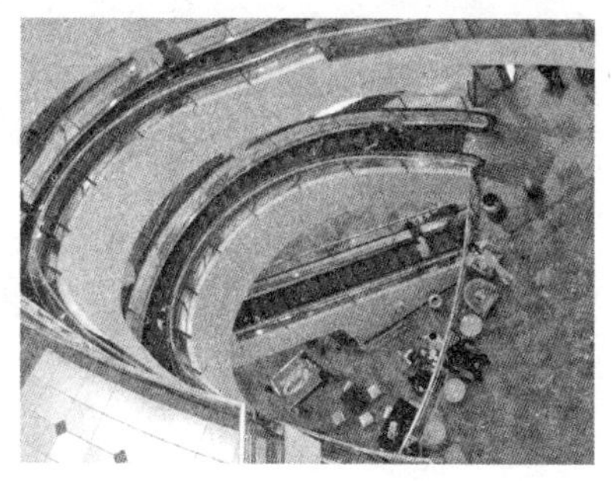

图 4–80　Westfield 的螺旋扶梯

3）枢纽式动线组织

枢纽式动线组织是在特殊楼层利用公共交通枢纽人流量大的优势，产生首层效益的重新分配。这种动线组织能够利用地铁、轻轨以及地面交通的不同建设高度，在同一个当代商业建筑中实现多种交通方式的垂直“零换乘”。如北京东直门交通枢纽是一个集大型商业中心、写字楼、公寓、酒店、航空服务楼于一体的商业综合体，在地下 2 层与地铁 2 号线连通，地上 2 层与 13 号线轻轨连通，地下 1 层是城市公共交通枢纽站。综合体既有大量的轨道交通内部的换乘，又有各路公交内部的换乘，还有轨道交通与各条公交之间的换乘。对于这种交通方式较多、线路情况复杂的大型综合体，其动线采用将客流先聚集再疏散的方式，在枢纽内部设立换乘厅，再通过换乘厅与其他交通方式相连接，形成以换乘厅为中心的放射形换乘空间组织方式。换乘厅的上下之间由四部扶梯连接。双层空间既解决了与地下轨道交通衔接的问题，又提供了更多的与公共交通衔接的层面，与地面公交、地面步行系统实现顺畅连接。根据现状改造的集散大厅尽可能扩大楼梯与扶梯的宽度，使换乘出入口的通行能力达到了 C 级服务水平。综合体通过对高密度的城市空间进行垂直方向的多维度组织，将城市核心区交通枢纽密集人流进行合理的疏导、组织，使其转化为优质的商业人流（图 4-81）。

图 4–81　东直门商业综合体交通组织剖透视

第五章　当代商业建筑的形象塑造

审美（艺术）与日常生活之间界限的模糊乃至消失，使审美活动不再发生在与日常生活隔离的封闭场合或空间，而是发生在日常生活空间。“当代文化正在变成一种视觉文化而不是一种印刷文化，文化的视觉转向使我们进入了一个‘读图时代’。图像与符号的力量是如此的巨大，以至于大众会在无意中被它左右自己的生活方式与消费模式”。当代商业建筑作为人们日常文化生活的容器，也成为日常审美艺术呈现的载体。随着消费文化的传播，当代商业建筑也继承了审美泛化这种审美逻辑，其表征并不仅在于样式的不断变化，而开始转向与生活方式相关的革新。也就是说，当代商业建筑对审美泛化的体现并不在于满足或寻找某种美学标准，而在于从日常生活中提取美的事物，来不断激发人们的视觉感官体验和幻想。随着媒介、电子以及数码技术的完善，我们进入了消费社会的“读图时代”，视觉文化超越了其他文化元素更加凸显出来，而当代商业建筑的内外部形象塑造作为视觉文化中最通俗易懂的表征，日渐成为建筑师精心刻画的重点。那么，研究审美泛化逻辑下当代商业建筑的形象塑造策略，就要从当代商业建筑形象中与视觉感官直接联系的元素入手，这涉及从体量到表皮再到媒介的无限更新。

5.1　基于崇高化审美的体量营造

当代商业建筑的体量是形象塑造中吸引人们眼球和注意力的第一要素，是审美泛化下当代商业建筑审美传达的最直接体现。建筑体量是其内部空间构成的外部表象，是空间构成的结果，它主要是指形体在空间上的体积，一般从建筑形体的长度、宽度、高度三维向度来控制引导。随着消费社会人们对崇高化美学的诉求，复合化的当代商业建筑的体量成为这种诉求的载体，也被人们赋予了崇高化的审美标准，并直接影响到消费者的购物欲望。体量的崇高化审美如同是有待阅读的文本，具有令人期待的邀约和诱惑，它吸引消费者进入当中进行阅读，激发商业空间的潜在价值。对于当代商业建筑崇高化审美的体量营造，本书主要从体量的巨型化和异质化两个方面深入探析。

5.1.1 体量的巨型化建构

雷姆·库哈斯在其论著《Bigness or the Problem of Large》中深刻剖析，消费社会抽空了建筑学的经典内容，那些关于构图、尺度、比例、细节等知识全部作废，建筑形式的艺术在尺度迅速膨胀的大都市中变得一无用处。体量的混杂已经暗示了当代建筑不可能被单一的建筑式样或组合所控制，"庞大"成为一种新世界现象，库哈斯解释为"超建筑"（Hyper-Building）现象。实用、混合杂交、相似、摩擦、重叠、温和、容忍、表里不一成为它的内涵。这种直观性、形象性的体量巨型化建构吻合了当代大众文化对崇高化审美的口语化、视觉化的语境，使当代商业建筑具有了一种审美的质素功用，充分施展自己的魅力，成为城市重要的视觉标识。

5.1.1.1 交混与巨构的整合

交混与巨构是当代商业建筑在消费社会对审美泛化最张扬的诠释；这也是库哈斯在《S，M，L，XL》一书中最重要的理论观点。他认为"交混与巨构"是对抗整合现代都市片段化和混乱的主要方式之一。在崇高化美学下的当代商业建筑形象塑造中，商业巨构已不仅仅限于视觉功用，而是被扩展到具有多种功能和生活价值意义的功利性场所；当代商业建筑的体量也逐渐成为城市中的核心标志物，被刻上了崇高化的烙印。由此，巨构式的当代商业建筑无论是外在形体、立面刻画，还是内部空间架构、环境营造，都以更大地激发购物欲求为目标，以有效地整合城市价值系统为旨归。

1）形体的化整为零

当代商业建筑的交混与巨构要从其自身出发，通过表现尺度和质感，丰富轮廓线来处理好体量的巨型化，将庞杂的功能空间有机整合，从而使其自身体量化整为零，以富有节奏动感的完形体量吸引大众的注意力。当代商业建筑独特的经营机制造就了其天生具有的巨大建筑体量（群）、大面积的停车场及巨型的广告牌，成为城市环境中独树一帜的城市名片。土耳其伊斯坦布尔的 Meydan 购物广场是利用连续起伏的体量变化打造令人震撼的视觉盛宴，Meydan 是 Umraniye 地区最大的零售商业项目，它不仅仅是为了建造一个当代商业建筑，更重要的是构建一个城市中心。Meydan 为了配合伊斯坦布尔市未来的快速更新，其体量构成并没有遵循原有城市所强调的传统肌理和人文尺度，而是以一种连续完整的建筑体量实现巨构化的空间叙事。砖红色的封闭型立面结合开放型的屋顶绿化系统，既体现地方特色，又为城市提供可呼吸的绿肺（图 5-1）。摩洛哥卡萨布兰卡购物中心是一个壳状的购物中心，它的设计像是卡萨布兰卡滨水散步道的一个自然的延伸，也是利用化整为零的方式处理体量巨型化的典型实例。购物中心占地20公顷，包含有250多个店铺和饭店，其中包括非洲第一家Galeries Lafayette商店，一个100万公升的水族馆和一个有着400个座位的IMAX电影院。不同的主题旗舰店如钻石一般镶嵌在整体的屋盖之下，并通过屋盖的开合展现出璀璨的光芒。购物中心对高技派建筑材料和先进建造技术的应用，无不透露出信息时代的特点，既迎合了当地的地域文化，也与滨海区域“海纳百川”的形象寓意自然呼应（图5-2）。

图5-1 伊斯坦布尔Meydan购物广场

图5-2 摩洛哥卡萨布兰卡购物中心

2）中介空间的粘合

当代商业建筑的交混与巨构化的形象塑造还需要利用中介空间的粘合作用将各组功能体块组织在一起，成为庞大的有机系统，从而表达崇高化的审美情趣，形成城市人们欲望的约会。库哈斯把巨构体量定义为“全能与无能的危险混合物”，商业巨构本身就是“一场混沌的冒险”。随着城市化进程的加快，城市规模的扩大，城市更新频率的增长，商业巨构不可能在任何一种乌托邦意义上来拯救城市，而只能不断地创造新奇的形式引领时尚，满足城市更新的需求及大众的消费愿望。在当代商业建筑的功能属性日趋涣散的消费社会，体量的交混与巨构造就了中介空间成为整合体量庞大系统一体化的粘合剂，同时也印证了库哈斯提出的“功利性空间”（Utilitarian Space）与“公共性空间”（Public Space）无情地整合的理念。德国柏林索尼中心就为市民提供了一个可游、可观、可参与的交混空间。这座以索尼公司为平台的电子产品零售、展示中心面积达21万平方米，由7栋相对独立的建筑围合而成的中心广场——“论坛”（Forum），呈椭圆形向周边的城市街道辐射。在总体布局上，建筑师试图对建筑群体与城市空间结构的关系作一些尝试，其核心理念可以概述为对中介空间（In-Between

Space）在营造城市公共场所所起作用的关注，以及对城市空间属性的定义与重组。索尼中心因提供复杂多变的功能交混，而不可避免地出现建筑体量与局部空间形态的异质与间断，但建筑师通过有效的路径组织和内外交融的动态空间的序列安排，强化了公共空间的连续性与整体感。这样不但提高了体量内部空间的使用效率，还使功能性空间、公共空间有机地组成一个整体，也为市民提供了一种全景式的视觉体验。在 4000 平方米论坛广场上，最引人注目的是以日本富士山为模仿蓝本的锥形穹顶。它是由巨大膜结构结合钢和玻璃构成，看上去就像是漂浮在建筑群当中的云彩。广场的顶棚遮挡了雨雪，但并不影响内部空气的自由流动；玻璃和膜结构阻挡了阳光带来的过多热量，使广场在夜晚灯光映射犹如一座彩色的富士山（图 5-3）。而由捷得事务所设计的波兰华沙 Zlote Tarasy 购物中心，则是利用一个富有想象力的创意性中介空间将一个集写字楼、商场和娱乐设施于一体的体块组群有机地组织在一起。中介空间富有戏剧效果的弧形顶棚为熙来攘往的购物者提供一个视觉焦点，它利用空间单层网架将 1 万平方米的三角玻璃嵌板成功组装，构建起一个复杂的气泡状玻璃幕墙，这个灵感来源于一块堆积的布褶向周边延伸、展开的创意，同时也真正实现了体量之间的粘合和过渡（图 5-4）。

图 5–3　德国柏林索尼中心公共广场中庭空间

图 5–4 波兰华沙的 Zlote Tarasy 购物中心

5.1.1.2 复杂与矛盾的协同

消费文化的先行者罗伯特•文丘里在其著作《建筑的复杂性与矛盾性》中，深刻阐释了经典的建筑作品都是矛盾的和复杂的协同，而不是非此即彼的纯净的或简单的组合；意义的丰盛胜于简明，甚至杂乱而有活力胜于明显的统一。消费文化将崇高化审美逻辑引入当代商业建筑的现实，造就了其体量建构也要兼顾复杂性与矛盾性的相互协同作用。矛盾指各形体要素之间的对立，如封闭与通透、规则与不规则、空间界面构成材料与形式的不协调等，这些冲突经常给人以耳目一新的视觉冲击；复杂则对应着组成要素的多元化和组织方式的多样化，如多种空间形式的聚合、界面部分构成形式的设计、布置方法的变化等。这种具有多样性的体量，为消费者提供了丰富的感官享受和一定程度上的情感刺激，缓解了购物的疲劳与不适。

1）复合元素的并置

复杂性与矛盾性的协同首先表现在建筑形体要素多元并存的处理上，由于当代商业建筑功能的多元复合，并将导致不同功能的空间对层高、面积、形状、开窗等特殊要求，如咖啡厅、影院、展览馆以及运动馆等都对空间有特殊的要求。这就需要通过对若干复合元素的整合，并通过材料的对比使体量的构成更具戏剧性，从而达到吸引人们眼球的作用。如安藤忠雄[1]设计的日本东京 Collezione 是一个精彩的“安藤风格”的当代商业建筑，圆形与方形的几何体量相互交叉，光线与混凝土形成鲜明的对比，从幽暗的地下伸向明亮的天空，安藤忠雄利用娴熟的手法将各种形体元素恰如其分地组合在一起，化解了空间中复杂与矛盾的冲突。这种似乎在商业空间很少出现的多元素组合在安藤的手下，变成了独一无二的视觉审美，同时也使空间充满意想不到的新奇效果（图 5-5）。而与 Collezione 孤立、集中

1 安藤忠雄（Tadao Ando，1941~），日本著名建筑师，开创了一套独特、崭新的建筑风格，成为当今最为活跃、最具影响力的世界建筑大师之一。1995 年获得普利策建筑奖，代表作品有六甲集合住宅、光之教堂、风之教堂、东京表参道 Hills 等。

的作品形成对比的是在同一条街道不远处，由桢文彦[1]设计的 Spiral 商场，他以更加粗犷的方式，尝试将各种不相干的几何元素进行混搭。从外观体量看上去，人们很难解读设计师为什么会将如此多的、互相矛盾的元素并置，并形成如此的视觉碰撞。桢文彦的设计初衷是将店铺的零售要素(商店、酒吧、咖啡馆和餐厅）与艺术馆结合在一起，从沿街立面看，建筑是一系列的阶梯和片段的形式，反映了与城市无序状态的矛盾，而后现代主义风格的外立面处理和符号的复杂堆积，在一定程度上是对周边环境中现代主义简单方盒子构成的讽刺，而从外观看上去，琐碎的几何体都是专属功能的体量要素，都是对空间功能属性的立体化表达。在内部空间，随着入口处一气贯通的螺旋坡道的攀升，使这些复杂矛盾完全消解在开敞的卖场空间中。Spiral 商场这种将一种对复杂而多变的形体简单化处理的手法意想不到地成为人们津津乐道的崇高化美学的范例（图 5-6）。

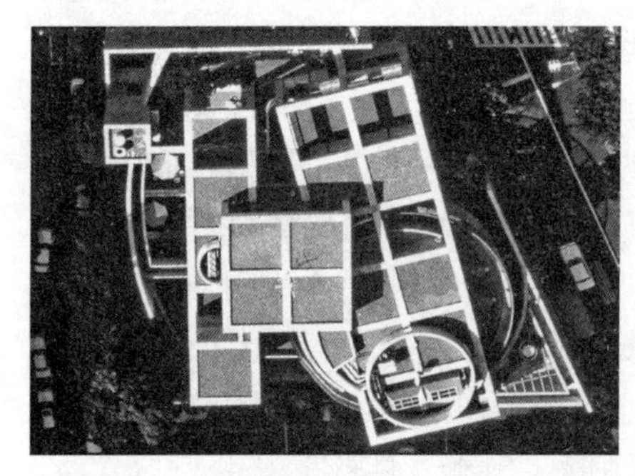

图 5–5 安藤忠雄设计的日本东京 Collezione 商场

图 5–6 桢文彦设计的日本东京 Spiral 商场立面

2）环境元素的契合

复杂与矛盾的协同也反映在当代商业建筑与自然环境要素的契合关系上。自然界的力量是至高无上的，具有一种无法征服的崇高之美。建筑师应利用这种自然环境的优势，并借助到当代商业建筑的体量塑造上。从环境美学的意义来讲，就是使建筑的内外部空间不再像传统店铺一样单纯和整齐划一，而是利用复杂与矛盾的特性与周边环境元素相契合，通过烘托和对比体现形象崇高化的形象感受。如奥地利的齐幕巴公园购物中心是集购物、服务和美食于一体的巨大商业综合体，这个被水平划分的当代商业建筑由于尺度的巨大和建筑材料的粗犷，使其看上去如一个绵延的山脉为背景的固定勒角，而面向山脚的一侧，建筑师通过

1 桢文彦（FumihikoMaki，1928~），日本著名建筑师，新陈代谢派人物之一。代表作品有福冈大学学生中心、京都国立现代美术馆、Spiral 商场等。

柔和的层次感消解了矛盾的冲突，并在前厅悬挂了大面积的玻璃幕墙，形成强烈的虚实对比，来表现出独树一帜的形象感受。购物中心内部儿童游乐场被建造为一个洋溢着漂浮感和愉悦感的“木船”形；醒目的木色“儿童船”漂浮在相对规整的入口大厅与购物区上空，两种对比强烈的空间形式共同存在，解除了空间的单调感（图 5-7）。再如英国伦敦的 Sainsbury's Local 是位于郊区的超级购物中心，建筑师通过对地形高差的利用，使巨型化的建筑体量完全消解在周边的环境中。由于选址于郊区，大型的停车场是购物中心应有的特质，这也正与周边开阔的草坪相呼应，形成自然与人工场地的鲜明对比，同样是规模的巨大却令人有肃然起敬的感觉。圆形的建筑屋盖在购物中心的背面，与草地标高基本持平，看上去仿佛一艘太空飞船陷落在草坡之中。超市正面利用下沉式的广场与城市道路相接，并利用“八字形”木格栅围挡化解了草坡与入口广场的矛盾。建筑屋顶的采光窗犹如一只只闪动的眼睛错落有致，与周围起伏的草坡默契配合、相映成趣（图 5-8）。

图 5-7　奥地利的齐幕巴公园购物中心

图 5-8　英国伦敦的 Sainsbury's Local

5.1.1.3　穿插与交错的并置

当代商业建筑体量的崇高化审美还得益于通过巨型化制造出的各种视

觉错乱、无序的冲突和新奇上，为购物者审美感官带来愉悦性刺激。这种冲突和新奇又要通过合理的逻辑关系使其消化在建筑体量内，这就需要建筑体量构成元素的穿插与交错来协同配合、彼此关联。这种关联性并不只是内与外在视觉形式上联系在一起，而是建立在逻辑性结构关系上的内与外、此与彼。当代商业建筑体量的穿插和交错一般是通过空间中的构件如步行廊、交通设施、空中步道、平台等来配合完成的，以形成有层次的、有冲击力的视觉审美体验。

1）几何形穿插

几何形穿插是多功能交混的当代商业建筑的特质，它是通过形体的有机组合形成环抱、聚合、依托的态势，并与其购物动线相呼应，形成没有死角的购物流程。在穿插与交错之间往往形成有趣味的开放空间，不仅增强体量的审美意象，也为购物者提供了休憩游玩的公共场所。土耳其伊斯坦布尔的 Kanyon 购物中心以纯净的圆台几何形体为中心，周围以商业街、写字楼、公寓等功能体块环抱，形成“同心圆 + 放射线”的空间组织逻辑。层层进退的步行廊道形成三维螺旋状莫比乌斯曲线，使体量的关系若即若离，讲述了一个“穿越宇宙”的梦幻之旅。这个建筑面积 25 万平方米的巨型体量由美国捷得事务所于 2006 年设计完成。在建筑师的设计概念中，不仅融汇了西方的游园式、开放式、体验式的思想，使体量之间的穿插处理更加融洽、柔和；而且在体量的处理手法中渗透了亚洲文化中讲究“空间叙事”的模式，通过从地面到屋面的多种多样的广场、街道、绿地形成“立体回游的空间叙事”，展现了体量构成在不确定的空间中的东方叙事逻辑。这种叙事是片断的，也是连贯的，无始无终，处于流动之中，空间也因此显得多义而生动、鲜活而富有持久审美生命力（图 5-9）。再如荷兰祖特梅尔的 Spazio 是集居住、办公、购物于一体的综合购物中心，它通过将一个飞碟状的几何体量与一条曲线形廊道穿插在一起，形成强烈的视觉冲击力，既为顾客提供了审美愉悦，又为城市添置了独特的视觉亮点。形体穿插托起的“飞碟”体量是个健身中心，入口在步行街屋顶的天台处，纯净的体块通过四根钢柱竖向穿插在购物中心廊道的两个边缘，轻盈的结构支撑体系赋予了“飞碟”随时可以腾空而起的优美态势（图 5-10）。

2）渗透性交错

由于当代商业建筑功能的高度交混，各功能之间又希望有彼此的联系、相辅相成，这就一方面需要一些联系元素和构件的介入，如空中连廊、天桥、步行走道等；另一方面需要建筑外部的体量可以通过形体之间的相互咬合、歪曲变形、模棱两可等手法来表达，形成看似“渗透性”的群体关系。当代商业建筑渗透性交错的处理手法有助于对功能逻辑混乱的体量进行有机

图 5-9　土耳其伊斯坦布尔的 Kanyon 购物中心

图 5-10　荷兰祖特梅尔的 Spazio 购物中心

整合，更有助于产生由于体量的超现实主义形变，而产生崇高化审美的联动效应。如上海滑雪场二期商业综合体就是通过对体量肌理的变异，打造折形空间（Folded Space）的形体叠合态势。理性的线条、可计算的距离、机械的空间格局被替换成不确定的折线条、不可度量的距离和多维弹性的空间。在这种复合的商业空间中，购物者的视觉会产生遮挡、引导、冲突、聚焦等感受，进而产生心理上的探求感。单一的消费行为和简单的三维空间被转换为融入视觉冲突、时间秩序、行为心理的复合愉悦行为。除了建筑的外在新奇外，在建筑体量之间的灰空间场景中，多种要素被可见的、悬空的步行廊道穿插在一起，恰到好处地处理复杂的功能矛盾和空间矛盾，为空间场景增添了富有人情味的体验乐趣（图 5-11）。

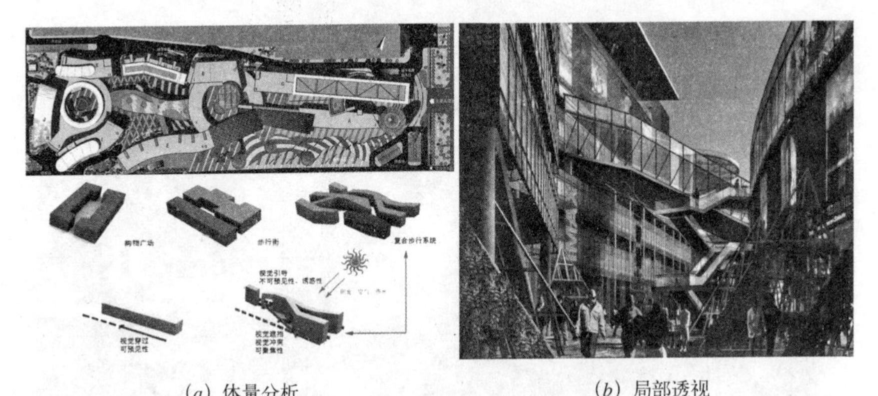

(*a*) 体量分析　　　　(*b*) 局部透视

图 5–11　上海滑雪场二期商业综合体

5.1.2　体量的异质化塑造

当代商业建筑形象塑造的崇高化还表现在其体量的差异化塑造上，这是因为消费文化倡导的审美逻辑必须透过辨别差异而不是依赖统一的意念以衍生意义。也就是说，消费社会的审美观要求人们必须把自己提升到一个欣赏层次，辨别差异本身耀眼的差异，以体验事物的本质差异为审美的根本动力。当代商业建筑体量的异质化就是通过对体量的新奇性、多变性、夸张性塑造引起人们的注意力，呈现出超乎寻常的崇高化审美感受，从而唤起购物者饱满的购物热情。体量的异质化有助于人们改变日常习惯，通过利用反讽、戏谑、拼贴、移植等艺术手段重塑经典形象或是完全冲突的形象，形成当代商业建筑体量建构的独特化和差异化审美。本小节从具象化、抽象化和标准化三个向度来探讨当代商业建筑体量的异质化塑造。

5.1.2.1　具象化的呈现

当代商业建筑体量的异质化塑造最直接、最浅显的手法是一种通俗化和具象化的形体呈现。简单说来，具象的手法就是单纯地将建筑体量通过放大、变异，使其陌生化、艺术化、夸张化，使人们感受到从形体比例到外形轮廓的崇高化。具象之物一般是最通俗、最具影响力的，通过对具象象征物的模仿和移用，并有意加强了它的影响力度和冲突性，利用抽象的、雕塑的形式，粉碎了人们对象征物所有传统的观念，使购物者产生感官刺激，形成情感共鸣。

首先，当代商业建筑利用具象化体量的对比、衍生，创意性地将购物主题概念形态化，使购物者能够一目了然地接受体量所呈现的直观信息，并通过视觉信息传达迅速形成对体量塑造的差异化认同和崇高化膜拜。日本神户时尚广场就是以具象化的形态体量诠释了“以时尚宣言都市”为主题的购物概念，购物中心入口处壮观的大台阶如同古代风化了的沙丘的遗迹，大台阶上用数根参差不齐的立柱和弧形墙面将视线和人流引导至建筑之中，不断发出新的时尚情报的“UFO 飞碟”状的建筑体量，加之层层攀升的建筑造型，表现了时间由过去走到现在，并且持续到未来的一种螺旋状向上前进的持续流动感。在建筑中央配置直径 50 米、高度 35 米的中庭以制造传播时尚的空间，围绕中央大厅安排了曲折变化的动线，欧洲古都特有的大路、排列的房屋、突然出现的广场以及顶棚上设置的建筑立面、女儿墙等，给来访客人一种令人惊喜的戏剧空间效果。这种具象化的形象重新建构了对于建筑本体的认知，在否定清晰性、整体性、普遍性、功能性的同时，获得新的建筑发展方向（图 5-12）。再如深圳龙岗商业中心在其核心广场空间，构思以“飞艇”状的椭圆形充氦气膜结构，利用周边的刚性支点与整个壳体屋顶的边梁互相作用，与拉索、曲梁共同组成结构体系，既满足了造型要求，又使功能性、装饰性完美结合，形成独特的商业标志。飞艇式结构底部设有“盘座”形辅助结构，通过电动升降机，购物者可达“飞艇”下面的观景天梯；“飞艇”下部还悬有多组小型飞碟，可以自动升降，上面布有全套灯光音响等技术设备，为广场中心舞台上的音乐表演提供专业水准的舞台灯光音响服务。广场周围环绕的多层围廊和在空间上穿插交错的自动扶梯、观景电梯、玻璃天桥，形成绝好的观赏空间和丰富多彩的城市文化广场（图 5-13）。

图 5-12　日本神户时尚广场

图 5-13　深圳龙岗商业中心

其次，当代商业建筑的体量由于建造技术的进步和建设成本上的优厚条件，具有了更加广阔的造型空间，通过利用庞大、完整、单纯、夸张等造型手法营造充满时代感和戏剧性的空间形式，带来新颖的空间感受，给人们留下深刻而难忘的崇高美学体验。由伦佐•皮亚诺[1]设计的法国巴黎东郊的柏西购物中心，是一座利用高端科技手段打造适应现代商业模式的超大型购物中心，建筑体量是一个半径为 130 米的 1/4 椭圆体，庞大的体量和简单完整的体型，形成了独特的个性特征；为了对高速驾车者形成强烈的视觉冲击，购物中心的形体呈怪异而醒目的流线体，远观就像是飘浮的“太空飞船”。飞船的界面上是与机翼类似的条文，从而使体量呈现出复杂的肌理效果。整个建筑的结构体系是通过以对角线形式拉结而成的巨大横梁与木檩条的二次铰接构成，弯曲的檩条按照建筑形体的曲线搭接，上边直接挂不锈钢板形成光滑的表面，雨水可以通过钢板间的缝隙渗透至地面（图 5-14）。再如，新加坡 ION Orchard 的体量创作灵感来源于“根与芽”的概念，建筑外形选用水果和坚果的轮廓，建筑的屋顶造型也借用了“皮层”“树冠”“枝叶”“水果及果皮”进行具象化的模拟，外立面则通过一个全方位的曲线玻璃和金属面来仿造连扣模式、波浪形的自然界图案与纹理（图 5-15）。

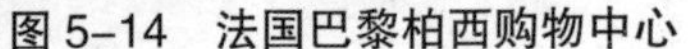

图 5-14　法国巴黎柏西购物中心

图 5-15　新加坡 ION Orchard

1　伦佐•皮亚诺（Renzo Piano，1937~），意大利建筑大师。1998 年获第二十届普利兹克奖。主要作品有让马里吉巴乌文化中心、关西国际机场候机楼、波茨坦广场等。

5.1.2.2 抽象化的隐喻

审美泛化下的崇高化审美逻辑也可以通过含蓄的方式来呈现，这种方式并不直白、刻意，而是利用隐晦的手法表达深层的涵义。当代商业建筑的体量也可以通过引申、对比、联想等抽象化的手法来隐喻丰富的意义，使购物者茅塞顿开、回味无穷，为整个购物活动增添了身心愉悦和象征意义。体量的抽象化隐喻可以通过两种方式来表达：其一是利用简单的体量构筑隐喻深刻的内涵；其二是利用复杂的形体组合阐释显而易见的道理。二者也经常交互使用，表达丰富的理念。

简单的体量构筑并不是指当代商业建筑的体块可以任意制造，相反，是体块要通过凝练、抽象的方式表达丰富的内涵。这需要建筑师对设计概念进行提炼，并挖掘传统民俗文化思想的深层文化意义和精髓，最后通过在物质载体（建筑形体）上的升华，完成对大型当代商业建筑体量的抽象化隐喻。所以，外部造型同时往往也寓含某种吉祥的象征意义。在意大利帕尔马 Centro Torri 购物中心的体量构筑中，建筑师阿尔多·罗西[1]设计了一组高高升起的方形平面的砖塔，这对罗西来说是利用类型学的原理来隐喻抽象内涵的设计手法，这与在场地周围看到的那些工厂的形制一样，这座当代商业建筑也被赋予了工厂建筑内向的性格，同时与帕尔马城市中多为低矮建筑，偶尔伸出的尖塔的城市肌理相得益彰。这些带有陶瓷字母的砖塔远远多于且远远大于该购物中心所需的换热通风井，恰到好处地解决了长期困扰这类郊区购物中心形态的一个问题，即如何给低矮的建筑类型提供足够的机会，来控制建筑所在的空旷场所。所以，Centro Torri 购物中心的砖塔群打破了购物中心主体低矮的构图，成为郊区空旷场所的制高点，是该购物中心最好的广告（图 5-16）。

图 5–16　意大利帕尔马 Centro Torri 购物中心

1　阿尔多·罗西（Aldo Rossi，1931~1997），意大利建筑大师，在建筑设计、理论、绘画、艺术设计等方面均有很深的造诣。主要作品有维尔巴尼亚研究中心、拉维莱特公寓、迪斯尼办公建筑群等。

图 5-17　日本 Riverwalk Kitakyushu 商业综合体

而复杂的建筑体量组合则利用集聚、抽空、叠加等手段对当代商业建筑的功能体块进行排列组合，从而生成有机的、变异的空间效果，并予以实际内涵的设计方法。其空间的优势是整个商业形态可以通过对不同体块的控制和聚集，随机应变，形成若干拼贴场景，激发商业空间活力。中庭成为黏结不同体块与功能块的中枢，也是整个空间序列的空腔。通过公共空间做不同方向体量的拼贴，转化为社会促进性空间，以空间的虚化来延续一个崭新的序列。如美国捷得事务所设计的日本 Riverwalk Kitakyushu 综合商业项目，数栋富有个性的建筑体块被大型公共空间拉结为一个整体，设计创意基于重要的城市历史，着意于象征其位于日本本土板块与亚洲板块结合部的地理区位。因此设计重视在建筑物之间的衔接处人们如何行动以及建筑物与城市之间的关系。Riverwalk Kitakyushu 在揭示特殊地理关联性的基础上，创造了独一无二的中庭形式，购物者可以沿覆盖着穹顶的城市开放化的主街来到举办大型群众活动的堪称壮观的中庭空间，两侧布满商业店面和特异化的倾斜墙面，充分体现了捷得事务所对后现代美学中混合碰撞、模棱两可、自相矛盾等异质化审美的领悟（图 5-17）。再如，德国科隆的 P&C Department Store 通过 130 米长、34 米高的玻璃流线体表达一个具有里程碑意义的城市地标的含义，并且为人们提供了确定方位的坐标。建筑师伦佐 • 皮亚诺利用高技派的手法诠释了一个跨时代意义的大型商业中心对城市更新的作用。这个高度复杂的玻璃面板和框架式结构是由 66 组挂在钢构架和木檩条上的透明玻璃片构成，优雅的造型和晶莹剔透的建筑质感与周边的传统建筑形成鲜明对比，是时代进步与城市更新发展表现在当代商业建筑上的完美隐喻（图 5-18）。

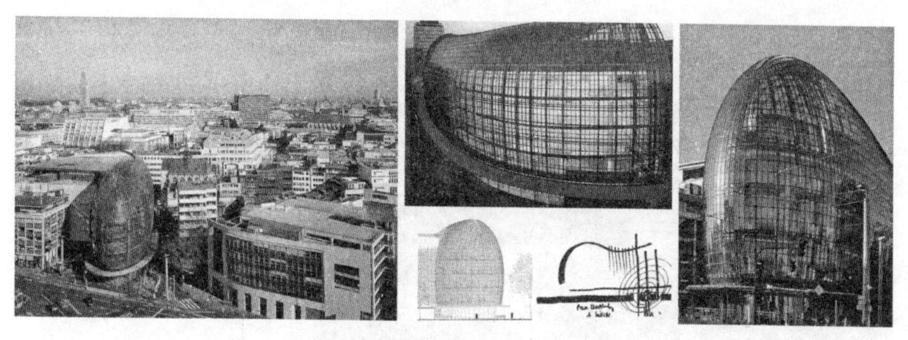

图 5-18　德国科隆的 P&C Department Store

5.1.2.3　标准化的调适

在连锁革命席卷世界、机械化安装日益成熟的当代消费社会，标准化模式的商业广场、商业设施已经成为国内一些大城市崇高化审美的地标性建筑，并日趋成为衡量城市发展状况的试金石。这是因为，对于整个城市而言，各种商业机构不仅对于个性的强调，对于形成拼贴型的城市景观画面，有着不可忽视的干预作用。标准化的调适是根据不同的商业设施，对其经营、品牌、文化等特征加以提炼，采取统一的企业形象定位和商业运作模式，实行跨地区，甚至是跨国界的经营，从而实现商家的标准化设计。商家可以根据不同的地区、用地规模、目标客户群等因素来套用相应的标准化建造手册，不同的标准化模式不仅影响着城市景观的异质化审美特征，而且压缩了建设周期，节约了设计与建设成本，真正主宰了当代商业建筑的投资回报率。

当代商业建筑体量的异质化塑造似乎与标准化模式格格不入，但从建筑构造的角度分析，任何异质化的体量离不开标准化构件支撑，那么，当代商业建筑对标准化构件的使用已成为一种趋势，这既成为体量异质化的基础，同时满足人们求大、求新、求快的崇高审美诉求。标准化制造的店铺在几个月内便可以实现开业，并使空间分割更加灵活易变，甚至可以随时迁移，具有临时性。钢结构也因其建造模式机械化和构架连接简单，成为标准化程度极高的建造形式。土耳其的布尔萨综合批发市场就是利用标准化的钢构件进行整体装配的最好实例。这个看上去与体育馆类似的新市场是一座有着很高拱顶的建筑，而不是传统的仓库空间。这座建筑有着中亚建筑的文化血统，是亚洲最大的单体批发市场。其流动的椭圆形外观与复杂的机动车、货运和行人流线结合起来；长轴 350 米长的交易市场提高了商业运转效率，从供应商到零售商以及购物者参观的流线十分清晰。建筑体量是由同心的两组钢架构成，之间留有宽敞的露天廊道，有利于自然通风和采光，避免了密闭所造成的温室效应。纯净的椭圆体的形态有利于钢构架的定位与连接，成为标准化建造的最佳路径（图 5-19）。

图 5–19　土耳其布尔萨综合市场

消费社会，追求利润最大化的运营原则支配了当代商业建筑的无限扩张并逐渐扁平化。大牌商业巨头的介入成为城市国际化的标志，同时标准化的体量塑造成为城市景观异质化的有效途径。美国社会学家乔治•历茨尔[1]在其名著《社会的麦当劳化》一书中不无讽刺地把后工业化城市社会中科层制[2]主宰社会生活领域的现象称之为社会的“麦当劳化”。无独有偶，麦当劳快餐店连锁经营的成功直接影响到国际的零售巨头，他们为树立统一的企业形象，一般对各自店铺的面积尺度、功能结构布局、内部空间展示都实行标准化设计，尤其是外部建筑形象设计更加直观，使顾客走进任何一家连锁店都能产生似曾相识的感觉。同时也使商品的平面布置、立体陈列、设备安置等设计项目可以完全套用标准化的模式，以降低设计费用、加快建设速度等。然而，当代商业设施的标准化设计不仅是城市更新的商业化景观符号，而且不同功能、文化定位的商业连锁店面对自身特征采取统一的标准化企业形象，又从另外一个方面影响着城市景观界面系统，对于城市特色化、个性化强调有着积极的作用。如国内的零售业巨头万达集团和大商集团等商业连锁机构都是依托其著名的品牌优势、强大的资金实力、完善的管理模式，积极向数字化运营渗透，在全国各地的连锁店都采取统一的店面 LOGO 和标准化的店面布局，并结合不同城市的选址和目标客户群体，纳入不同标准化的零售卖场、餐饮设施及娱乐、影城设施等。标准化连锁商业机构的形象标识已经成

1　乔治•历茨尔（George Ritzer，1940~-），马里兰大学的社会学教授。《社会的麦当劳化》是其最具影响力的代表作。

2　科层制又称理性官僚制或官僚制，它是由德国社会学家马克斯•韦伯提出。这种官僚主义制度由于其明确的技术化、理性化和非人格化而表现出它的合理性。

为许多城市的景观要素之一，甚至成为推动城市更新发展的现代化、国际化的商业符号标志（图 5-20）。

(*a*) 总体鸟瞰

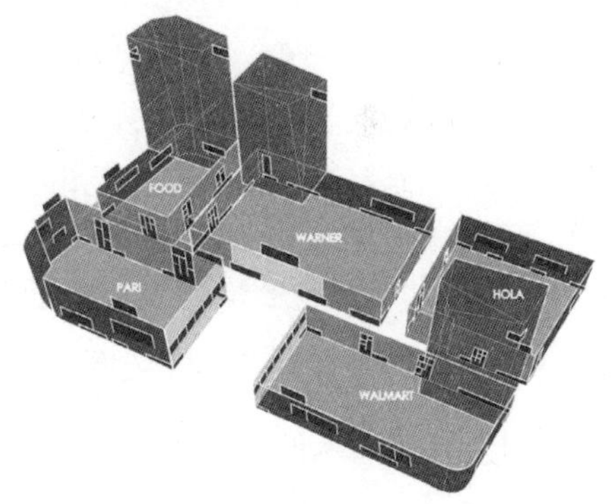

(*b*) 剖面示意

(*c*) 西侧鸟瞰

(*d*) 局部透视

图 5-20　上海万达广场标准化模式

5.2　基于多元趣味化审美的表皮演绎

美国心理学家吉布森[1]认为，我们对外部世界的感知是建立在物体的表皮和我们视觉系统的关系之上。当代商业建筑的表皮作为诠释消费文化审美泛化逻辑的载体，呈现出多种视觉形式，并经由视觉转化成各种信息而被我们认知。从这个意义上讲，消费文化语境下，当代商业建筑表皮的视觉审美开始向多元趣味化发展，即所谓“表皮的盛装演绎”。在以审美泛化为主导逻辑的消费社会，当代商业建筑的表皮设计不只局限于外装修材料、立面形式、比例、色彩等外在因素，更重要的是强调人的直观感受和

1　吉布森（J.J.Gibson，1904~1979），美国著名心理学家。视觉感知心理学的代表人物，经典著作《The Perception of the Visual World》对后世具有深远影响。

参与意识。因此，当代商业建筑的表皮设计要以人们的多元审美趣味为依托，打造具有多元主题和内容的表皮，来迎合人们的审美口味和体验内涵。

5.2.1 表皮主题的标新立异

随着建造技术的革新与发展，新材料和新的建造方式为当代商业建筑表皮提供了新的发展契机。表皮摆脱了承重结构功能的强制束缚，取得了革命性的进展；表皮与支撑结构的分离已使表皮真正意义的从功能中解放，这为当代商业建筑的表皮能够发挥其标新立异的主题个性，提供了无限的自由度。当代商业建筑的表皮也随着传统模式的变奏、波普艺术的运用、奢华创意的表达而呈现出多元审美趣味的主题。

5.2.1.1 传统模式的变奏

建筑材料与结构技术的更新，为当代商业建筑的表皮提供了更大的展示自由度，传统商业建筑规矩、无新意的表皮形式被充满技术美学的现代表皮所取代，实现了当代商业建筑表皮模式的变奏。当代商业建筑的表皮变奏就像库哈斯在《哈佛设计学院购物指南》中的经典描述一样："购物中心应处于这样一种状态——'经常几乎是新的（Always Almost New）'……新的原则往往伴随着'计划性废弃（Planned Obsoleseence）'，传统的廉价立面在迎接下一轮大事件前早已成为碎片，那些经久的建筑也必须通过翻修和扩建来不断地更新换代。"

1）构成手法的独特

商业建筑表皮的变奏模式首先体现在其构成手法的独特化上，独特化的表皮形象可以传达出符号消费的视觉信号，是吸引顾客进入购物的最直接手段。表皮构成手法的独特化主要表现在两个方面：一是消除固有建筑的比例和层高关系，呈现视觉上的功能化混淆，给人们带来"功能失调"性的审美情趣。如德国曼海姆的 Access 商场就是利用外表皮来展现其自身的与众不同，楔形的玻璃表皮起伏变化好像一个个玻璃橱窗突破了封闭的建筑表面。商场的楼层分隔被打破，融入同一个大尺度的形象下，楼板的边缘与立面脱开，使顾客从内部空间同样可以感受到一气呵成的表皮形象。商场内部从 4 层至地面层悬挂通高的帘幕，建立了楼层间的视觉联系，同时也强调了连续贯通的楼梯。在商场营业层使用的皮革和铜等材料象征着温暖和感性；而涂漆、玻璃和天然石材则暗示粉冷静和克制。直截了当的形式语言，由各种立方体形状的家具表现出来，材料之间的这种影响产生了极强的视觉张力（图 5-21）。二是通过扭转、变形，呈现表皮的动态和怪异的趣味性审美感受。如德国法兰克福的采尔拱廊是通过表皮颠覆日常的构成来吸引顾客，建筑表皮的构造语言使人想起激荡的海浪，天窗使得内部商业街能获得充分的自然光。当人们从街角走过，首先映入眼帘的是主入口处以菱形钢架编织的玻璃幕墙，就在人们为这面积巨大的幕墙感到缺乏变化的时候，在幕墙中心处的“漩涡”状凹陷会陡然出现在你眼前，形成强烈的错觉与视觉冲击力。这也是建筑师根据“连通器”的原理，进行内外空间交融互动的设计手法——通过利用钢架柔性好的特性，打造了这条由外向内一直延伸到屋顶的三维曲线形玻璃体，从内部看仿佛一条蜿蜒盘旋的巨龙。拱廊拐角一侧利用折叠的金属片制成的百叶式表皮，这些金属片可以随着季节与太阳光的变换而变色，尤其在夜晚可以在不同颜色的灯光下显现出忽隐忽现的景深关系，带给人们无限的审美乐趣（图 5-22）。

图 5–21　德国曼海姆 Access 商场的表皮

图 5–22　德国法兰克福采尔拱廊的表皮

2）表现形式的多元化

当代商业建筑表皮的变奏还体现在表现形式多元化上，表皮的质感和色彩是建筑的一种内在元素，人们厌倦了消费信息匮乏的传统商业建筑表皮的表现形式，希望能够多样化，提供更多的消费信息，满足更多的消费心理需求。冷冰冰的钢和玻璃被更多具有地方性消费信息的砖石、木材甚至土坯等天然建筑材料和做法取代，各种原为非建筑表皮题材也纷纷涌入表皮之中。在西班牙巴塞罗那的圣加大利纳市场的重建中，建筑师以自由的屋顶造型来表现建筑内部空间本身的流动特征。仿生形态的建构形式，以木结构与钢结构结合的当代建构技术来完成。精细的建筑节点将新的屋顶形式与旧建筑的古典形态作出鲜明的对比，突出了两种不同的历史背景下文化的取向及其表达方式的差异（图 5-23）。由此看来，图像与符号具有强大的力量，能在不知不觉中左右大众的生活方式与消费模式。并且符号的象征性、审美性是反映着不同时代、民族、地域的文化，具有一种相对稳定的文化积淀和审美含义。又如英国伦敦的 Sainbury's Superstore，则是利用巨型集装箱改造、组装而成的大型购物中心；封闭的建筑立面将拉结的钢索和结构杆件裸露在外，打破了集装箱铁皮的呆板，为表皮增添了应有的技术美感（图 5-24）。

图 5-23　圣加大利纳市场的表皮

图 5-24　伦敦 Sainbury's Superstore 的表皮

5.2.1.2　波普艺术的运用

詹姆逊认为，“差异”是消费文化最为常用的艺术手法，结合“拼贴”、“复制”等艺术手段，直接作用于后现代主义的空间与时间经验，其结果是：“现实转化为影像、时间断裂为一连串永恒的当下。”在消费文化的催生下，波普艺术成为日常生活审美的重要表现形式，它试图推翻抽象艺术并转向符号、商标等具象的大众文化主题。随着当代商业建筑的地通俗化转向，波普艺术开始被运用到表皮的设计当中，建筑师通过对波普艺术提炼、升华，不仅使人在瞬间产生惊奇和喜悦，创造魔幻般的品质，又可以进一步刺激和推动消费。

1）拼贴手法

拼贴是波普艺术的典型手法，也是将表皮主题随意更新的最有效方式。建筑师从日常生活中的大量视觉形象的混杂性之中获得启示，通过不同元素并置的戏剧效果，赋予建筑以新的意义和形态，表现出了消费社会的种种性格特征和内涵。当代商业建筑为招揽顾客，经常利用艺术手段将表皮拼装成一幅大众文化的招贴画，在建筑表皮上将不同风格不同时代的建筑剪贴拼装出一种世俗的形象，进行重新包装。往往以各种经典风格的建筑特点为创作的蓝本，可以让消费者感受到出人意料的新意，成为招揽顾客的商标。如美国的霍顿广场就是拼贴手法的典型实例，通过对传统建筑的类型分析，提取相应的传统建筑符号语言拼贴于表皮，使广场宛如“都市舞台”。表皮的色调从4种颜色调配出28种色彩，打造成节日狂欢的情景；深刻诠释了消费社会日常生活审美化的涵义，即艺术化为生活；生活又重构了艺术（图5-25）。另外，拼贴的手法也可以通过群体建筑的集合式拼贴，呈现异质化的商业景象。拉斯维加斯被称为“拼贴的城市”，其大型购物中心通常与酒店结合，呈现出多国景观相拼贴的“闹剧”视觉景观。如火山爆发所暗示的末日概念与隔街的天堂景观被组织在一起；建筑的表皮被纽约或巴黎的地标建筑形象拼贴式的覆盖；威尼斯水城的经典面貌在这里被无情的照搬（图5-26）。

图5-25　美国的霍顿广场的表皮

图5-26　拉斯维加斯的城市拼贴

2）构成手法

构成是波普艺术中最能体现“技术与艺术”结合的手法，它是通过对抽象的形、色、质的重塑，来体现审美信息，一般分为平面构成和立体构成。构成手法在当代商业建筑表皮的设计中应用极其广泛，一般利用立体与平面构成相结合的手法，产生唯美的视觉效果和强烈视觉冲击力来刺激观看者，唤起消费欲望；构成的设计手法还可以使单纯的表皮附带上文化的属性，满足人们对艺术的潜在追求。如德国曼海姆的Engelhardt Haus商场按“线路板”一样的构成肌理来打造表皮，不锈钢板的表皮上通过拓印技术手段，开凿了若干横竖凹槽，反映出凹凸的质感；在阳光的照射下，产生强烈的阴影关系，给光顾者焕然一新的视觉感受（图5-27）。再如英国莱斯特John Lewis百货公司则通过多层的蕾丝花边镶嵌的玻璃表皮呈现出杂而不乱的纹理感和虚实有致的纵深感，并体现了John Lewis引领时尚的品牌文化。日光照射下，通过光线反射使其熠熠生辉、轻盈透明；夜色中，通过内部不同颜色的夜景照明，映射出柔和的光线，亮而不透的表皮看起来如同巨大的网格窗帘（图 5-28）。

图 5–27　德国曼海姆 Engelhardt Haus 商场

图 5–28　英国莱斯特 John Lewis 百货公司

3）文字手法

文字手法的使用在波普艺术中屡见不鲜，这是由其形象、意义及交流的多重能力所决定的。而文字手法与当代商业建筑表皮的结合当中，似乎更展示了这一视觉符号所创造和包容的综合性特征，以其具象的信息来反映社会的复杂性与多义性。文字手法并不仅仅被简单地用来产生某种夸张的、含有广告和标志特征的功能和用途，有时它或许还被混杂了更多的暧昧不清的复杂含义，而超出了仅仅作为建筑本身的特性。位于俄罗斯圣彼得堡的Shtrikh Kod是一幢红色4层方盒子购物中心。购物中心的名字“Shtrikh Kod”是俄语条形码的意思，即那种印在商品包装上可以机器识别的信息标志。由于预算有限，建筑师们选择了以模数网格平面为基础的钢结构模式，并采用型钢面板作为建筑外表皮的材料。通过在建筑上做出以垂直狭缝和数字为形状的立面窗口，使建筑本身呈现出印有条形码的商品“包装”形象。于是过往行人便能够用眼睛“扫描”建筑功能而无需更多广告。这种类似文字的片段性、抽象性的条形码构成，是某种具有含混的超现实主义特色的视觉再现，在阳光形成的阴影下显得生动而富有戏剧性（图 5-29）。

文字手法还可以通过既简单又明快的形式美感来表达，特别是将一些字母或标识抽象成相对简洁、明晰的建筑语汇，使表皮能更加直接地传达字符语义信息。如在时尚品牌专卖店建筑中，品牌 LOGO 或标志性图案成为建筑表皮的饰面，Louis Vuitton 日本六本木店就将其品牌中最具特色的标识字母与表皮相结合，传达时尚品牌特有的商业气质。表皮材料为一系列被排列成蜂窝状的玻璃管，直径为 10 厘米，纵深为 30 厘米，形成抽象的 Monogram 图案，品牌的文字 LOGO 通过色彩的不同，凸显在圆环状的玻璃管之间，由于玻璃管的深度不同，形成了一种变换的透视效果；在店内的其他部分则是由直径 10 厘米的不锈钢环组成的。这些材料组合在一起被称为“界面”，以进行视线或功能的阻隔，墙壁和顶棚材料均采用了圆形图案突出品牌的时尚（图 5-30）。

图 5–29　俄罗斯圣彼得堡的 Shtrikh Kod 大厦表皮

图 5–30　Louis Vuitton 日本六本木店

5.2.1.3　怪诞效果的呈现

怪诞效果是当代商业建筑表皮主题的一种新奇性创意，也是强调消费社会多元化审美情趣的表达方式。怪诞效果的呈现是通过反讽与戏谑等更为“艺术化”的表现手法打造表皮的方式。建筑师利用对经典格局或形式的变形、重构甚至是卡通化，将不同的甚至是完全冲突的形象或概念进行拼贴、移植和错植，所形成的对于日常惯性的消解。这种手法当然对促成关注于符号建构的消费具有十分重要的意义，充分体现当代商业建筑的个性化、差异化审美需求。

当代商业建筑怪诞的效果首先可以通过表皮的卡通动漫形式来呈现，这种形式主要是戏剧性地将特定的娱乐设施、卡通人物、动漫演示等设备与表皮相结合，营造娱乐性、观赏性极强的视觉效果。这种怪诞效果既可以成为招揽顾客的有力手段，又可以为城市景观涂上趣味性的一笔。如日本大阪喜庆门购物中心，就是以滑稽的建筑表皮与娱乐设施的巧妙结合而闻名。它之所以称为“喜庆门”，是因为购物中心在面向西南侧岔路口处有一个高度为45米的巨大门面，入口到处洋溢着世界各种庆典的气氛，而最具特色的是：一条类似莫比乌斯环的高速滑行车轨道从入口上方蜿蜒而过，既作为喜庆门的入口标志，也象征着购物中心除了零售以外，还具备了游乐园的娱乐功能（图5-31）。美国纽约TOYS“R”US旗舰店将霓虹灯、电视屏、广告卡通形象拼贴在建筑的表皮上，夸张的色彩和造型形成像拼贴画一样的效果，形成一种亲和力，以唤起人们参与的兴趣。这充分展示了利用广告媒介塑造表皮所带来的视觉冲击，也表达了富有卡通效果的媒体设施在当代商业建筑表皮上的大胆尝试（图5-32）。

图5-31　日本大阪喜庆门购物中心

图5-32　美国纽约TOYS“R”US店

当代商业建筑表皮的怪诞效果还可以通过对表皮主题元素进行荒唐的、离奇的、意想不到的美学建构来烘托活跃、轻松的商业气息，达到吸引顾客眼球的效用。这种怪诞手法使人们强烈地感受到对日常惯性的质疑和放逐，并能有效地缓解人们日常的审美疲劳，以看似荒诞的效果诠释后现代主义多元化审美观的诉求。SITE事务所与文丘里在20世纪70年代就通过这种怪诞的手法来呈现当代商业建筑的表皮主题，在他们共同设计完成的Best Stores系列店中，通过坍塌、破坏、夸张等手法诠释了Best Stores系列店的品牌文化和主题创意，也是其店铺宣传最好的广告形式。Best Stores密尔沃基店与萨克拉曼多店是在墙壁上表现一种坍塌的效果，通过对砌筑的砖块表皮形成不规则的缺口、裂痕，形成破旧不堪、残垣断壁的视觉效果，使整个店铺看起来像废墟中的残迹，同时也为商场蒙上了神秘的面纱（图5-33、图5-34）。

图 5-33　Best Stores 密尔沃基店

图 5-34　Best Stores 萨克拉曼多店

而 Best Stores 德克萨斯店与马里兰店则更为夸张地表现一种强烈的破坏感，“残缺的一角”和“倾斜的立面”似乎是地震后建筑的表象，同时也利用反力学原理使建筑形态更加滑稽。但是这看似荒唐可笑的表皮建构却为商铺无形中招揽了无数的顾客（图 5-35、图 5-36）。

图 5-35　Best Stores 德克萨斯店

图 5-36　Best Stores 马里兰店

5.2.2　表皮内容的心意随形

当代商业建筑表皮多元化审美的实质表征隐藏在其新奇创意背后的多元化材质内容上，表皮内容的丰富可以形成人们向内部探求的审美诱惑。表皮的内容基于“建筑表层与建筑实体等价”的新美学观念，使建筑师更加注重建筑表皮的材料构成，以及对材料特性的表现方式的探索。表皮内容的心意随行是建筑师通过运用不同的表皮材料驾驭当代商业建筑多元趣味化审美的设计方法，所以，表皮在注重其主题形式的同时，还要重视它的高技性、奢华性和信息性，以实现当代商业建筑多元化形象塑造。

5.2.2.1　高技材料的解读

当代商业建筑表皮的视觉特性不只是一种智力的和艺术思想的表现，更是可触摸的实在物质。对材料的实验即是对形式的超越，对风格的超越，对美的超越。钢铁、玻璃、混凝土、膜等新型建筑材料的出现，其优良的物理性能，使张拉结构、悬挂结构、壳体结构、膜结构等新型结构形式成为可能。这些新型结构形式极大地改变了当代商业建筑表皮的空间概念、尺度标准和形态美学。

“高技性”材料的应用是高技派思潮在当代商业建筑中的集中表现，更是当代商业建筑空间能够呈现差异化、个性化的最有效策略。首先，高级材料的解读可以表现在当代商业建筑天生对新材料的不拘一格地选用上。如韩国首尔格兰亚百货商店由联合网络工作室设计的外立面装饰。优质的不锈钢金属壳片，像鱼鳞一样精巧地覆盖在结构体的表面。从逻辑和结构的内在关系上把握了这个充满暧昧的几何形体。设计师将碟状的玻璃片安装在一个辅助的铝架结构上，并把它们直接黏附于现在的外表皮上。联合网络工作室力求建筑立面达到一个活泼的视觉效果，力求在各个时间段都能引人注目、吸引顾客、形式与众不同。我们选择的立面设计视觉效果基于圆周的几何图形重复并创造出的表面。总共 4330 个玻璃光盘吊挂在金属结构上，金属结构后部为混凝土场面。玻璃光盘夹层玻璃做喷砂处理，其中夹有特殊的镜片。这些光盘经过特殊发光处理，使建筑立面在不同光线下产生不同的变化。碟状的玻璃片经过特殊的彩油处理，使得表皮能呈现出色彩不断变化的效果，传递出浓厚的消费气息 (图 5-37)。

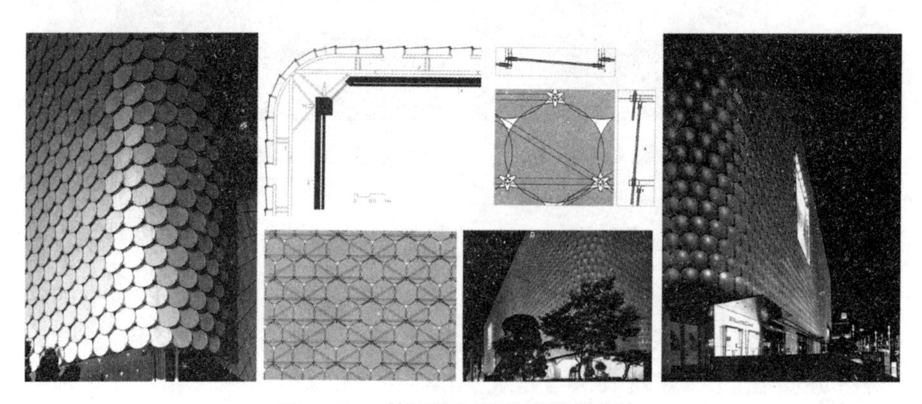

图 5–37　韩国首尔格兰亚百货商店

其次，当代商业建筑表皮的高技也可以表现在材料的优越物理特性上，使商业建筑的尺度标准发生“质”的飞跃，从而建构与人们日常尺度大相径庭的视觉感受。如安藤忠雄设计的日本东京表参道 Hills 是购物中心与住宅复合的大型商业设施，这个跨度 250 米，混合有清水混凝土、玻璃和钢铁等高技材料表皮的建筑物，如舰艇一般屹立在表参道的沿街一侧，成为独特景观。安藤沿用自己独特的表现手法打破了原有建筑的尺度标准，充分发挥高技表皮材料的物理特性，创造性地延续了原城市中心区永久的实体风格。灰色的清水混凝土外墙并没有花哨的造型，然而这种朴素的表皮更加体现材料的质朴与天然之美。夜幕降临时，最新设计的 LED 外墙屏幕随着来往的人流发出变幻的色彩和图案，与混凝土外墙形成鲜明的对比（图 5-38）。

再次，高技材料的表皮还可以通过形态美学的方式来呈现，当代商业建筑通过对最新技术和建造材料为基础的高技派语汇使用，从中清晰地将现代材料和结构形式与建筑形态结合，形成鲜明对比，产生高度的表现力，而且符合美学原则。英国赛尔富里奇购物中心就是最好的实例，英国本土的 Future Systems 事务所在遵守地方城市规划条件的限制和业主的需求的同时，又没放弃自己的目标和独特的风格。建筑的外表皮在垂直和水平方向的曲率同时发生变化，因此不能用传统的几何工程学来分析建造。犹如波浪起伏的表皮，使墙面与屋顶连为一体，而其流动的空间与有机的造型则为城市空间带来一个软性的界面。建筑的表皮由 15000 个经过氧化的铝制圆盘组成，带给建筑一种似有似无的光泽；施工最后采用金属条板外喷射混凝土，其外再喷涂防水涂料，并附加保温隔热层，最外层采用人工合成灰泥粉刷。表皮设计灵感来自蛇的皮肤构造，让人感觉到这是一个活动着并且呼吸着的建筑（图 5-39）。

图 5-38　日本东京表参道 Hills

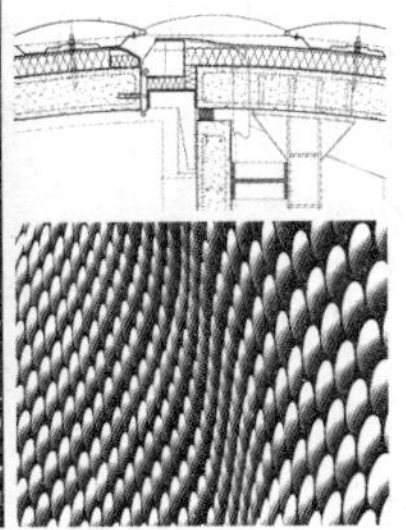

图 5-39　英国伯明翰的赛尔富里奇购物中心

5.2.2.2 奢华创意的刻画

当代商业建筑的表皮作为一种可以引起人们多元趣味审美的视觉商品符号，也要强调其内容的可售性消费，实现审美价值交换。当代先锋建筑师们通过对创新材料的使用、对材料特性的极致利用以及材料的混搭等手法，营造一种奢华的表皮信息传递，来烘托当代商业建筑的品牌形象，获取大众的审美认可。世界顶级的时尚品牌专卖店是最早将这些奢华创意应用在建筑表皮的当代商业建筑。当你漫步在日本东京表参道（Omotesando）时尚购物街中，一种奢华性审美的感召力会沁入你的身心。无论是以“双表皮”表现奢华魅力的 Louis Vuitton 旗舰店，还是以“浪漫主义”风格诠释奢华特色的 TOD' S 旗舰店，抑或是以“裙褶”打造奢华个性的 Dior 旗舰店，都刻上了“奢华”的烙印，凸显着雍容华贵的审美风韵，带给人们至高无上的遐想。

日本东京表参道上的 Louis Vuitton 品牌旗舰店由擅长“简约风格”的日本建筑师青木淳[1]设计。他认真研究了品牌的状况以后，提出建筑的表皮应与其兜售的商品式样有直接联系，并将人们对奢华品牌的向往阐释在意味深长的非传统的立面当中，所以建筑的形式也暗示了路易•威登是以设计旅行箱而起家的寓意。店铺是一幢 9 层高的盒子式的建筑，为双层皮（Double Epidermal）结构，建筑立面由金属包覆，内侧是用稍加红色的镜子金属面，中间留出大约 50 厘米的间隔，外侧则悬挂金属网帘。网帘全部采用不规则的长方体构成，边嵌不锈钢条，不同的网帘图案和玻璃材料的组合产生变幻的效果。当内侧亮灯时，在网帘背后的镀金的金属面玻璃浮现出黑、白、灰相间的方格形图案，这种方格子构成也正是 LV 公司的标志性图案（图 5-40）。

伊东丰雄设计的表参道 TOD' S 旗舰店通过摒弃传统建筑围护材料的建造处理手法，另辟蹊径地将混凝土可塑性强的特点发挥到了极致，“树枝”状的构思使建筑产生焕然一新的审美情趣。伊东丰雄的设计理念首先是确定了旗舰店的结构骨架是六面中间镶嵌玻璃的混凝土片。骨架形状的构思来源于榉树林的剪影，再通过抽象化的处理形成网状构造体。为了能够更形象地模拟下粗上细的枝干形状，伊东的思路是将在店铺下半部的混凝土比重加大、加密，上半部混凝土骨架细分化，并与玻璃相连，形成了树枝状的样式。白天在日光的照射下，各个立面均是完整、统一的网状构成结构体系，就像高大摇曳的树枝；晚上当灯光亮起来的时候，框架中间的空

---

1 青木淳（Jun Aoki，1956~），日本当代新锐建筑师，以“沉稳、简约、无装饰”为其设计理念。代表作品当属为路易•威登设计的一系列旗舰店面，其中包括东京银座店、表参道店、六本木店、香港置地广场店、纽约第五大道店这五家。

隙被照亮，整个建筑好似一个被包裹在大树影子中的玻璃盒子，透过“枝干”之间的玻璃，隐约可见店内 TOD’S 品牌的标识和攒动穿梭的购物人群（图 5-41）。表参道 Dior 旗舰店是日本前卫建筑师妹岛和世的代表作品，她的设计是摆脱传统商业建筑表皮只求强调维护功用而放弃审美象征的设计理念束缚，强调建筑的晶莹剔透、反重力特性，并将表皮拟人化。妹岛在材料的选择上采用能够表达简洁线条的玻璃，并在玻璃表皮的内部衬托白色帘幕，帘幕是由耐高温、隔热的防火材料构成，白天呈不透明乳白状，入夜后外层表皮内侧的照明由内柔和地渗透出来，使整个建筑成为半透明状的发光体。除此之外，妹岛还通过对品牌文化的研究，构思在玻璃背面安装褶皱状有弧度的半透明屏风，从外观看上去是带有立体感起伏的屏风好像少女的裙褶，从而表达了 Dior 品牌女装特有的柔美线条。整个旗舰店的立面一气呵成，精致的建筑材料搭配、富有立体感的立面褶皱，以及若隐若现的半透明幕布，一方面体现了妹岛对于商业建筑特有的想象力，另一方面也印证了商业建筑表皮作为特殊的视觉符号参与了消费，并通过消费文化的传播，体现建筑流行化、消费化的现实（图 5-42）。

图 5-40　表参道 Louis Vuitton 旗舰店

图 5-41　表参道 TOD’S 旗舰店

图 5-42　表参道 Dior 旗舰店

5.2.2.3　媒体系统的介入

当代商业建筑自身的媒介特性推动了表皮与媒体系统的联合来展现更为丰富的审美趣味。从宏观方面来看，表皮的媒体系统介入不仅是对商业建筑功能形式的外显，而且是对消费文化强调的大众交流、信息共享、审美情趣的整体反映。从微观方面来看，表皮以任何途径与广告、LED、展示等媒体设备的结合，都会使建筑的立面贴上“商业化”的标签，并通过建筑师巧妙地拼贴、补充、衬托，将原来商业广告对建筑表皮的不协调性因素转化为具有高附加值价值的装饰性元素，使其与建筑设计的风格相得益彰，成为建筑外表皮上的亮点。并且，当代商业建筑表皮与高科技媒体系统的结合也是其自身强调“可售性”和“非装饰性”的最佳途径。

首先，当代商业建筑信息系统的介入，最直接的方式是通过对辅助信息设备的应用来实现的。辅助的信息设备包括广告、电影、电视、摄影、LED、动漫、网络等，随着建筑技术和数码技术的发展，表皮上的信息系统已超越外挂、绘制、镶嵌等传统附着方式，转而以高技术的媒体方式直接成为表皮的一部分。如东京银座商业步行街上的Chanel旗舰店，设计师Peter Marino采用国际最先进的表皮信息化技术，将液态水晶玻璃和7万个可变化图案的LED灯管组合到建筑立面之中，这既可提供超大面积的动态影像，又对建筑开窗、通风、采光等功能毫无影响（图5-43）。再如，日本东京的Q-Front商业大厦以动态的屏幕覆盖建筑的外表皮，使得建筑整体成为一个时尚演出的舞台，具备了丰富的信息含量与象征意义（图5-44）。

图5-43 日本东京银座Chanel旗舰店

图5-44 日本东京Q-Front商业大厦

其次，当代商业建筑还可以运用现代信息技术、最新的技术手段将各种信息符号置入建筑表皮，如运用釉层、丝网印刷或在玻璃内嵌入全息薄膜，使建筑表皮具有生动的图像、叠印的文字或具有动感、梦幻的信息符号。法国建筑师让•努维尔是建筑表皮信息化的极力倡导者，他积极探索运用新的信息技术把建筑表皮转化成信息的屏幕，一种“装饰性的外表包装”，以此来反映我们的媒体时代特征。他相信：“空间的品质不再像以往那么重要，即使建筑的本质是掌握空间。材料、质感及表皮的含义已变得越来越重要，物体间的张力呈现在外表或界面上。”如努维尔设计的法国欧来里尔（Euralille）商业中心，灰色背景的建筑表皮上点缀具有跳动感的信息符号和印在玻璃幕墙上的图案，增强了商业中心的信息化特征，产生了极强的视觉冲击力（图5-45）。

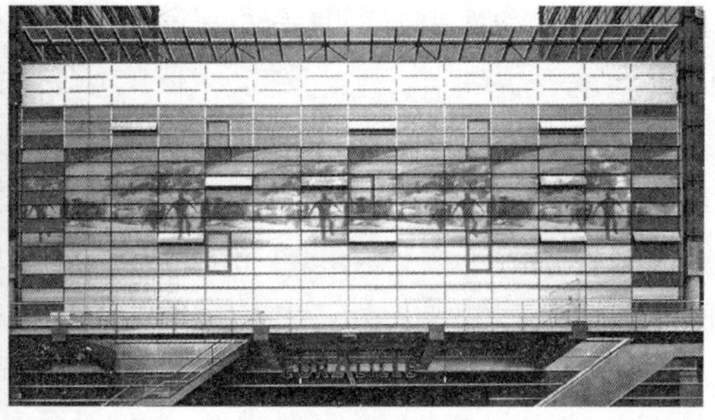

图 5–45　法国欧来里尔商业中心信息化表皮

5.3　基于符号化审美的媒介推动

鲍德里亚在《消费社会》中戏剧性地调侃道：我们已经进入一个生产伪事件、伪历史、伪文化符号的世界。这意味着“产自编码规则的符号及媒介技术操作的影像”取代了“变化的、矛盾的、真实经历的实践、历史、文化、思想的符号”。的确，电信、广告等大众传媒的发展造成了影像和信息符号的过度生产，导致“固定意义”的丧失，“实在”以审美的方式呈现，现实与想象世界之间的界限被消融。随着消费社会取代生产社会，符号价值的消费主义意识形态膨胀起来。社会强大的视觉转向，主要是归功于媒介的推动。媒介也从原先“呈现”事物（to tell things），转变为“促销”事物（to sell things），并以其直观、浅白、快捷、刺激的特点，成为最能迎合大众消费心理的形象塑造符号，当代商业建筑无疑是这种媒介策动最好的解读平台。

5.3.1　追求唯美的视觉拟像

弗雷德里克·詹姆逊曾在其著作《后现代主义：晚期资本主义的文化逻辑》中指出，“消费社会是一个为记号和影像所充斥的社会”。影像与消费社会具有天然夙缘，基于这样一种逻辑，消费社会一个重要的任务就是不断地、无限制地挖掘出人们的消费欲望和占有热情，而追求唯美的视觉拟像正是挖掘消费欲望的最佳手段。当代商业建筑从鲍德里亚的消费社会的角度出发，将图像看作是消费社会中的象征资本或符号资本。“由于人们对商品的消费不仅是其使用价值，而主要是消费它们的符号价值，即从影像符号中获得各种各样的消费认同。因此，影像就替代了使用价值，成为使用价值的代用品。”

5.3.1.1　影像蒙太奇

影像作为当代商业建筑的动态化媒介符号，在表达视觉信息的直观性、真实性、生动性等方面具有不可替代的优势。影像艺术的最突出特征是可以生动地表现现实，它与建筑空间的场景塑造具有同质性。所以，影像蒙太奇的概念便被移植过来，即同一空间场景中不同生活情节、历史阶段的并置与重叠。那么当代商业建筑影像的蒙太奇手法就是再现一组声音、色彩、立体感等一应俱全的外部世界的幻景。图像使得个体对于外表、躯体的呈现以及“外观”具有更加强烈的意识。

让•努维尔是将消费文化理论与建筑设计结合的实践者，也是将影像的蒙太奇手法应用到当代商业建筑设计的先行者。努维尔认为空间中的场景塑造与动感影像中的镜头场景是具有相同特质的，因为它们都是通过人们的视觉移动，利用信息符号系统带来感官上升到精神层面愉悦而存在的。从这个角度分析，当代商业建筑的空间元素和界面都是由一系列的“符号”组成的系统。这些符号并不是我们通常所指的历史的片段或局部，也不是那些固定不变的某种简单的装饰或表面化的纯粹围护，它是与特定的时间、空间、地点、场所等相联系的，多层次的、抽象的、可变化的、表情丰富的多种因素和媒介作用下的复合体。努维尔的设计手法是模糊不定的，认为可以在空间场景的设计中通过对充斥着各种影像、视频、网络等图像媒介提取有关生活方式的片段。为了使空间能够体现镜头场景蒙太奇般的新奇的视觉效果，他通常将利用镜面、透视、反射的手段将空间波动于二维与三维之间，用一种移动、演变的视角与深度的视野代替了通常的视角。空间维度的含糊使他重视建筑的表面，努维尔常将立面图像与标识、光影、反射玻璃结合，创造另一种图像式的建筑形象。在德国柏林的拉菲特百货公司设计中，努维尔通过透明玻璃的使用来表达“虚无”的概念，运用多种光线的重叠，包括人工光线的运用，以及过度曝光与隐藏的双重技术，制造物体从透明到黑暗的无衔接转变。因为街道层的外表是全玻璃的，经过的人可以很清楚地看到室内，更精彩的是，室内向上开口的圆锥体被用做投射屏。在一般的变形图像中，扭曲的图像通过投射到曲线或锥形的表面而被恢复成正确的透视图像。同时这个模糊的界面吸收了整个环境由于时间变换带来的幻象，随着昼夜时光的不同，建筑呈现光线穿越的效果，建筑事实上通过将不同几何形体、光线、气候、时间与影像传送的本质相关联，制造出了一种电影般变化、飘移不定的景象（图 5-46）。再如，德国卡塞尔的城市焦点购物中心通过对影像技术与表皮相结合，构筑一种“美学”同质：建筑师将不同的黑白图案构成式地镶嵌在玻璃幕墙上，在灯光的明暗调节下，形成动态的视觉效果，并使建筑的“环境功能”“氛围功能”在此达到一种形式上的或游戏式的统一（图 5-47）。

图 5-46　德国柏林的拉菲特百货公司

图 5-47　德国卡塞尔的城市焦点表皮

后现代主义风格作品——美国加州环球影城，将不同的电影元素并置在一起，模拟舞台布置或电影场景蒙太奇，加上鲜艳的色彩、巨大的玩具，来迎合当代人大众化娱乐的需求，使人们在“玩具”似的环境中彻底放松，尽情玩乐。各种材料的运用、平面图形的指示、奇异结构的插入，形成独特的叙述性语言，使空间具有高度形象化、叙述性的风格。消费社会人们的购物活动离不开日常生活中的流行符号，那么被人们喜闻乐见的电影中的情节片段、人物形象等流行符号就被并置于环球影城的步行街上。在这里，人们参观电影的制作过程，解开特技镜头之谜。在影城商业街中，你可以在电影拍摄现场亲身体验电影的拍摄过程。娱乐中心主要有远古时代、回到未来、动物明星表演等。因此，政府投资在环球影城商业街时，将其文化主题设计成电影之旅，用人们喜爱熟悉的电影中的角色元素、场景片段和背景音乐，来重新设计组合成购物娱乐的体验之地，商品与服务也成了电影延伸产品。设计这样的商业中心会集聚当地文化传统和环境特征中的许多素材，让人们有新奇感和共鸣（图 5-48）。

图 5-48　美国洛杉矶的环球影城

5.3.1.2　情节的虚构

当人们意识到某种现象是特意“虚构”，引诱你暂时性地脱离现实时，通常说来，大多数人是乐意接受这种现实逃避的。比如说，偶尔去旅行，偶尔去酒吧等。当代商业建筑中的情节虚构就是通过电影情节中的符号化场景进行形象营造，在人物的运动中烘托体验气氛，在情节展开中确定空间关系，建筑空间围绕电影故事逐渐形成。在这个过程中利用“包装的”“表演的”“夸张的”“图像化的”“布景的”“拼贴的”的设计手法，使这种“虚构”的情节日渐靠近日常生活，使人们的符号化幻想变为真实，让顾客更喜欢沉沦于这种“温柔的快乐和愉悦”，从而推动当代商业建筑形象的审美效应。

由于当代商业建筑的内外环境形象构成逻辑与影像在场景搭建上具有同质性，我们还可以借助电影情节来指导当代商业建筑的形象构成——电影的制作可能发生在具体的建筑设计开始之前与过程之中，购物空间围绕电影故事逐渐形成。在电影中，不仅空间而且时间也应成为建筑设计的对象与内容。比如位于北京南三环的首地•大峡谷就是以电影为主题线索的大型购物中心。其中四大景观、八大街区都与电影立体互动，不同程度地结合；每条街区中都有电影的痕迹，随处可感受浓厚的电影氛围。三层主题为“爱琴海青春浪漫港湾”就是以电影的特质让每位消费者找到“梦幻天堂”的感觉。弥漫着浪漫地中海气息的爱琴海青春浪漫港湾，建筑风格来自《我的希腊婚礼》那部经典影片。“港湾”通体纯白，廊柱、雕塑，一切细节都体现着欧式建筑的优雅风情。对于沉醉爱河的情侣们，这里纯净、浪漫的韵味是他们的挚爱。更吸引人的是，这里真的有个精致的“结婚礼堂”，可以举行各种形式的婚礼、新闻发布、品牌发布会，更可以为新人提供婚纱拍摄场所。临近浪漫爱琴海的，便是“樱花街”了。它是以婚庆用品、少女服饰为主题，与爱琴海婚庆主题相得益彰（图 5-49）。四层围绕金色大厅特别设立了《罗马假日》、《红地毯》、《卡萨布兰卡》、《云水谣》四大主题餐饮区。《罗马假日》主题区恰是那部经典电影中的情节再现，呈现出原汁原味的欧陆风情和优雅浪漫的气质，酒吧、高档餐厅、意大利面、咖啡馆，以及电影礼品店、花店、饰品店无不充满异域情调（图 5-50）。《卡萨布兰卡》主题区采取英国街区商铺的装饰风格，完美体现休闲含蓄的英伦情调，街区边的英式老汽车、街头的艺人表演，牛排店、烤肉店等高档西餐，一切如耳边那首熟悉的乐曲般浑然天成（图 5-51）。

图 5-49　大峡谷购物中心爱琴海主题区

图 5-50　大峡谷购物中心罗马假日主题区

图 5-51　大峡谷购物中心卡萨布兰卡主题区

随着人们消费方式的变化，消费视角从原来的耐用消费品转向了情感、快乐、梦想和欲望等方面，于是感性视听的符号化审美满足成为当代商业建筑媒介的必要元素，从而使当代商业建筑的形象中充斥着流行影像的作品。当代商业建筑的购物体验更加类似于电影的场景制片程序——有一个个品牌店和休闲、娱乐、餐饮空间构成的定格画面、由行走组成了时间运动的体验；真实的场景不是静止的图片和静止的空间，中心事件应该产生在时间的流动中连续的购物空间，所以当代商业建筑与影像在艺术元素上，具有多方面的同质性。这使影像艺术介入购物空间创作成为可能，设计师将购物空间作为电影情节叙事的重要载体，并通过对电影情节再现、剪辑、重构来激发和推动消费者产生购物动机，帮助消费者在故事情节的发展中完成整个购物、视听的双重体验。而消费者又从影像艺术作品所架构的生活事件、空间形态，以及具有审美情趣的幻象中寻求购物的快乐和启发，从而更加激发购物的欲望。香港的港湾豪庭商场就是以“游轮畅游”作为一种虚幻的情节拟像。人们在商场中购物就仿佛置身于海上航行的游轮上，享受着海风吹拂、海鸥低鸣的度假体验。船身置于中庭四周，专卖店与蓝色的走廊恰好营造出船舱及海洋的意境；棚顶似波涛一样连绵起伏，挺立的桅杆如同帆船一般在磅礴的大海中迎风破浪。商场中的灯饰与小品摆设也贯彻着游轮的意念（图 5-52）。

图 5–52　香港港湾豪庭商场的虚构场景

5.3.1.3　幻象异托邦

消费文化倡导充满了矛盾和悖论的符号，破灭了现代主义乌托邦式的设想，而与一种“异托邦”不谋而合。“乌托邦”与“异托邦”这两个词的区别主要在于，前者是一个在世界上并不真实存在的地方或一种没有真实位置的场所，而后者是真实存在的，但对它的理解必须借助想象，因为它是一种存在矛盾的现实，是在真实而有效的场所中实现的“非场所”。或者说，前者是一种理想现实化，后者则是一种现实理想化。“异托邦”并非一种新的空间形式，它是一切文化和文明的产物。消费文化语境下当代商业建筑的很多方面显示出“异托邦”式的幻象。

第一，它们是真实存在的、真实感受的，我们生活其间的空间而不是想象的世界；它们是零碎、短暂、充满矛盾和悖论的空间，涉及差异性的同时并置、时间的片断化以及真实与虚幻之间的冲突。当代商业建筑真实存在的幻象异托邦是通过引入现实生活中难以实现的梦幻场景，带给人一种从现实世界短暂逃离的幻觉体验。这种幻象的异托邦在迪斯尼乐园中表现得淋漓尽致（图 5-53）：迪斯尼乐园主要借鉴嘉年华盛会（carnivals）、儿童文学和美国历史的主题，但同时又运用了好莱坞影像技术，全然不顾逻辑结构。迪斯尼的造园五项规划准则就是：生动性、运用电影场景技术、将正常的建筑放大或缩小创造特殊气氛、有意夸张空间的透视感、利用标志性建筑指示方位。于是，在迪斯尼乐园，来自不同地域和建筑上不相干的元素被组织在一个天衣无缝的场景中，形成有主题含义的空间。迪斯尼之所以成功，是因为其视觉形象都是代表普遍信仰和人们并不太强烈的共有激情而发展起来的象征性符号。迪斯尼奇观就是鲍德里亚所描述的超真实的世界——其中的景象是对过去和历史的仿真，甚至是没有母本的仿真，却又比现代的更加逼真。鲍德里亚在其《拟像与仿真》一文中阐述：“迪斯尼乐园是仿真序列中最完美的样板，……想象的迪斯尼乐园不是真假问题，它是一个延宕机器，试图以逆反的形式恢复虚构现实的活力。”

第二，它们也可以是非现实世界所有的、虚幻的，通过互联网技术营造出的超现实的商品世界。它们更多地通过与主体（消费者）的感知、联想、梦幻联系在一起，是虚拟的商业空间。消费社会，本质上是一个虚拟的社会，真实与虚拟的关系被颠倒了，导致虚拟的逻辑制约着人们对真实世界的理解。当下的数字文化完全能够轻松地实现与现实无关的虚拟，当代商业建筑的物质功能也受到互联网的强烈冲击。在当代数字信息时代，人们的交流早已挣脱了时间、空间的限制，互联网的强大在于人们足不出户，便可以完成整个购物活动。例如人们在网络商城中购物不会受到“营业时间”“空间容量”“自然条件”等因素的限制，买卖双方的交流只限于在电脑屏幕上，人们对于商品的信任也完全由图像所支持。因此，便在虚拟的商品世界中建立了虚拟商业空间，空间的要素也由真实、三维构件变为虚拟、多维视觉图像。在图像信息瞬息万变的虚拟购物空间中，虚拟商品变得比实体店更加丰富；时间由永恒变为随时建立与拆除；容积由有限到无限；文化由地方变为全球化共享。

图 5–53　迪斯尼乐园的幻象符号

5.3.2　独具匠心的氛围渲染

如果说媒介促成了消费的深化和全面化，使消费文化无孔不入的话，那么媒介对于当代商业建筑最主要的功效在于：媒介通过独具匠心的氛围渲染，将罗曼蒂克、进步和舒适生活等各种美好符号意象附加在普通商品之上，进而给人们带来诸多全新的视觉体验和感受。广告、色彩、灯光作为当代商业建筑最重要的三个媒介工具，在商业环境的渲染中担当着消费诱导、气氛调节、场景渲染的角色。随着媒介的大肆传播，消费文化实现了其不断变幻的取向和审美情趣，当代商业建筑成为传媒最虔诚、最适宜的“传教士”。

5.3.2.1　广告的诱导

文丘里在 20 世纪 60 年代提出“向拉斯维加斯学习”的倡导中，确立了广告符号在当代商业建筑中的地位，同时也证实了广告是当代商业建筑最具诱惑力的宣传媒介。在当代消费社会审美泛化下，广告作为消费的强大的视觉推动手段，在激励人的欲求上扮演着不可忽视的角色。随着传媒技术的提高、图像符号的泛滥，已经超越了只作为吸引顾客的二维图像功能，而从塑形、趣味、象征三个方面发生了质的飞跃，成为当代商业建筑宣传攻略中无法替代的媒介，发挥着更加犀利的诱导作用。

1）建筑形象的塑造

消费社会，当代商业建筑形象不断更新的需求和强调自身可售性的趋势，提高了广告在其形象塑造上的地位，甚至成为建筑外立面装修的组成元素。当代商业建筑依托处于将大量的广告、标识附着在其外立面上，作为符号信息交流系统的重要媒介。这些广告根据自身营销组织的要求和社会消费态势的变迁而不断地更换、变化，使得建筑立面可以不断更新，从而造成了商业设施形象乃至城市景观的某种布景化特征（图 5-54）。日本东京的银座利用美轮美奂的橱窗、广告作为建筑物和构筑物表面的主要装饰物，并与灯箱、霓虹灯、LED 屏等设备结合，在夜晚成为商业广告的“不夜城”。特别是那些城市核心区商业综合体建筑的顶部，也已成为各种各样的标志牌或广告牌的竞争之地。如此看来，宣称广告是商业建筑的第二张表皮毫无夸大之嫌（图 5-55）。在美国纽约的时代广场上，建筑的轮廓基本被广告和张贴画覆盖得严丝合缝，建筑的表皮功能在这里全部蜕化了。广告的随处拼贴而构成的审美愉悦和信息传达成为时代广场人群簇拥的主要推动性原因。这些广告还可以随着季节、节日、时间、天气等因素随时“变脸”，充分展现了向往开放自由的美国文化（图 5-56）。

图 5–54　当代商业建筑中的广告符号

图 5–55　日本东京银座的广告装饰

图 5–56　美国纽约时代广场广告装饰

2）符号价值的象征

在消费文化的影响下，人们去购买和消费物品时，广告在个人与物品的沟通中发挥了最大功用。正如时尚是超越丑与美，当代物品就其符号功能而言是超越有用与无用的一样，广告是超越真和伪的符号价值象征，是一种需要验证的预言式符号。当代商业建筑要能够充分的展示作为符号商品的象征意义，最直接的手段就是通过广告，这里的广告不仅是指静态的招贴画，还包括运用动态多媒体技术的动态影像等。在强大的传媒攻势下，广告作为象征性符号，将身份、地位、时尚、风格赋予在商品的价值体系中，尤其在一些奢侈品牌的商品中，广告标识成为社会等级区分的象征。这也充分表明了：广告具有的象征性是一种特殊的寓言和跟从逻辑。LV 名古屋旗舰店分别通过两种不同比例的 Daimer 棋盘格花纹的双层玻璃，交叠形成一种波纹状效果，恰如其分地表达了品牌的符号标识，同时映射了品牌的时尚、奢华的象征意义（图 5-57）。

图 5–57　Louis Vuitton 日本名古屋店

5.3.2.2　色彩的调节

色彩是视觉感官所能感知到的最敏感的媒介，色彩在视觉环境中先于形态具有更加直观的表现力，产生更强的视觉冲击和吸引。消费社会是色彩消费走进我们生活的时代，色彩的调节成为当代商业建筑宣传攻略中最重要的一环。协调、优美的色彩搭配以强烈的美感刺激，引起视觉的兴奋，从而产生愉悦的心情，既让人们获得心理的情感认同，又可以协同当代商业建筑空间进行主题分区。

1）获得情感认同

由于色彩的差异产生不同的心理感受，当代商业建筑根据这种心理感受，逐渐形成不同的色相、色温来呼应其内外空间中的适用标准，从而形成人们对色彩不同程度的视觉冲击（表 5-1）。当代商业建筑的色彩设计往往采用暖色调、对比强烈并富于调和感的色彩，利用色彩的明快感觉刺激游客的兴奋感并产生愉悦感，从而留下深刻的印象，而且更容易拉近建筑和顾客的距离，给人以温馨舒适的氛围感受。成功的色彩设计能增加造型的空间效果，它对空间加以划分，增加了空间造型的主次关系，建立有组织、有层次的空间感受。也为零售商塑造了鲜明的形象，给顾客带来强烈的视觉美感，创造独特的艺术氛围，提升项目的品味。如日本川崎西塔拉购物中心的外立面色彩以暖色调为主，配合玻璃交通空间冷色调的调节，形成对比强烈的色彩效果和视觉冲击力，通过高低错落的形体关系，营造具有亲和力、人情味的视觉效果（图 5-58）。再如爱尔兰都柏林 Blanchardstown Center 的外立面色彩在整体效果上体现出高明度、高彩度的淡雅脱俗的效果，以暖黄色为墙面的主色调，白色的入口空间与红色的入口标志恰如其分地活跃了单调的气氛（图 5-59）。

当代商业建筑的色相应用与情感认同 表5-1

色相		应用部位	情感认同
暖色	红	常用于室内外墙面，不适于大面积应用	温暖、热烈、亲近，形成进空间、具有迫近、扩张感
	橙	常用于局部装饰、细部色彩，有活跃气氛之用	
	黄	常以主色大面积用于室内外空间，多用浅黄色系	
冷色	蓝	常用于室内墙面、顶棚、有色玻璃，最适用于交通和餐饮空间，营造恬静氛围	清凉、安静、远离，形成退空间，具有深远、收缩感
中性色	绿	常用于室内墙面、有色玻璃，或用于细部色彩	平和、稳定、爽快，平静而自然，能很好地融入环境
	紫	常用于室内墙面、顶棚，或用于细部色彩	
	白	常用于当代商业建筑的各个部位，突出商品原色	
	灰	常用于室外和铺地，或超市的墙面	
	黑	在高档商店中偶尔使用，或无吊顶的超市顶棚	

图 5-58　日本川崎西塔拉购物中心的外立面色彩

图 5-59　爱尔兰都柏林 Blanchardstown Center 的外立面色彩

2）协同主题营造

根据当代商业建筑的主题定位，利用人的色彩意向，围绕主题特色，可以集聚人气，划分不同主题区域。捷得认为，如果商场的色彩设计与一般的写字楼没有太大的区别，适用千篇一律的色调，就会缺乏个性，无法提高人的好奇心。所以，当代商业建筑的色彩设计必须充分触发人的消费欲望，而且将个人感受融到色彩设计的细节之中。奥地利的 Atrio 是地处奥地利、斯洛文尼亚、意大利三国交界处的购物中心，建筑师通过红、蓝、绿三种国家颜色分别贯穿循环于建筑的内外部空间，营造不同主题空间，蕴含不同的寓意。红色代表了奥地利，建筑师通过赋予其红色的外立面皮肤，调动人们欢快的情绪，尤其在夜晚，红色主题的建筑结合外立面那些特殊的光效设计，会给这个地区的人们带来无限的快乐。蓝色代表斯洛文尼亚，它控制了整个广场的中心区域和高塔部分，蓝色的高塔隐喻了阿尔卑斯山的山脊。绿色代表意大利，代表建筑的绿植设计，对于 Villach 的盆地地形和大范围的降雨量，建筑师必须将这些雨水进行合理的收集再利用，同时景观植被的设计就要融合这些要素。在色彩设计的开始阶段，建筑师就强调了与自然形态的结合，使色彩不但呼应主题，而且与自然中的颜色和谐统一（图 5-60）。

图 5-60　奥地利 Atrio 购物中心的色彩搭配

5.3.2.3 灯光的渲染

灯光是视觉环境中最具表现力的活跃因素，因其具有“可控”的特点，可以根据人的意识随心所欲地调节、变幻光色和明暗，而成为当代商业建筑室内外空间最具吸引力的媒介。随着视觉文化素养和照明技术的提升，当代商业建筑的灯光渲染能够界定出不同风格的环境氛围，呈现出独特的空间感受和视觉焦点；也能够指引顾客的活动路线，形成空间流动的标识。同时还能够营造出具有变异性的光环境，来迎合消费文化视阈下的形象塑造特性。

1）空间的界定

灯光对空间界定的实质是对人心理行为的限定，目的是对空间形象轮廓层次的划分。当代商业建筑空间的灯光界定主要通过调节被限定空间与邻近空间的亮度差别和色彩差别来实现的，这种差异性越大，空间的对比越强烈，空间的限定感越强。灯光明亮度反映的是不同功能区域的重要程度，最亮的部分即是空间的焦点所在，一般为当代商业建筑的共享空间，如入口处、中央共享区、重要的景观元素和交通要道等区域（图 5-61、图 5-62）。空间中普通区域的灯光亮度一般要低于那些能够界定开放式空间边界的灯光亮度。在空间的界定方式上，常以一种勾勒式的灯光渲染，即用线性的光带勾勒出的空间具有弹性的边界和有机的形态（图 5-63）。

图 5–61　灯光界定中庭空间

图 5–62　灯光界定核心空间

图 5–63　灯光的线性勾勒

2）导向的指引

人眼的向光性使人总会本能地趋向有亮光的事物，注意力也经常被明亮的事物所吸引，这就使得光在空间内外环境中具有很好的导向作用。当代商业建筑灯光对空间的导向就是根据人的这一行为特点，借助于光的指示和暗示作用，将人的视线或人流引向目标。在复杂的当代商业建筑空间中，明亮的区域可以吸引人流前往，同时光线的闪烁可以作为引导人们行进流线的线索，因此，公共性强的共享空间的人工光环境总是明亮而有趣，吸引着我们的视线。而灯光在充满运动感的交通空间，可以通过灯光色彩的搭配来实现空间序列的引导作用，营造步行空间丰富的动态体验（图 5-64）。另外，当代商业建筑空间的灯光导向还可以形成点、线、面的组合，利用点光源、线性光源和散光源构成方向性、连续性的动势来引导人流，从而可以在商业空间中形成动静统一的灯光导向系统（图 5-65）。

图 5–64　交通空间灯光的导向性指引

图 5–65　点线面结合的灯光导向系统

3）变异的追求

由于日常生活工作高强度的压力，人们的情感总是处于相对压抑的状态，而当代商业建筑中变异的灯光渲染可以通过颠覆日常的视觉习惯来缓解人们心理压力的媒介介质。变异的灯光是通过打破人们固有的审美法则来呈现，通常可以利用艳俗、遁世、虚幻等手法，赋予当代商业建筑空间形象新的视觉异质性。艳俗的手法是利用浓重的商业氛围、复合的光色拼贴，以及超饱和的信息含量，渲染出当代商业建筑浅显的、媚俗的、具象的视觉特征。如拉斯维加斯的费尔蒙特街就是利用可以变色的霓虹灯与 LED 结合，打造暧昧的艳俗效果（图 5-66）。遁世的手法是通过反常态的灯光渲染，营造出与世隔绝、静谧、脱俗的视觉效果，让人们可以得到暂时的心理安慰与逃避。台北京华城就是利用顶部泻下的柔和光线，形成高雅、恬静的表演空间，结合周边围合的走廊，提供一种遁世体验（图 5-67）。虚幻的手法是灯光对超现实主义的诠释，是利用人工光对视觉的扭曲、

图 5–66　拉斯维加斯的费尔蒙特街艳俗灯光渲染

叠加，来创造迷惑、梦幻的心理感受，从而达到超自然、无意识、无理性的精神救赎。如德国柏林的拉菲特百货公司利用圆锥玻璃的几何特性，结合不同移动光源的投射，形成梦幻般的视觉体验（图 5-68）。

图 5–67　台北美丽华观演空间的遁世灯光渲染

图 5–68　柏林的拉菲特百货公司虚幻灯光渲染

图表索引

第 1 章

图 1-1：张庭伟，汪云等 . 现代购物中心——选址 • 规划 • 设计 [M]. 北京：中国建筑工业出版社 , 2007：178-184.
图 1-2：作者自绘 .
图 1-3：作者自绘 .

表 1-1：零点调查 . 中国消费文化调查报告 [M]. 北京：光明日报出版社 , 2006：502-504.
表 1-2、表 1-3：（美）B• 约瑟夫 • 派恩 , 詹姆斯 •H• 吉尔摩 . 体验经济 [M]. 夏业良 , 鲁炜译 . 北京：机械工业出版社 , 2002.
表 1-4：作者自绘 .

第 2 章

图 2-1：作者自绘 .
图 2-2：作者自绘 .
图 2-3：中国文化史图片库：唐代长安城 [EB/OL]. [2010-09-16]. http://jpkc.gxun.edu.cn/zgwhs/6tupianziliao1. htm.
图 2-4 ：liuff7: 清明上河图 001[EB/OL].（2009-04-6）[2010-10-16]. http://www.flickr. com/photos/babyblue2009/3445026612/.
图 2-5 ：China Postcard: 北京新年集市 [EB/OL].（2009-03-13）[2010-10-17]. http://www.flickr. com/photos/china-postcard/3351796259/.
图 2-6、图 2-7：罗小未，蔡琬英 . 外国建筑史图说 [M]. 上海：同济大学出版社，1998.
图 2-8：聂云凌 . 哈尔滨保护建筑 [M]. 哈尔滨：黑龙江人民出版社 , 2005.
图 2-9：天津劝业场 [G/OL].（2008-05-27）[2010-10-17]. http://heping.mofcom.gov.cn/aarticle/gaikuang/200805/20080505559153.html.
图 2-10：北京燕莎友谊中心图片 [EB/OL]. [2010-10-17]. http://www.cabr.com.cn/DepInfo/kts/images/image005. jpg.

图 2-11：Ccsharry:The St. Hubert Gallery[EB/OL].（2008-04-19）[2010-11-05]. http://www.flickr.com/photos/ccsharry/2428350654/sizes/l/.
图 2-12：费腾 . 从美国北岸购物中心谈郊区购物中心的设计特点 [J]. 城市建筑 , 2005 ，（8）：37.
图 2-13：张庭伟，汪云等 . 现代购物中心——选址 • 规划 • 设计 [M]. 北京：中国建筑工业出版社 , 2007：25.
图 2-14：作者自绘 .
图 2-15：作者自摄 .
图 2-16：作者自摄 .
图 2-17：作者自绘 .
图 2-18：Puka Inti:Warhol[EB/OL].（2008-08-03）[2010-11-11]. http://www.flickr.com/photos/puka_inti/2726670373/sizes/o/.
图 2-19：作者自摄 .
图 2-20：作者自摄 .
图 2-21：作者自绘 .
图 2-22：作者自绘 .
图 2-23：作者自绘 .
图 2-24：Alexander Christopher, Sara Ishikawa, Murray Silverstein. A Pattern language[M]. New York：Oxford University Press, 1977.
图 2-25：（挪）诺伯格 • 舒尔兹 . 场所精神——迈向建筑现象学 [M]. 施植明译 . 台湾：田园城市文化事业有限公司，1995：前言 .
图 2-26：杨乐天 , 李又村 . 浅谈消费环境对消费者行为的影响 [J]. 社会学研究 , 2004,（05）：87-88.
图 2-27：作者自绘 .

表 2-1：张庭伟，汪云等 . 现代购物中心——选址 • 规划 • 设计 [M]. 北京：中国建筑工业出版社 , 2007：27.
表 2-2：何诚 . 面对"Lifestyle"时代 [J]. 红地产 , 2007,（3）：92-93.
表 2-3：（挪）诺伯格 • 舒尔兹 . 存在 • 空间 • 建筑 [M]. 尹培桐译 . 北京：中国建筑工业出版社 , 1990：152.

第 3 章

图 3-1：nyc_rudi：Fashion Show Mall[EB/OL].（2008-06-14）[2010-05-21]. http://www. flickr. com/search/?q=Fashion+Show+mall&page=5.
图 3-2：作者自绘 .

图 3-3：美国捷得国际建筑师事务——部分作品简介 [J]. 城市建筑，2005，(8)：58-73.
图 3-4：续洁，林军．六本木山——城市再开发项目 [J]. 时代建筑，2005 (3)：68-79.
图 3-5：王晓，闫春林．现代商业建筑设计 [M]. 北京：中国建筑工业出版社，2005：311.
图 3-6：作者自摄．
图 3-7：金广君．图解城市设计 [M]. 黑龙江：黑龙江科学技术出版社，1999：39.
图 3-8：续洁，林军．六本木山——城市再开发项目 [J]. 时代建筑，2005，(3)：68-79.
图 3-9：作者自摄．
图 3-10：作者自摄．
图 3-11：作者自摄．
图 3-12：刘念雄．公共交通与郊区购物中心 [J]. 城市建筑，2009，(5)：23.
图 3-13、图 3-14（*a*）：Loft Publications. The World's Top Shopping Mall[M]. Spain：Page one Publishing Pte Ltd, 2009：59，127.
图 3-14（*b*)、图 3-14（*c*)：张庭伟，汪云等．现代购物中心——选址 • 规划 • 设计 [M]. 北京：中国建筑工业出版社，2007：52.
图 3-15：Chris Van Uffenlen. Malls&Department Stores1[M]. Berlin：Verlagshaus Braun Publishing，2008：86.
图 3-16：美国捷得国际建筑师事务——部分作品简介 [J]. 城市建筑，2005，(8)：58-73.
图 3-17：北京万创文化传媒有限公司．中国顶级商业广场 [M]. 大连：大连理工大学出版社，2009：89.
图 3-18：张庭伟，汪云等．现代购物中心——选址 • 规划 • 设计 [M]. 北京：中国建筑工业出版社，2007：26.
图 3-19：费腾，毕冰实．基于人性化理念的商业建筑交通空间设计 [J]. 城市建筑，2009，(5)：24-26.
图 3-20：作者自摄．
图 3-21：张庭伟，汪云等．现代购物中心——选址 • 规划 • 设计 [M]. 北京：中国建筑工业出版社，2007：156.
图 3-22：费腾，毕冰实．基于人性化理念的商业建筑交通空间设计 [J]. 城市建筑，2009，(5)：24-26.
图 3-23：作者自摄．
图 3-24：刘念雄．购物中心与英国城市中心商业区更新——从斗牛场购物

中心看伯明翰中心商业区更新 [J]. 城市建筑 , 2008，(5)：23.
图 3-25：作者自摄 .
图 3-26：张庭伟，汪云等 . 现代购物中心——选址 • 规划 • 设计 [M]. 北京：中国建筑工业出版社 , 2007：61.
图 3-27：作者自摄 .
图 3-28：张庭伟，汪云等 . 现代购物中心——选址 • 规划 • 设计 [M]. 北京：中国建筑工业出版社 , 2007：89.
图 3-29：韩冬青 , 冯金 . 城市 • 建筑一体化设计 [M]. 南京：东南大学出版社 , 1999：52.
图 3-30 ：(德) 施苔芬妮 • 舒普 . 大型购物中心 [M]. 王婧译 . 沈阳：辽宁科学技术出版社 , 2005：57.
图 3-31：刘念雄 . 奥查德广场——融入城市肌理的英国购物中心 [J]. 城市建筑 , 2006，(5)：23.
图 3-32：作者自摄 .
图 3-33：Chris Van Uffenlen. Malls&Department Stores2[M]. Berlin：Verlagshaus Braun. Publishing，2008：315.
图 3-34：美国思科茨代尔商业区图片 [EB/OL].[2010-05-26].
http://www. travels. com/Cms/images/GlobalPhoto/Articles/22172/317862-main_Full. Jpg.
图 3-35：King, Jenny. Fun and Function[J]. Shopping Center World，2000，(5)：26-29.
图 3-36：pquinn:Sylvia Park[EB/OL].（2008-12-19）[2010-06-25].
http：//www. flickr. com/photos/pquinn/3230383914/.
图 3-37：King, Jenny. Fun and function[J]. Shopping Center World，2000，(5)：213.
图 3-38：王晓 , 闫春林 . 现代商业建筑设计 [M]. 北京：中国建筑工业出版社 , 2005：57.
图 3-39：Loft Publications. The World’s Top Shopping Mall[M]. Spain：Page one Publishing Pte Ltd, 2009：44.
图 3-40：张庭伟，汪云等 . 现代购物中心——选址 • 规划 • 设计 [M]. 北京：中国建筑工业出版社 , 2007：59.
图 3-41：作者自摄 .
图 3-42：Loft Publications. The World’s Top Shopping Mall[M]. Spain：Page one Publishing Pte Ltd, 2009：84-87.
图 3-43：贝思出版有限公司 . 商业环境与空间 [M]. 天津：天津大学出版社 , 2010：90-98.

图 3-44：刘梦薇 . 当代品牌展销店建筑设计研究 [D]. 哈尔滨：哈尔滨工业大学 , 2008：92-93.

图 3-45：Amoma Rem Koolhaas[J]. El croquis, 2006，131，132（3，4）：150-181.

图 3-46：刘梦薇 . 当代品牌展销店建筑设计研究 [D]. 哈尔滨：哈尔滨工业大学 , 2008：88.

图 3-47、图 3-48：李翔宇 , 梅洪元 . 消费社会商业建筑的文化彰显 [J]. 城市建筑 , 2009, (5)：10-13.

图 3-49：Zhao Xiangbiao . Ga mon goble architecyure now[M]. Hongkong：Hongkong Scientific & Cultural Publishing Co, 2008：432.

图 3-50：贝思出版有限公司 . 商业环境与空间 [M]. 天津：天津大学出版社 , 2010：24-31.

图 3-51：Lushnis: 三里屯 Village[EB/OL].（2009-03-30）[2010-10-28]. http://www.flickr. com/photos/lushnis/3465843590/.

图 3-52：(英) Hugh Pearman. 当代世界建筑 [M]. 刘丛红 , 戴路 , 邹颖译 . 北京：机械工业出版社 , 2003：182.

图 3-53：Littleoctopus11:Christmas @ IFC Mall[EB/OL].（2008-11-22）[2010-09-18].
http：//www. flickr. com/photos/joannelcy/3097296776/.

图 3-54、图 3-55：刘梦薇 . 当代品牌展销店建筑设计研究 [D]. 哈尔滨：哈尔滨工业大学 , 2008：52-54.

图 3-56：作者自摄 .

图 3-57：Herzog & De Meuron 2002-2006[J]. El croquis, 2006, 129, 130（1, 2）：208-235.

图 3-58：作者自摄 .

图 3-59：刘梦薇 . 当代品牌展销店建筑设计研究 [D]. 哈尔滨：哈尔滨工业大学 , 2008：85.

图 3-60：易冰 . 商业空间的创造与整合 [J]. 时代建筑 , 2005, (2)：84.

表 3-1：张庭伟，汪云等 . 现代购物中心——选址 • 规划 • 设计 [M]. 北京：中国建筑工业出版社 , 2007：26.

表 3-2：王晓 , 闫春林 . 现代商业建筑设计 [M]. 北京：中国建筑工业出版社 , 2005：26.

第 4 章

图 4-1：顾馥保．商业建筑设计 [M]. 北京：中国建筑工业出版社，2003：25.

图 4-2：黄立群，彭飞．关于 Shopping Mall 设计原则的探讨 [J]. 城市建筑，2006，（5）：8.

图 4-3：张庭伟，汪云等．现代购物中心——选址·规划·设计 [M]. 北京：中国建筑工业出版社，2007：135.

图 4-4：作者自摄．

图 4-5：作者自摄．

图 4-6：北京万创文化传媒有限公司．中国顶级商业广场 [M]. 大连：大连理工大学出版社，2009：152-163.

图 4-7、图 4-8：Chris Van Uffenlen. Malls&Department Stores2[M]. Berlin：Verlagshaus Braun Publishing，2008：333,346.

图 4-9（*a*）：韩冬青，冯金．城市·建筑一体化设计 [M]. 南京：东南大学出版社，1999：109.

图 4-9（*b*）：Denmar:Eaton Centre：Flightstop [EB/OL].（2008-03-12）[2010-10-10].

http://www. flickr. com/photos/denmar/2349951511/.

图 4-10：韩冬青，冯金．城市·建筑一体化设计 [M]. 南京：东南大学出版社，1999：52-53.

图 4-11：作者自绘．

图 4-12、图 4-13：王晓，闫春林．现代商业建筑设计 [M]. 北京：中国建筑工业出版社，2005：前言 ,3.

图 4-14：King, Jenny. Fun and function[J]. Shopping Center World，2000，（5）：105.

图 4-15：West Edmonton Mall 官方网站 [EB/OL].[2010-08-10].

http：//www. wem. ca/#/shop/home/Shop-Home.

图 4-16：作者自绘．

图 4-17：作者自摄．

图 4-18：香港科讯．商业广场Ⅱ [M]. 武汉：华中科技大学出版社，2008:90.

图 4-19 ：（德）施苔芬妮·舒普．大型购物中心 [M]. 王婧译．沈阳：辽宁科学技术出版社，2005:108.

图 4-20：黄立群，彭飞．关于 Shopping Mall 设计原则的探讨 [J]. 城市建筑，2006，（5）：8.

图 4-21 戴叶子．朗豪坊购物中心的几点设计启示 [J]. 新建筑，2009，（4）：71-75.

图 4-22：（德）施苔芬妮 • 舒普 . 大型购物中心 [M]. 王婧译 . 沈阳：辽宁科学技术出版社 , 2005：67.
图 4-23：IBN Battuta Mall 官方网站 [EB/OL].[2010-08-12].
http://www.ibnbattutamall.com/Directory/Directoryone. Html.
图 4-24：作者自绘
图 4-25：（德）施苔芬妮 • 舒普 . 大型购物中心 [M]. 王婧译 . 沈阳：辽宁科学技术出版社 , 2005：285.
图 4-26：东方新天地官方网站：一层平面 [EB/OL].[2010-07-16].
http://www.orientalplaza. com/gb/shopping/activitylg. htm.
图 4-27：Cubicgarden:Cabot Circus in Bristol[EB/OL].（2009-01-01）[2010-11-18].
http：//www. flickr. com/photos/cubicgarden/3156792312/sizes/l/.
图 4-28~ 图 4-31：（德）施苔芬妮 • 舒普 . 大型购物中心 [M]. 王婧译 . 沈阳：辽宁科学技术出版社 , 2005：280,43.
图 4-32：黄立群 , 彭飞 . 关于 Shopping Mall 设计原则的探讨 [J]. 城市建筑 , 2006 ，（5）：8.
图 4-33：Dubai Mall 官方网站：平面图 [EB/OL].[2010-08-24].
http://www.The Dubai Mall. com/en/general/general/location-map. html.
图 4-34：Mall of Asia 官方网站 : 一层平面 [EB/OL].[2010-12-18].
http://www. smmallofasia.com/moa/moamap/index.html?mcid=0&cat=1&str=0&subcat=0.
图 4-35：刘念雄 . 公共交通与郊区购物中心 [J]. 城市建筑 , 2009 ，（5）：23.
图 4-36：香港科讯 . 商业广场 II [M]. 武汉：华中科技大学出版社 , 2008：109.
图 4-37：张庭伟，汪云等 . 现代购物中心——选址 • 规划 • 设计 [M]. 北京：中国建筑工业出版社 , 2007：100.
图 4-38：香港科讯 . 商业广场 II [M]. 武汉：华中科技大学出版社 , 2008：78.
图 4-39：Malawimullac:The Waterfront Shopping Cente[EB/OL].（2007-10-08）[2010-11-12].
http：//www. flickr. com/photos/malawimullac/3574222388/.
图 4-40：香港科讯 . 商业广场 II [M]. 武汉：华中科技大学出版社 , 2008：69.
图 4-41：Sara. Manuelli. Design for shopping：new retail interior. Abbeville Press, 2004：59.
图 4-42：Old Shoe Woman:Bass Pro Shop's Outdoor World in Las Vegas[EB/OL].（2007-06-03）[2010-05-11].
http：//www. flickr. com/search/?q=Bass+Shop.
图 4-43：King, Jenny. Fun and function[J]. Shopping Center World，2000，（5）：12-17.

图 4-44：Chris Van Uffenlen. Malls&Department Stores2[M]. Berlin：Verlagshaus Braun Publishing，2008：301.

图 4-45：Skinny_norris:Pacific City living mall[EB/OL].（2009-03-07）[2010-06-14].

http：//www. flickr. com/photos/jupiter_jones/3335001989/.

图 4-46、图 4-47：张庭伟，汪云等 . 现代购物中心——选址 • 规划 • 设计 [M]. 北京：中国建筑工业出版社，2007：145-148,189.

图 4-48：Chris Van Uffenlen. Malls&Department Stores2[M].Berlin：Verlagshaus Braun Publishing，2008：409.

图 4-49：香港科讯 . 商业广场 II [M]. 武汉：华中科技大学出版社，2008：78.

图 4-50：Chris Van Uffenlen. Malls&Department Stores2[M].Berlin：Verlagshaus Braun Publishing，2008：321.

图 4-51：King, Jenny. Fun and function[J]. Shopping Center World，2000，(5)：5.

图 4-52：作者自摄 .

图 4-53：Chris Van Uffenlen. Malls&Department Stores2[M].Berlin：Verlagshaus Braun Publishing，2008：403.

图 4-54：张庭伟，汪云等 . 现代购物中心——选址 • 规划 • 设计 [M]. 北京：中国建筑工业出版社，2007：180.

图 4-55：Iheartkitty:horton plaza chess board[EB/OL].（2008-07-17）[2010-11-19].

http：//www. flickr. com/photos/iheartkitty/2694605517/.

图 4-56：韩冬青，冯金 . 城市 • 建筑一体化设计 [M]. 南京：东南大学出版社，1999：106-107.

图 4-57、图 4-58：刘念雄 . 公共交通与郊区购物中心 [J]. 城市建筑，2009，(5)：23.

图 4-59：作者自绘 .

图 4-60：作者自绘 .

图 4-61：作者自绘 .

图 4-62：作者自绘 .

图 4-63：韩冬青，冯金 . 城市 • 建筑一体化设计 [M]. 南京：东南大学出版社，1999：128.

图 4-64：作者自摄 .

图 4-65：作者自摄 .

图 4-66：李蕾 . 商业地产客流引导体系的优化策略研究 [J]. 华中建筑，2010，(2)：51-57.

图 4-67：韩冬青，冯金 . 城市 • 建筑一体化设计 [M]. 南京：东南大学出版社，1999：9.

图 4-68：作者自绘 .
图 4-69：King, Jenny. Fun and function[J]. Shopping Center World，2000，(5)：55.
图 4-70：作者自绘 .
图 4-71：韩冬青 , 冯金 . 城市 • 建筑一体化设计 [M]. 南京：东南大学出版社 , 1999：46.
图 4-72：贝思出版有限公司 . 商业环境与空间 [M]. 天津：天津大学出版社 , 2010：11.
图 4-73：广东东莞华南 Mall 图片 [EB/OL].[2010-10-17].
http://gd.chbt.net/ddimg/uploadimg/20051214/1213344. jpg.
图 4-74：李蕾 . 商业地产客流引导体系的优化策略研究 [J]. 华中建筑 , 2010，(2)：51-57.
图 4-75：作者自绘 .
图 4-76：黄立群 , 彭飞 . 关于 Shopping Mall 设计原则的探讨 [J]. 城市建筑 , 2006，(5)：8.
图 4-77：李蕾 . 商业地产客流引导体系的优化策略研究 [J]. 华中建筑 , 2010，(2)：51-57.
图 4-78：Dai oni:Escalation[EB/OL].（2009-08-07）[2010-02-16].
http://www.flickr.com/photos/daioni/3799593331/sizes/o/.
图 4-79：作者自摄 .
图 4-80：Echoman:spiraling shape[EB/OL].（2007-03-04）[2010-06-21].
http://www.flickr. com/photos/echoman/415672555/.
图 4-81：曲艳丽 , 杨朝华 . 城市综合体——商业对城市空间的整合叙事 [J]. 城市建筑 , 2009，(5)：17-20.

表 4-1：作者自制 .
表 4-2：李蕾 . 商业地产客流引导体系的优化策略研究 [J]. 华中建筑 , 2010，(2)：51-57.
表 4-3：作者自制 .
表 4-4：作者自制 .
表 4-5：作者自制 .
表 4-6：刘力 . 商业建筑 [M]. 北京：中国建筑工业出版社 , 1999：23-64.
表 4-7：作者自制 .
表 4-8：李翔宇 . 仓储式建材超市设计研究 [D]. 哈尔滨：哈尔滨工业大学 , 2006：48.
表 4-9：何诚 . 面对“Lifestyle”时代 [J]. 红地产 , 2007，(3)：92-93.

表 4-10：李蕾 . 商业地产客流引导体系的优化策略研究 [J]. 华中建筑，2010，(2)：51-57.
表 4-11：作者自制 .

第 5 章

图 5-1：King, Jenny. Fun and function[J]. Shopping Center World，2000，(5)：36.
图 5-2：筑龙图片资料库：摩洛哥卡萨布兰卡购物中心 [EB/OL].[2010-09-16]. http：//photo. zhulong. com/proj/photo_view. asp?id=34296&s=5&c=201015.
图 5-3：(德) 施苔芬妮 • 舒普 . 大型购物中心 [M]. 王婧译 . 沈阳：辽宁科学技术出版社，2005:67.
图 5-4：Chris Van Uffenlen. Malls&Department Stores2[M]. Berlin：Verlagshaus Braun. Publishing，2008：324-327.
图 5-5、图 5-6：(英)Hugh Pearman. 当代世界建筑 [M]. 刘丛红，戴路，邹颖译 . 北京：机械工业出版社，2003：176-177.
图 5-7：(德) 施苔芬妮 • 舒普 . 大型购物中心 [M]. 王婧译 . 沈阳：辽宁科学技术出版社，2005：90.
图 5-8、图 5-9：King, Jenny. Fun and function[J]. Shopping Center World，2000，(5)：102-105，186-189.
图 5-10：Chris Van Uffenlen. Malls&Department Stores2[M].Berlin：Verlagshaus Braun Publishing，2008：308-311.
图 5-11：刘廷杰 . 后现代的商业空间——体验一种非"短暂"的时尚 [J]. 时代建筑，2005，(2)：98-101.
图 5-12：Julsbird02:The Mother Ship has Landed[EB/OL].（2007-08-08）[2010-04-09].
http：//www. flickr. com/photos/julsbird02/1054112446/.
图 5-13：刘廷杰 . 后现代的商业空间——体验一种非"短暂"的时尚 [J]. 时代建筑，2005，(2)：98-101.
图 5-14：精尚网：建筑城规图库——柏西购物中心 [EB/OL].[2010-03-14]. http://www.jst-cn. com/1740-2-items-picture. html.
图 5-15：贝思出版有限公司 . 商业环境与空间 [M]. 天津：天津大学出版社，2010：132.
图 5-16：(英) Hugh Pearman. 当代世界建筑 [M]. 刘丛红，戴路，邹颖译 . 北京：机械工业出版社，2003：192.
图 5-17：佳图文化 . 101 世界最佳新建筑 [M]. 南京：江苏人民出版社，

2011：83.
图 5-18：Chris Van Uffenlen. Malls&Department Stores2[M].Berlin：Verlagshaus Braun Publishing，2008：366-371.
图 5-19：King, Jenny. Fun and function[J]. Shopping Center World，2000，(5)：61-63.
图 5-20：香港科讯．商业广场 II [M]. 武汉：华中科技大学出版社，2008：66-77.
图 5-21：徐知兰，Till W hler. ACCESS 商场，曼海姆，德国 [J]. 世界建筑，2008，(4)：30-35.
图 5-22：(德) 施苔芬妮•舒普．大型购物中心 [M]. 王婧译．沈阳：辽宁科学技术出版社，2005：134-137.
图 5-23：建筑六十六编委会．建筑六十六 1[M]. 大连：大连理工大学出版社，2006：38.
图 5-24：King, Jenny. Fun and function[J]. Shopping Center World，2000，(5)：48.
图 5-25：张庭伟，汪云等．现代购物中心——选址•规划•设计 [M]. 北京：中国建筑工业出版社，2007：183.
图 5-26：李忠．拉斯维加斯，体验经济的先锋城 [EB/OL].（2009-06-29）[2010-07-15].
http：//blog. sina. com. cn/s/blog_474898510100djgn. Html.
图 5-27：Fr1zz:engelhardt haus[EB/OL].（2008-12-18）[2010-05-16]. http://www. flickr. com/photos/fr1zz/3606078833/.
图 5-28：King, Jenny. Fun and function[J]. Shopping Center World，2000，(5)：9.
图 5-29：徐知兰，Till W hler. 条形码大厦，圣彼得堡，俄罗斯 [J]. 世界建筑，2008 (4)：48-51.
图 5-30：Kardinalsin:Roppongi LV[EB/OL].（2005-07-04）[2010-06-19]. http://www. flickr. com/photos/kardinalsin/24352823/.
图 5-31：王晓，闫春林．现代商业建筑设计 [M]. 北京：中国建筑工业出版社，2005：前言．
图 5-32：易冰．商业空间的创造与整合 [J]. 时代建筑，2005, (2)：80-89.
图 5-33~ 图 5-36：(英) Hugh Pearman. 当代世界建筑 [M]. 刘丛红，戴路，邹颖译．北京：机械工业出版社，2003:187.
图 5-37：Galleria 时装店，首尔，韩国 [J]. 建筑创作，2006，(08)：86-93.
图 5-38：King, Jenny. Fun and function[J]. Shopping Center World，2000，(5)：154-157.
图 5-39：The Architecture of Shopping Malls[M]. London：Phaidon Press Ltd,

2005：104-117.
图 5-40~ 图 5-42：李翔宇，梅洪元 . 消费社会商业建筑的文化彰显 [J]. 城市建筑，2009,（5）：10-13.
图 5-43：Milkbar Nick:Chanel Store Ginza[EB/OL].（2008-09-09）[2010-11-03].
http：//www. flickr. com/photos/milkbarnick/2874568486/.
图 5-44：shuffler2007:Q － FRONT[EB/OL].（2007-06-05）[2010-08-20].
http：//www. flickr. com/photos/7947946@N08/531038991/.
图 5-45：Chris Van Uffenlen. Malls&Department Stores2[M].Berlin：Verlagshaus Braun Publishing，2008：358-359.
图 5-46、图 5-47：（德）施苔芬妮 • 舒普 . 大型购物中心 [M]. 王婧译 . 沈阳：辽宁科学技术出版社，2005：45-49.
图 5-48：杨振宇 . 疯狂消费城市中的脉脉温情——美国捷得国际建筑师事务所大型商业项目解读 [J]. 城市建筑，2005，（8）：28-31.
图 5-49~ 图 5-51：王葳 . 探秘大峡谷 [J]. 新地产，2008，（5）：89.
图 5-52：港湾豪庭商场图片 [EB/OL].（2009-10-28）[2010-05-20].
http：//www. xici. net/main. asp?url=/u13389107/d101953202. htm.
图 5-53：Matt Pasant:Disneyland - The Pier they call Paradise[EB/OL].（2008-08-03）[2010-07-23].
http：//www. flickr. com/photos/pasant/2963818234/.
图 5-54：Amos1766:Osaka shopping[EB/OL].（2003-01-21）[2010-06-12].
http：//www. flickr. com/photos/doramosnoopy/32209390/size /o/.
图 5-55：Bill in DC:Tokyo：Ginza at Night[EB/OL].（2008-10-11）[2010-11-14].
http：//www. flickr. com/search/?w=all&q=Tokyo+Ginza&m=text.
图 5-56：Michael McDonough:Time Square[EB/OL].（2006-04-03）[2010-11-15].
http：//www. flickr. com/search/?w=all&q=Times+Square&m=text.
图 5-57：Po-Chih Tsai:20050527 EXPO Ni 117[EB/OL].（2005-05-27）[2010-04-01].
http：//www. flickr. com/photos/reedtsai/1171353831/.
图 5-58：美国捷得国际建筑师事务——部分作品简介 [J]. 城市建筑，2005，（8）：58-73.
图 5-59：King, Jenny. Fun and function[J]. Shopping Center World，2000，（5）：126.
图 5-60：孔楠 . ATRIO 三位一体的回归 [J]. 建筑技艺，2009，（5）：57-61.
图 5-61：北京万创文化传媒有限公司 . 中国顶级商业广场 [M]. 大连：大连理工大学出版社，2009：150.
图 5-62~ 图 5-66：谢略 . 以人工光为介质的建筑艺术表现 [D]. 哈尔滨：哈尔

滨工业大学，2005：44, 62.
图5-67：顾馥保．商业建筑设计[M]. 北京：中国建筑工业出版社，2003：前言．
图5-68：筑龙图片资料库：拉菲特百货公司[EB/OL].[2010-05-12].
http://photo.zhulong.com/proj/detail11886.htm.

表5-1：作者自制

参考文献

[1]（英）斯克莱尔 . 跨国资本家阶层 [M]. 刘欣 , 朱晓东译 . 南京：江苏人民出版社 , 2002：8-11.

[2] 杨魁 , 董雅丽 . 消费文化——从现代到后现代 [M]. 北京：中国社会科学出版社 , 2003.

[3] Martyn J. Lee. The consumer society reader[M]. Oxford：Blackwell Publisher, 2000：25-27.

[4]（法）让•鲍德里亚 . 消费社会 [M]. 刘成富 , 全志刚译 . 南京：南京大学出版社 , 2001.

[5]（美）阿里夫•德里克 . 市场、文化、权力：中国第二次"文化革命"的形成 [M]. 李怀亮译 . 天津：天津社会科学院出版社 , 2002.

[6] 零点调查 . 中国消费文化调查报告 [M]. 北京：光明日报出版社 , 2006：502-504.

[7]（美）B•约瑟夫•派恩 , 詹姆斯•H•吉尔摩 . 体验经济 [M]. 夏业良 , 鲁炜译 . 北京：机械工业出版社 , 2002.

[8] 国家统计局 . 2005 年全国国民经济和社会发展统计公报 . 2005.

[9] 张庭伟,汪云等 . 现代购物中心——选址•规划•设计 [M]. 北京：中国建筑工业出版社 , 2007：178-184.

[10] 吴良镛 . 世纪之交的凝思：建筑的未来 [M]. 北京：清华大学出版社 , 1999：8-12.

[11] 曾坚 , 陈岚 , 陈志宏 . 现代商业建筑的规划与设计 [M]. 天津：天津大学出版社 , 2002.

[12] 华霞虹 . 消融与转变 [D]. 上海：同济大学 , 2007.

[13]（美）弗雷德里克•詹姆逊 . 文化转向 [M]. 胡亚敏等译 . 北京：中国社会科学出版社 , 2000.

[14]（英）迈克•费瑟斯通 . 消费文化与后现代主义 [M]. 刘精明译 . 南京：译林出版社 , 2000：139-162.

[15]（英）西莉亚•卢瑞 . 消费文化 [M]. 张萍译 . 南京：南京大学出版社 , 2003：1.

[16] Takeshi Ayai. Contemporary commercial buildings Facades[M]. Tokyo：Shotenkenchiku-Sha Company, 1992.

[17]（日）村上末吉 . World Shops&Fashion Boutiques. 北京：中图北京市场部 , 1997.

[18] Nadine Beddington. Shopping Centres：Retail Development, Design, and Management[M]. Oxford：Butterworth Architecture, 1991.

[19] Yoichi Aria. European Passages Shopping Design[M]. Tokyo：Shotenkenchiku-sha co, 1999.
[20] Maitland Barry. Shopping Malls：Planning and Design[M]. London：Construction Press, 1985.
[21] Maitland Barry. The new architecture of the retail mall[M]. London：Architecture Designand Technology Press, 1990.
[22] Burt Hill Kosar Rittelmann Associates and Min Kantrowitz Associates. Contemporary commercial buildings design：integrating climate, comfort, and cost[M]. New York：Van Nostrand Reinhold Co, 1987.
[23]（日）藤江澄夫 . 商业设施 [M]. 黎雪梅译 . 北京：中国建筑工业出版社 , 2002.
[24]（德）施若芬妮•舒普著 . 大型购物中心 [M]. 王婧译 . 沈阳：辽宁科学技术出版社 , 2005.
[25] N. Keith Scott. Shopping centre design[M]. London：Van Nostrand Reinhold (International), 1989.
[26] Michel de Certeau. The Practice of Everyday Life[M].California：University of California Press, 1984.
[27]（美）道格拉斯•凯尔纳 . 后现代理论 (批判性的质疑)[M]. 张志斌译 . 北京：中央编译出版社 , 2006.
[28]（英）Don Slater. 消费文化与现代性 [M]. 林祐圣 , 叶欣怡译 . 台北：弘智文化事业有限公司 , 2003.
[29]（美）马泰•卡林内斯基 . 现代性的五副面孔:现代主义、先锋派、颓废、媚俗艺术、后现代主义 [M]. 顾爱彬 , 李瑞华译 . 北京：商务印书馆 , 2003：299-308.
[30]（美)弗雷德里克•詹姆逊 . 后现代主义:晚期资本主义的文化逻辑 [M]. 陈清侨等译 . 上海：三联出版社 , 1997：489-500.
[31]（美）戴维•哈维 . 后现代的状况——对文化变迁之缘起的探究 [M]. 阎嘉译 . 北京：商务印书馆 , 2003：92-132.
[32] Chuihua Judy Chung, Jeffrey Inaba, Rem Koolhaas,Harvard Design School Project on the City[M].Cologne:Taschen,2002.
[33] 荆哲璐 . 城市消费空间的生与死——《哈佛设计学院购物指南》评述 [J]. 时代建筑 , 2005,（3）：62-67.
[34]（美）罗伯特•文丘里 , 丹尼丝•斯科特•布朗 , 史蒂文•艾泽努 . 向拉斯维加斯学习 [M]. 徐怡芳 , 王健译 . 北京：知识产权出版社 , 中国水利水电出版社 , 2006.
[35] Guest-Edited By Sarah Chaplin and Eric Holding. Consuming Architecture. Editor, Maggie Toy[M]. London：Architectural Design, 1998.
[36] Ahlava Antti. Architecture in Consumer Society[D]. Helsink：University of Art and Design Helsinki(Finland), 1996：8-15.

[37] 李雄飞等 . 国外城市中心商业区与步行街 [M]. 天津：天津大学出版社 , 1990：65.
[38] 许家珍 . 商店建筑设计 [M]. 北京：中国建筑工业出版社 , 1993.
[39]《建筑设计资料集》编委会 . 建筑设计资料集 5[M]. 北京：中国建筑工业出版社 , 1994.
[40] 宛素春，王珊，汪庆萱 . 建筑设计图集：当代商业建筑 [M], 北京：中国建筑工业出版社 , 1998.
[41] 刘念雄 . 购物中心开发设计与管理 [M]. 北京：中国建筑工业出版社 , 2001.
[42] 顾馥保 . 商业建筑设计 [M]. 北京：中国建筑工业出版社 , 2003.
[43] 王晓 , 闫春林 . 现代商业建筑设计 [M]. 北京：中国建筑工业出版社 , 2005.
[44] 张伟 . 建筑设计与城市规划佳作选编——当代商业建筑 [M]. 北京：中国建筑工业出版社 , 2006.
[45] 王宁 . 消费社会学—— 一个分析的视角 . 北京：社会科学文献出版社 , 2001.
[46] 周小仪 . 唯美主义与消费文化 [M]. 北京：北京大学出版社 , 2002.
[47] 罗纲 , 王中忱 . 消费文化读本 [M]. 北京：中国社会科学院出版社 , 2003：27,31.
[48] 卢汉龙 , 戴慧思 . 中国城市的消费革命 [M]. 上海：上海社会科学院出版社 , 2003.
[49] 李程骅 . 商业新业态：城市消费大变革 [M]. 南京：东南大学出版社 , 2004.
[50] 包亚明 . 消费社会与都市文化研究 [M]. 北京：中国人民大学出版社 , 2004.
[51] 姚建平 . 消费认同 [M]. 北京：社会科学文献出版社 , 2006.
[52] 夏莹 . 消费文化及其方法论导论——基于早期鲍德里亚的一种批判理论建构 [M]. 北京：中国社会科学出版社 , 2007.
[53] 零点研究咨询集团 . 中国消费文化调查报告 [M]. 北京：光明日报出版社 , 2008.
[54] 张筱薏 . 消费背后的隐匿力量——消费文化权利研究 [M]. 北京：知识产权出版社 , 2009.
[55] 伍庆 . 消费社会与消费认同 [M]. 北京：社会科学文献出版社 , 2009.
[56] 荆哲璐 . 消费时代的都市空间图景——上海消费空间的评析 [D]. 上海：同济大学 , 2005.
[57] 徐健 . 作为消费品的建筑——消费时代的当代时尚品牌专卖店研究 [D]. 上海：同济大学 , 2006.
[58] 陈皞 . 商业建筑环境设计的人文内涵研究 [D]. 上海：同济大学 , 2005.
[59] 韩中强 . 城市中心商业综合体的文化意象 [D]. 杭州：浙江大学 , 2006.
[60] 刘博佳 . 商业建筑的情感 [D]. 昆明：昆明理工大学 , 2005.
[61] 钱坤 . 主题体验式购物中心设计研究 [D]. 重庆：重庆大学 , 2005.
[62] 金静宇 . 综合体建筑中的商业空间研究 [D]. 大连：大连理工大学 , 2006.
[63] 唐雪静 . 消费文化的建筑美景 [D]. 天津：天津大学 , 2006.
[64] 姬向华 . 消费社会下的综合性商业建筑研究 [D]. 郑州：郑州大学 , 2004.
[65]（法）让•鲍德里亚 . 物体系 [M]. 林志明译 . 上海：上海人民出版社 , 2001.

[66] 孔明安 . 从物的消费到符号消费——鲍德里亚消费文化研究 [J]. 哲学研究 , 2002, (11).
[67] (法) 让 • 鲍德里亚 . 符号的政治经济学批判 [M]. 夏莹译 . 南京：南京大学出版社 , 2009.
[68] 水水工作室：史记 • 古代商业地产 [G/OL].（2008-06-19）[2010-09-15]. http://bbs.szhome.com/commentdetail.aspx?id= 53335871&page=1.
[69] 罗小未 , 蔡琬英 . 外国建筑史图说 [M]. 上海：同济大学出版社 , 1998.
[70] 聂云凌 . 哈尔滨保护建筑 [M]. 哈尔滨：黑龙江人民出版社 , 2005.
[71] 费腾 . 从美国北岸购物中心谈郊区购物中心的设计特点 [J]. 城市建筑 , 2005 , (8)：37.
[72] 何诚 . 面对"Lifestyle"时代 [J]. 红地产 , 2007, (3)：92-93.
[73] Turok Ivan. Property-led urban regeneration：Panacea or Placebo [M]. Environment and Planning A, 1992, (3)：67.
[74] Friedman Jonathan. Cultural Identity&Global Process[M]. London：Sage, 1994：104.
[75] (挪)诺伯格 • 舒尔兹 . 存在 • 空间 • 建筑 [M]. 尹培桐译 . 北京：中国建筑工业出版社 , 1990：152.
[76] Jenkins Richard. Social Identity[M]. London：Routledge, 1996：80-81.
[77] (法) 居伊 • 德波 . 景观社会 [M]. 王昭风译 . 南京：南京大学出版社 , 2006：119-127.
[78] 黄文凯 . 马修 • 阿诺德文化精英主义与中国当代文化研究 [J]. 吉林省教育学院学报 , 2008 , (5)：96.
[79] (德) 齐奥尔特 • 齐美尔 . 货币哲学 [M]. 陈戎女等译 . 北京：华夏出版社 , 2007：384-385.
[80] (德) 齐奥尔特 • 齐美尔 . 时尚的哲学 [M]. 费勇等译 . 北京：文化艺术出版社 , 2001：35.
[81] (美) A•H• 马斯洛 . 动机与人格 [M]. 许金声 , 程朝翔译 . 北京：华夏出版社 , 1987.
[82] 张婧 . 商业建筑公共空间设计研究 [D]. 上海：同济大学 , 2007：43.
[83] (日) 芦原义信 . 外部空间设计 [M]. 尹培桐译 . 北京：中国建筑工业出版社 , 1985.
[84] Hall Edward T. The Hidden Dimension[M]. New York：Doubleday, 1966.
[85] Alexander Christopher, Sara Ishikawa, Murray Silverstein. A Pattern Language[M]. New York：Oxford University Press, 1977.
[86] (挪) 诺伯格 • 舒尔兹 . 场所精神——迈向建筑现象学 [M]. 施植明译 . 台北：田园城市文化事业有限公司，1995：前言 .
[87] 陆绍明 . 建筑体验——空间中的情节 [M]. 北京：中国建筑工业出版社 , 2007.
[88] (美) 阿摩斯 • 拉普卜特 . 建成环境的意义：非语言表达方法 [M]. 黄兰谷等译 . 北京：中国建筑工业出版社 , 1992.
[89] 程小波 . 当前消费行为模式下的商业中庭空间设计研究 [D]. 武汉：华中科技大学 ,

2007：17.
[90] 杨乐天，李又村．浅谈消费环境对消费者行为的影响 [J]. 社会学研究，2004，(05)：87-88.
[91]（荷）根特城市研究小组．城市状态：当代大都市的空间、社区和本质 [M]. 敬东等译．北京：中国水利水电出版社，2005：108-115.
[92] 徐碧辉：审美泛化和审美理想 [M/OL].（2007-07-12）[2010-10-09]. http://www.aesthetics. com. cn/s45c961. aspx.
[93] 徐恒醇．设计美学 [M]．北京：清华大学出版社，2006：7.
[94] 章利国．现代设计社会学 [M]. 长沙：湖南科技出版社，2005.
[95] 全国博士生学术会议（建筑•规划）学术委员会．2008 全国博士生学术会议（建筑•规划）论文集 [C].2008：57-60.
[96] 美国捷得国际建筑师事务——部分作品简介 [J]. 城市建筑，2005，(8)：58-73.
[97] 续洁，林军．六本木山——城市再开发项目 [J]. 时代建筑，2005，(3)：68-79.
[98] 蒋涤非．城市形态活力论 [M]. 南京：东南大学出版社，2007：129-147.
[99] 金广君．图解城市设计 [M]. 哈尔滨：黑龙江科学技术出版社，1999：39.
[100] 刘念雄．公共交通与郊区购物中心 [J]. 城市建筑，2009，(5)：23.
[101] Loft Publications. The World' s Top Shopping Mall[M]. Spain：Page one Publishing Pte Ltd, 2009.
[102] Chris van uffenlen. Malls&Department Stores1[M].Berlin：Verlagshaus Braun Publishing，2008.
[103] 北京万创文化传媒有限公司．中国顶级商业广场 [M]. 大连：大连理工大学出版社，2009.
[104] King, Jenny. Fun and function[J]. Shopping Center World，2000，(5)：5.
[105] 费腾，毕冰实．基于人性化理念的商业建筑交通空间设计 [J]. 城市建筑，2009，(5)：24-26.
[106] 冯路．新天地——一个作为差异地点的极端形式 [J]. 时代建筑，2002，(5)：34-35.
[107] 刘念雄．购物中心与英国城市中心商业区更新——从斗牛场购物中心看伯明翰中心商业区更新 [J]. 城市建筑，2008，(5)：23.
[108] 韩冬青，冯金．城市•建筑一体化设计．南京：东南大学出版社，1999.
[109] 刘念雄．奥查德广场——融入城市肌理的英国购物中心 [J]. 城市建筑，2006 (5)：23.
[110] Chris van uffenlen. Malls&Department Stores2[M].Berlin：Verlagshaus Braun Publishing，2008.
[111] 李忠．体验经济的先锋城市——拉斯维加斯 [J]. 新地产，2008 (11)：92.
[112] 贝思出版有限公司．商业环境与空间 [M]. 天津：天津大学出版社，2010：90-98.
[113] 刘梦薇．当代品牌展销店建筑设计研究 [D]. 哈尔滨：哈尔滨工业大学，2008.

[114] Amoma Rem Koolhaas[J]. El croquis, 2006，131，132(3, 4)：150-181.

[115] 李翔宇，梅洪元．消费社会商业建筑的文化彰显 [J]. 城市建筑，2009, (5)：10-13.

[116] Zhao Xiangbiao. Ga mon goble architecyure now[M]. Hongkong：Hongkong Scientific & Cultural Publishing Co, 2008：432.

[117]（英）Hugh Pearman. 当代世界建筑 [M]. 刘丛红，戴路，邹颖译．北京：机械工业出版社，2003.

[118] Herzog & De Meuron 2002-2006[J]. El croquis, 2006，129，130(1, 2),：208-235.

[119] 易冰．商业空间的创造与整合 [J]. 时代建筑，2005, (2)：80-89.

[120] 黄立群，彭飞．关于 Shopping Mall 设计原则的探讨 [J]. 城市建筑，2006，(5).

[121] 李蕾．商业地产客流引导体系的优化策略研究 [J]. 华中建筑，2010，(2)：51-57.

[122] 刘力．商业建筑 [M]. 北京：中国建筑工业出版社，1999：23-64.

[123] 李翔宇．仓储式建材超市设计研究 [D]. 哈尔滨：哈尔滨工业大学，2006.

[124] 香港科讯．商业广场 II [M]. 武汉：华中科技大学出版社，2008.

[125] 戴叶子．朗豪坊购物中心的几点设计启示 [J]. 新建筑，2009，(4)：71-75.

[126] Sara Manuelli. Design for Shopping：New Retail Interior. Abbeville：Abbeville Press, 2004：59.

[127]（英）齐格蒙特•鲍曼．共同体 [M]. 欧阳景根译．南京：江苏人民出版社，2007.

[128] 董贺轩．城市立体化研究——基于多层次基面的空间结构 [D]. 上海：同济大学，2008.

[129] 北京五合．深圳龙岗商业中心 [J]. 建筑创作，2003，(12)：130-132.

[130] 曲艳丽，杨朝华．城市综合体——商业对城市空间的整合叙事 [J]. 城市建筑，2009，(5)：17-20.

[131] 李传成，刘捷．超级体验的时尚——泛商业　娱乐建筑的非建筑表达 [J]. 新建筑，2007，(3)：30.

[132] Rem Koolhaas, Bruce Mau. “Bigness or the Problem of Large” of “Generic City” Edited in “S, M, L, XL”. Rotterdam：001 Publishers，1996.

[133] Rem Koolhaas, Bruce Mau. S, M, L, XL O. M. A[M]. New York：Monacelli Press, 1997.

[134] 姜平．柏林索尼中心评述 [J]. 世界建筑，2000，(11)：52-57.

[135]（美）罗伯特•文丘里．建筑的复杂性与矛盾性 [M]. 周卜颐译．北京：中国水利水电出版社，知识产权出版社，2006.

[136] 刘廷杰．后现代的商业空间——体验一种非“短暂”的时尚 [J]. 时代建筑，2005，(2)：98-101.

[137]（美）乔治•里茨尔．社会的麦当劳化 [M]. 顾建光译．上海：上海译文出版社，2005.

[138] 冯路．表皮内外 [J]. 建筑师，2004，(4)：导言．

[139] 徐知兰，Till W hler. ACCESS 商场，曼海姆，德国 [J]. 世界建筑，2008，(4)：30-35.

[140] 建筑六十六编委会 . 建筑六十六 1[M]. 大连：大连理工大学出版社，2006：38.

[141] 李忠 . 拉斯维加斯，体验经济的先锋城 [EB/OL].（2009-06-29）[2010-07-15]. http：//blog. sina. com. cn/s/blog_474898510100djgn. Html.

[142] 徐知兰，Till W hler. 条形码大厦，圣彼得堡，俄罗斯 [J]. 世界建筑，2008，(4)：48-51.

[143] Galleria 时装店，首尔，韩国 [J]. 建筑创作，2006，(08)：86-93.

[144] 张悦 . 有机的建筑：Selfridge 百货公司 [J]. 缤纷家居，2004，(12)：113-118.

[145] The Architecture of Shopping Malls[M]. London：Phaidon Press Ltd, 2005：104-117.

[146] 宋江涛，汤黎明 . 商业建筑设计中的品牌表现——东京表参道商业品牌建筑的启示 [J]. 华中建筑，2007，(8)：20-27.

[147] 孙超法 . 当代建筑表皮设计的三个趋势 [J]. 建筑创作，2007，(1)：152.

[148] 杨振宇 . 疯狂消费城市中的脉脉温情——美国捷得国际建筑师事务所大型商业项目解读 [J]. 城市建筑，2005，(8)：28-31.

[149] 王葳 . 探秘大峡谷 [J]. 新地产，2008，(5)：89.

[150] 让•鲍德里亚：拟像与仿真 [M/OL]. 汪民安：后现代性的哲学话语：329-345[2010-11-04].

http：//chin. nju. edu. cn/zwx/zhouxian/meixue7/21. htm.

[151] 程 华 . 论互联网对商业模式的影响 [J]. 商业研究，2002，(2)：140-141.

[152] 孔楠 . ATRIO 三位一体的回归 [J]. 建筑技艺，2009，(5)：57-61.

[153] 谢略 . 以人工光为介质的建筑艺术表现 [D]. 哈尔滨：哈尔滨工业大学，2005.

[154]（法）让•鲍德里亚 . 生产之镜 [M]. 仰海峰译 . 北京：中央编译出版社，2005.

[155]（法）让•鲍德里亚 . 象征交换与死亡 [M]. 车槿山译 . 北京：译林出版社，2006.

[156]（意）翁贝尔托•艾柯 . 符号学与语言哲学 [M]. 王天清译 . 北京：百花文艺出版社，2005.

[157]（英）G•勃罗德彭特，理查德•本特，查尔斯•詹克斯合 . 符号•象征与建筑 [M]. 乐民成等译 . 北京：中国建筑工业出版社，1991.

[158] 高宣扬 . 流行文化社会学 [M]. 北京：中国人民大学出版社，2006.

[159]（英）斯图尔特•霍尔 . 表征—文化表象与意指实践 [M]. 徐亮，陆兴华译 . 北京：商务印书馆，2003.

[160]（美）泰勒•考恩 . 商业文化礼赞 [M]. 严忠志译 . 北京：商务出版社，2005.

[161] 李妹 . 波普建筑 [M]. 天津：天津大学出版社，2004.

[162]（西）德•索拉•莫拉雷斯 . 差异——当代建筑的地标 [M]. 施植明译 . 台北：田园城市文化事业有限公司，2000.

[163]（美）尼古拉斯•米尔佐夫 . 视觉文化导论 [M]. 倪伟译，南京：江苏人民出版社，2006.

[164] 汪原 . 日常生活批判与当代建筑学 [J]. 建筑学报，2004，(08).

[165] 张妍 . 消费主义时代的建筑行为 [J]. 山西建筑 , 2004 ，(16).
[166] Crewe L. Geographies of retailing and consumption[J]. Progress in Human Geography, 2000, (2).
[167] John L. Beisel. Contemporary retailing[M]. New York：Macmillan Publishing Company, 1993.
[168] David L. Huff. A probability analysis of Shopping Center Trade Areas[J]. Land Economics， 1963, (53).
[169] Robert J. Rogerson. Quality of life and City Competitiveness[J]. Urban Studies, 1999, 36(5-6).
[170] F. Eckardt, D. Hassenpflug. Consumption and the Postindustrial City[M]. Frankfurt am Main：Peter Lang, 2003.
[171] Eric Holding, Sarah Chaplin. Consuming architecture[J].Architectural Design Profile, 1998，（131）.